高等院校信息技术规划教材

高级汇编语言程序设计
实用教程（第2版）

任向民　王克朝　王喜德　冯阿芳　编著

清华大学出版社

北京

内 容 简 介

本书介绍基于 80x86 汇编语言程序设计的技术和方法,内容包括 80x86 指令系统、寻址方式、宏指令与伪指令、汇编语言格式与程序结构、分支程序设计、循环程序设计、子程序设计、宏汇编技术、系统功能调用与使用方法、高级语言与汇编语言的调用接口、汇编语言程序调试方法、逆向工程与反汇编等。

本书注重实践,突出应用,在系统地介绍汇编语言程序设计方法和技术的基础上,通过大量的实例,培养学生分析问题和解决问题的能力;各章均附有单元测试,部分章有单元实验,便于学生上机实践和课后练习。

本书可作为高等院校计算机及电子信息类专业学生汇编语言程序设计课程的教材,也可作为相关领域的工程技术人员的参考书。

图书在版编目(CIP)数据

高级汇编语言程序设计实用教程/任向民等编著. —2 版. —北京:清华大学出版社,2015(2019.7重印)
高等院校信息技术规划教材
ISBN 978-7-302-39341-2

Ⅰ. ①高… Ⅱ. ①任… Ⅲ. ①汇编语言—程序设计—高等学校—教材 Ⅳ. ①TP313

中国版本图书馆 CIP 数据核字(2015)第 024965 号

责任编辑:袁勤勇 王冰飞
封面设计:常雪影
责任校对:白 蕾
责任印制:刘祎淼

出版发行:清华大学出版社
    网   址:http://www.tup.com.cn,http://www.wqbook.com
    地   址:北京清华大学学研大厦 A 座   邮   编:100084
    社 总 机:010-62770175   邮   购:010-62786544
    投稿与读者服务:010-62776969,c-service@tup.tsinghua.edu.cn
    质量反馈:010-62772015,zhiliang@tup.tsinghua.edu.cn
    课件下载:http://www.tup.com.cn,010-62795954
印 装 者:北京富博印刷有限公司
经   销:全国新华书店
开   本:185mm×260mm   印   张:23   字   数:535 千字
版   次:2009 年 3 月第 1 版 2015 年 6 月第 2 版   印   次:2019 年 7 月第 6 次印刷
定   价:39.00 元

产品编号:059281-01

前言

2009 年，我们编写了《汇编语言程序设计实用教程》教材。教材出版后，得到了许多高校的认可，受到了专家和师生的好评。在此，对一直支持我们工作的各位专家、教师和读者表示衷心的感谢！

"汇编语言程序设计"是高校计算机科学与技术、软件工程、网络工程、电子工程等专业必修的核心课程之一。本书在第 1 版的基础上，根据师生反馈意见和微机技术发展，添加了第 9 章逆向工程与反汇编。本书以实用为目标，重视实验以及习题的环节，使学习者在学习理论的同时，能够根据教程提供的单元实验进行实际动手能力的培养，能够根据教程提供的标准化单元测试题对所学知识进一步加深理解。本书形成了学习知识、复习测试和操作技能互相融合的整体。

本书源于教学实践，积累了一线任课教师的教学经验，具有以下特点。

- 充分体现知识内容的基础性和系统性，以突出"实用"为目标。
- 知识内容具有系统性、完整性和实用性。
- 本书配有单元实验，并提供实验参考程序（单元实验均在 MASM6.11 和 MASMPlus 上调试成功），以提高学生综合程序设计能力。
- 本书配有单元测试，有不同难易程度的标准化习题，并附有参考答案，供教师和学生进行测试和练习。
- 本书内容的组织方式深入浅出，循序渐近，选用内容丰富的应用实例，对基本概念、基本技术与方法的阐述准确明晰，通俗易懂。

本书可作为各类高等学校本科计算机各专业教材以及工科专业教学参考书，也可作为高等学校成人教育的培训或自学参考书。

本书由任向民、王克朝、王喜德、冯阿芳编写，其中，第 1～3 章、第 4.1～4.7 节由任向民编写，第 4.8 节、第 4 章单元实验及单元测试、

第 5 章、附录 A～G 由冯阿芳编写，第 6 章、第 9 章由王克朝编写，第 7 章、第 8 章由王喜德编写，最后由任向民、王克朝、王喜德、冯阿芳统稿、定稿。

再版工作得到了清华大学出版社的大力支持和帮助，在此表示衷心的感谢。由于编者时间仓促和水平所限，书中难免有欠妥之处，敬请广大专家、读者不吝批评指正。

编　者

2015 年 2 月

目录

contents

第1章

微型计算机系统

微型计算机(Microcomputer)简称"微型机"、"微机",也称为"微电脑",是指以微处理器为基础,配以内存储器及输入/输出(I/O)接口电路和相应的辅助电路而构成的裸机。由微型计算机配以相应的外围设备(如打印机、显示器、磁盘机和磁带机等)及其他专用电路、电源、面板、机架以及足够的软件构成的系统称为微型计算机系统(Microcomputer System)。

1.1 微型计算机系统硬件结构

1.1.1 微型计算机系统的基本组成

微型计算机由运算器、控制器、存储器、输入设备和输出设备五大部分组成。其中存储器又分主存储器、辅助存储器,通常人们把输入设备及输出设备统称为外围设备,而运算器和控制器又称为中央处理器(Central Processing Unit,CPU),如图 1-1 所示。

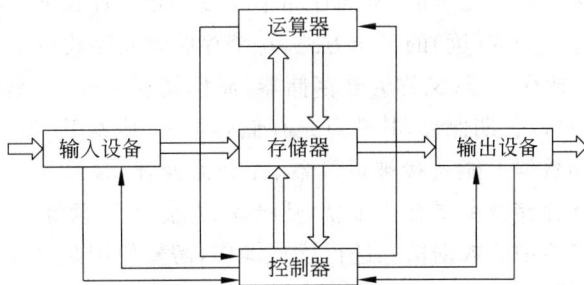

图 1-1 微型计算机硬件系统逻辑结构

1. 运算器

运算器是计算机中处理数据的核心部件,主要由执行算术运算和逻辑运算的算术逻辑单元(Arithmetic Logic Unit,ALU)、存放操作数和中间结果的寄存器组以及连接各部件的数据通路组成,用以完成各种算术运算和逻辑运算。

在运算过程中,运算器不断得到由主存储器提供的数据,运算后又把结果送回到主存储器保存起来。整个运算过程是在控制器的统一指挥下，按程序中编排的操作顺序进行的。

2. 控制器

控制器是计算机中控制管理的核心部件。主要由程序计数器（PC）、指令寄存器（IR）、指令译码器（ID）、时序控制电路和微操作控制电路等组成，在系统运行过程中，不断地生成指令地址、取出指令、分析指令，向计算机的各个部件发出微操作控制信号，指挥各个部件高速协调地工作。

中央处理器（CPU）是计算机的核心部件。CPU 和主存储器是信息加工处理的主要部件，通常把这两个部分合称为主机。

3. 存储器

存储器是用来存储数据和程序的部件。计算机中的信息都是以二进制代码形式表示的，必须使用具有两种稳定状态的物理器件来存储信息。这些物理器件主要有磁芯、半导体器件、磁表面器件等。

根据功能的不同，存储器一般分为主存储器和辅存储器两种类型。

（1）主存储器。主存储器（又称为内存储器，简称主存或内存）用来存放正在运行的程序和数据，可直接与运算器及控制器交换信息。按照存取方式，主存储器又可分为随机存取存储器（Random Access Memory，RAM）和只读存储器（Read Only Memory，ROM）两种。只读存储器用来存放监控程序、系统引导程序等专用程序，在生产制作只读存储器时，将相关的程序指令固化在存储器中，在正常工作环境下，只能读取其中的指令，而不能修改或写入信息。随机存取存储器用来存放正在运行的程序及所需要的数据，具有存取速度快、集成度高、电路简单等优点，但断电后，信息将自动丢失。

主存储器由许多存储单元组成，全部存储单元按一定顺序编号，称为存储器的地址。存储器采取按地址存（写）取（读）的工作方式，每个存储单元存放一个单位长度的信息。

（2）辅存储器。辅存储器（又称为外存储器，简称辅存或外存）是用来存放多种大信息量的程序和数据，可以长期保存，其特点是存储容量大、成本低，但存取速度相对较慢。外存储器中的程序和数据不能直接被运算器、控制器处理，必须先调入内存储器。目前广泛使用的微型机外存储器主要有软磁盘、硬磁盘、光盘及 U 盘等。

对某些辅助存储器中的数据信息进行读写操作，需要使用驱动设备。如读写软磁盘上的数据信息，需要使用软盘驱动器；读取光盘上的数据信息，需要使用光盘驱动器。

4. 输入输出设备

输入输出设备（简称 I/O 设备）又称为外部设备，它是与计算机主机进行信息交换，实现人机交互的硬件环境。

输入设备用于输入人们要求计算机处理的数据、字符、文字、图形、图像、声音等信息，以及处理这些信息所必需的程序，并把它们转换成计算机能接受的形式（二进制代码）。常见的输入设备有键盘、鼠标、扫描仪、光笔、手写板、麦克风（输入语音）等。

输出设备用于将计算机处理结果或中间结果,以人们可识别的形式(如显示、打印、绘图)表达出来。常见的输出设备有显示器、打印机、绘图仪、音响设备等。

辅(外)存储器可以把存放的信息输入到主机,主机处理后的数据也可以存储到辅(外)存储器中。因此,辅(外)存储设备既可以作为输入设备,也可以作为输出设备。

1.1.2　微型计算机系统的系统结构

计算机系统中所使用的电子线路和物理设备,是看得见、摸得着的实体,如中央处理器(CPU)、存储器、外部设备(输入输出设备、I/O 设备)及总线等,如图 1-2 所示。

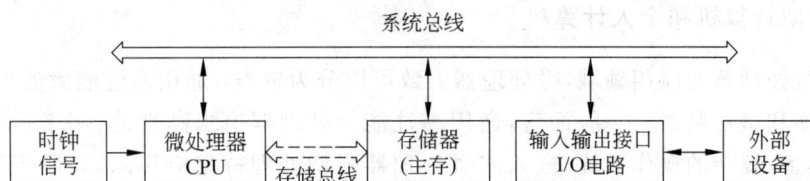

图 1-2　微型计算机硬件系统结构

1. 微处理器

随着人类科学技术水平的发展和提高,20 世纪 60 年代末,半导体技术、微电子制作工艺有了突破性的发展,在此技术前提下,将计算机的运算器、控制器以及相关的部件集中制作在同一块大规模或超大规模集成电路上,即构成了整体的中央处理器,由于处理器的体积大大减小了,故称为微处理器。习惯上一般把微处理器直接称为 CPU。

1971 年 Intel 公司研制推出的 4004 处理器芯片,标志着微处理器的诞生。之后的30 多年来,微处理器不断向更高的层次发展,由最初的 4004 处理器(字长 4 位,主频1MHz),发展到现在的 Pentium 处理器(字长 64 位,主频 3.6GHz 或更高)。

2. 系统总线

总线是将计算机各个部件联系起来的一组公共信号线。采用总线结构形式,具有系统结构简单、系统扩展及更新容易、可靠性高等优点,但由于必须在部件之间采用分时传送操作,因而降低了系统的工作速度。在微机的系统结构中,连接各大部件之间的总线称为系统总线。系统总线根据传送的信号类型,分为数据总线、地址总线和控制总线三部分。

(1) 数据总线。数据总线(Data BUS,DB)是传送数据和指令代码的信号线。数据总线是双向的,即数据可传送至 CPU,也可从 CPU 传送到其他部件。

(2) 地址总线。地址总线(Address BUS,AB)是传送 CPU 所要访问的存储单元或输入输出接口地址的信号线。地址总线是单向的,因而通常地址总线是将地址从 CPU传送给存储器或输入输出接口。

(3) 控制总线。控制总线(Control BUS,CB)是管理总线上活动的信号线。控制总线中的信号是用来实现 CPU 对其他部件的控制、状态等信息的传送以及中断信号的传送等。

总线上的信号必须与连接到总线上的各个部件所产生的信号协调。用于将总线与某个部件或设备之间建立连接的局部电路称为接口。例如，用于实现存储器与总线相连接的电路称为存储器接口，而用于实现外围设备和总线连接的电路称为输入/输出接口。

早期的微型计算机采用单总线结构，即微处理器、存储器、输入/输出接口之间由同一组系统总线连接，相比而言，微处理器和主存储器之间的信息交换更为频繁，而单总线结构则降低了主存储器的地位。为此，在微处理器和主存储器之间增加了一组存储器总线，使微处理器可以通过存储器总线直接访问主存储器，构成面向主存的双总线结构。

3. 微型计算机和个人计算机

根据微处理器的应用领域，微处理器大致可以分为三类：通用高性能微处理器、嵌入式微处理器和微控制器。一般而言，通用高性能微处理器追求高性能，用于运行通用软件，配备完备、复杂的操作系统；嵌入式微处理器强调处理特定应用问题，用于运行面向特定领域的专用程序，配备轻量级操作系统，如移动电话、PDA（Personal Digital Assistant，个人数字助理）等电子设备；微控制器价位相对较低，在微处理器市场上需求量最大，主要用于汽车、空调、自动机械等领域的自控设备。

通常人们所说的微型计算机，其实特指的是以通用高性能微处理器为核心，配以存储器和其他外设部件，并装载完备的软件系统的通用微型计算机，简称微机。

微处理器诞生后的 10 年之间，布什内尔利用 4004 处理器发明了游戏机；罗伯茨利用 8080 微处理器组装了名为"阿尔泰"的计算机，可称为世界上第一台微型计算机；比尔·盖茨为"阿尔泰"编写过 BASIC 程序，进而开创了微软（Microsoft）公司，专门研制销售计算机软件；乔布斯开创了苹果（Apple）公司，专营"苹果"微型计算机。

1981 年 8 月，美国国际商用机器公司（IBM）推出了采用 Intel 公司 8088 微处理器作为 CPU 的 16 位个人计算机（Personal Computer，PC）。从此，微型计算机开始逐步进入社会生活的各个领域，并迅速普及。

随着微型计算机的广泛应用，其他品牌的微型计算机也先后进入市场，如 Dell（戴尔）、Compaq（康柏）、Lenovo（联想）、Acer（宏碁）、Founder（方正）等个人计算机。这些计算机以 IBM-PC 为参照标准，在结构设计、器件选用上与其不完全一致，在性能上和软件应用上与 IBM-PC 没有很大的差异，甚至在某些方面优于 IBM-PC。

购置 CPU、内存等器件自行组装（Do It Yourself，DIY）的计算机称为组装机，以求达到较高的性能或性能价格比，具有这种兴趣的计算机爱好者称为 DIYER。对于计算机硬件选购，不能片面追求高配置、高性能，应根据用途考虑合理的性能价格比。

1.1.3　微型计算机系统的性能指标

1. 字长

字长是指 CPU 能够同时处理的位数。它直接关系到计算机的计算精度、功能和速度。字长越长，计算精度越高，处理能力越强。目前微型机字长有 8 位、16 位、32 位、

64 位。

2. 主频

主频即 CPU 的时钟频率(CPU Clock Speed),是 CPU 内核(整数和浮点数运算器)电路的实际运行频率。一般称为 CPU 运算时的工作频率,简称主频。主频越高,单位时间内完成的指令数也越多。目前主流的微型机 CPU 主频是 3.0GHz、3.2GHz。

3. 运算速度

由于计算机执行不同的运算所需的时间不同,只能用等效速度或平均速度来衡量。一般以计算机单位时间内执行的指令条数表示运算速度。单位是 MIPS(每秒百万条指令数)。

4. 内存容量

内存容量是指内存储器中能够存储信息的总字节数,以 KB、MB、GB 为单位,反映了内存储器存储数据的能力。内存容量的大小直接影响计算机的整体性能。

5. 存取周期

存取周期是指对内存进行一次读/写(取数据/存数据)访问操作所需的时间。

1.1.4 微型计算机系统的性能评价

对计算机的性能进行评价,除上述的主要技术指标外,还应考虑以下几个方面。

1. 系统的兼容性

系统的兼容性一般包括硬件的兼容、数据和文件的兼容、系统程序和应用程序的兼容、硬件和软件的兼容等。对于用户而言,兼容性越好,则越便于硬件和软件的维护和使用;对机器而言,更有利于机器的普及和推广。

2. 系统的可靠性和可维护性

系统的可靠性是指系统在正常条件下不发生故障或失效的概率,一般用平均无故障时间来衡量。系统的可维护性指系统出了故障能否尽快恢复,一般用平均修复时间来衡量。

3. 外设配置

外设包括计算机的输入和输出设备,不同的外设配置将影响计算机性能的发挥。例如,显示器有高、中、低分辨率之分,若使用分辨率较低的显示器,将难以准确还原显示高质量的图片;硬盘的存储量大小不同,选用低容量的硬盘,则系统就无法满足大信息量的存储需求。

4. 软件配置

软件配置包括操作系统、工具软件、程序设计语言、数据库管理系统、网络通信软件、汉字软件及其他各种应用软件等。计算机只有配备了必需的系统软件和应用软件，才能高效率地完成相关任务。

5. 性能价格比

性能一般指计算机的综合性能，包括硬件、软件等各方面；价格指购买整个计算机系统的价格，包括硬件和软件的价格。购买时应该从性能、价格两方面来考虑。性能价格比越高越好。

此外，评价计算机的性能时，还要兼顾多媒体处理能力、网络功能、信息处理能力，部件的可升级扩充能力等因素。

1.2　8086/8088 微处理器

1978 年，Intel（英特尔公司）推出了 16 位微处理器 8086，它的内部寄存器、功能部件、数据通路以及对外的数据总线均为 16 位，寻址空间可达 1MB，采用了流水线技术，但当时已有的微处理器外围配套芯片都是为 8 位微处理器设计的，数据总线均为 8 位，于是 Intel 推出了 8088 微处理器，8088 微处理器与 8086 基本相同，但 8088 的对外数据总线为 8 位，满足了 8 位外围芯片的需要。

1.2.1　8086/8088 微处理器的结构

1. 8086 主要特性

(1) 16 位微处理器，采用高速运算性能的 HMOS 工艺制造，芯片上集成了 2.9 万只晶体管。

(2) 40 条引脚双列直插式封装。

(3) 时钟频率为 5～10MHz，基本指令执行时间为 $0.3～0.6\mu s$。

(4) 16 根数据线和 20 根地址线，可寻址的地址空间达 1MB。

(5) 8086 可以和浮点运算器、I/O 处理器或其他处理器组成多处理器系统，极大提高了系统的数据吞吐能力和数据处理能力。

(6) 使用单一的＋5V 电源。

2. 8086 微处理器的逻辑结构

8086 微处理器分成两大功能部件，即执行部件（Execution Unit，EU）和总线接口部件（Bus Interface Unit，BIU），两者既可以协同工作又可以各自独立工作，如图 1-3 所示。

(1) 执行部件（EU）。执行部件由一个 16 位的算术逻辑单元（ALU）、8 个 16 位的通用寄存器、一个 16 位的状态标志寄存器、一个数据暂存寄存器和执行部件的控制电路组

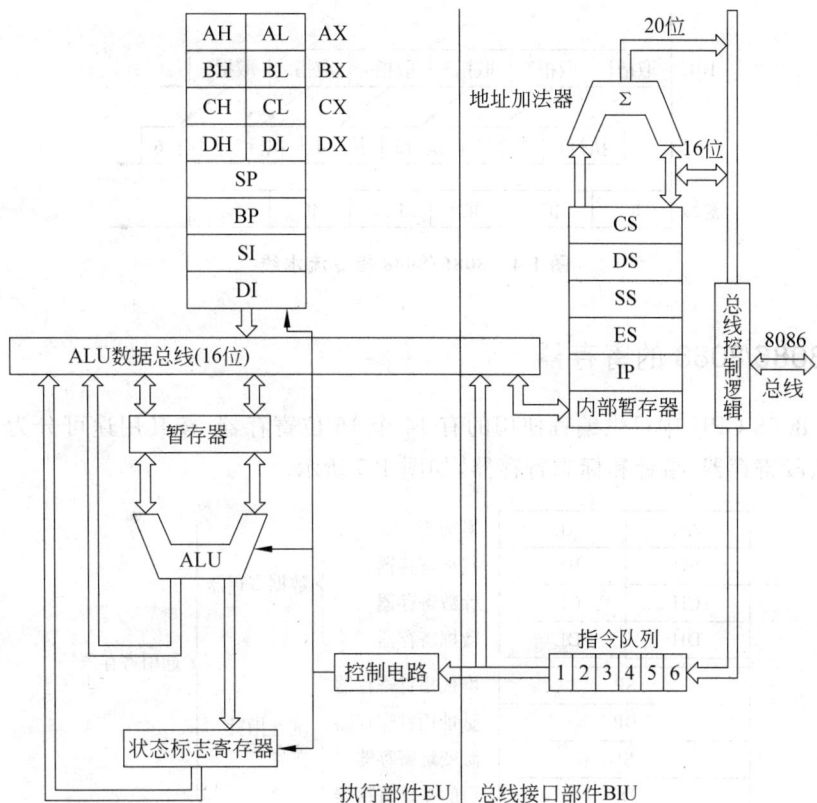

图 1-3 8086 微处理器的逻辑结构

成。EU 是程序中各条指令执行的核心,完成从 BIU 的指令队列中取出指令代码,经指令译码器译码后执行指令所规定的全部功能。执行指令所得结果或执行指令所需的数据,都由 EU 向 BIU 发出命令,对存储器或 I/O 接口进行读/写操作。

(2) 总线接口部件(BIU)。总线接口部件由 4 个 16 位段地址寄存器(代码段寄存器 CS、数据段寄存器 DS、堆栈段寄存器 SS 和附加段寄存器 ES)、一个 16 位指令指针寄存器 IP、一个 6 字节指令队列缓冲器、20 位地址加法器和总线控制电路组成。BIU 负责与存储器、I/O 接口电路连接,根据执行部件 EU 的请求,完成 CPU 与存储器或 I/O 设备之间的数据传送。

(3) EU 和 BIU 的关系。EU 和 BIU 这两个功能部件既可以协同工作又可以各自独立工作。大多数情况下,EU 的执行指令操作与 BIU 的取指令操作是在时间上重叠的,即 EU 执行某条指令操作时,BIU 可同时进行后继指令的取指令操作,形成指令的流水线,如图 1-4 所示。这样,减少了 CPU 取指令的等待时间,加快了 CPU 执行指令的速度,提高了系统总线的利用率。

(4) 8086 与 8088 的区别。8086 微处理器与 8088 微处理器功能结构基本相同,它们的指令系统完全相同,区别在于它们的 BIU 部件:

① 8086 的指令队列有 6 个字节,而 8088 的指令队列有 4 个字节。

② 8086 数据总线为 16 位,而 8088 数据总线为 8 位。

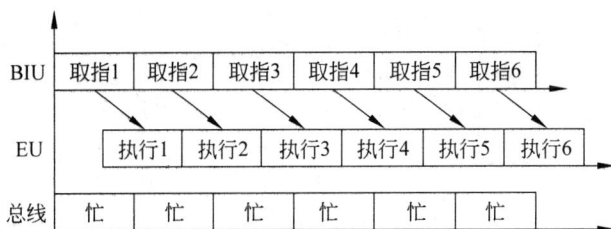

图 1-4　8086/8088 指令流水线

1.2.2　8086/8088 的寄存器

8086/8088 CPU 中可供编程使用的有 14 个 16 位寄存器，按其用途可分为 3 类：通用寄存器、段寄存器、指针和标志寄存器，如图 1-5 所示。

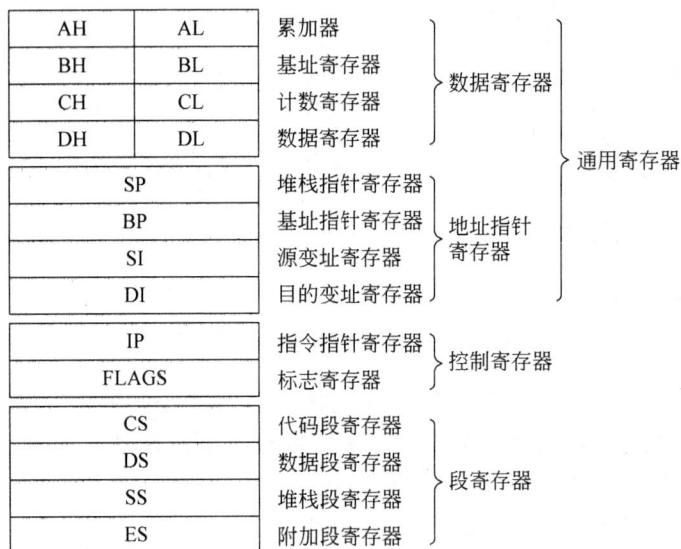

图 1-5　8086 CPU 内部寄存器结构

1. 通用寄存器

通用寄存器分为数据寄存器与地址指针寄存器两组，如图 1-5 所示。

1) 数据寄存器

数据寄存器一般用来存放 16 位数据，主要用来保存操作数或运算结果等信息，数据寄存器节省了为存取操作数所需占用总线和访问存储器的时间。

数据寄存器包括 4 个 16 位的寄存器 AX(Accumulator，累加器)、BX(Base，基址寄存器)、CX(Counter，计数寄存器)和 DX(Data，数据寄存器)，其中的每一个又可根据需要将高 8 位和低 8 位分成独立的两个 8 位寄存器来使用，即 AH、BH、CH、DH 和 AL、BL、CL、DL 两组，用于存放 8 位数据，它们均可独立寻址、独立使用。

一般使用 AX 和 AL 进行操作最为普遍；BX 是 4 个数据寄存器中唯一可作为存储器

指针使用的寄存器;CX 在字符串操作和循环操作时,用它来控制重复循环的次数,在移位操作时,CL 寄存器用于保存移位的位数;DX 在进行 32 位的乘除法操作时,用它来存放被除数的高 16 位或余数,也用于存放 I/O 端口的地址。

2) 地址指针寄存器

地址指针寄存器主要用于存放某个存储单元地址的偏移,或某组存储单元开始地址的偏移,即作为存储器指针使用。作为通用寄存器,用于保存 16 位算术逻辑运算中的操作数和运算结果,有时运算结果就是需要的存储单元地址的偏移。地址指针寄存器不能分解成 8 位寄存器使用。

地址指针寄存器包括指针寄存器 SP(Stack Pointer,堆栈指针)、BP(Base Pointer,基址指针)和变址寄存器 SI(Source Index,源变址寄存器)、DI(Destination Index,目的变址寄存器),都是 16 位寄存器,一般用来存放地址的偏移量,其中,SP 用于存放堆栈段中栈顶单元的偏移量;BP 用于存放堆栈段中某一存储单元的偏移量;SI 用于存放数据段中某源操作数所在存储单元相对段首地址的偏移量;DI 用于存放数据段中某目的操作数所在存储单元的偏移量。

上述的 8 个 16 位通用寄存器都具有通用性,使指令系统的灵活性大大增加。除具有通用性外,这些通用寄存器还有专门用途,在编写汇编语言程序时必须注意,以便能够正确使用这些通用寄存器,具体用途如表 1-1 所示。

表 1-1　通用寄存器的专门用途

寄存器	用　　　途
AX	字乘,字除,字 I/O
AL	字节乘,字节除,字节 I/O,查表转换,十进制运算
AH	字节乘,字节除
BX	存储器指针
CX	数据串操作指令,循环指令
CL	变量移位,循环移位
DX	字乘,字除,间接 I/O
SI	数据串操作指令,源指针
DI	数据串操作指令,目的指针
BP	存储器指针,存取堆栈的指针
SP	堆栈指针

2. 控制寄存器

1) 指令指针寄存器

指令指针寄存器 IP(Instruction Pointer)是一个 16 位的寄存器,类似于 8080/8085 中的程序计数器 PC(Program Counter),IP 存放 EU 要执行的下一条指令的偏移地址,用于控制程序中指令的执行顺序,实现对代码段指令的跟踪。实际上接着要执行的指令已被预取到指令队列,除非发生转移。在理解 IP 功能时,可不考虑指令队列。

2）标志寄存器

8086/8088CPU 中有一个 16 位的标志寄存器，共 9 个标志，用于反映处理器的状态和运算结果的某些特征，其中 6 个用作状态标志，主要受加减运算和逻辑运算结果的影响，3 个用作控制标志，不受运算结果的影响。各标志在标志寄存器中的位置如图 1-6 所示。

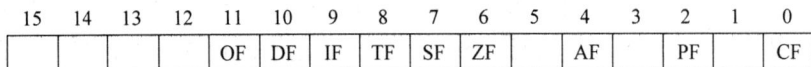

15	14	13	12	11	10	9	8	7	6	5	4	3	2	1	0
				OF	DF	IF	TF	SF	ZF		AF		PF		CF

图 1-6　标志寄存器

（1）状态标志。

进位标志（Carry Flag，CF）：产生进位或借位时，CF=1；否则为 0。在进行多字节运算、比较无符号数的大小和移位操作时，用到该标志。CF 也常作为子程序的出口参数之一。

奇偶标志（Parity Flag，PF）：操作结果低 8 位中含 1 的个数为偶数时，PF=1；否则为 0。利用 PF 可以进行奇偶校验检查，或产生奇偶校验位。

辅助进位标志（Auxiliary Carry Flag，AF）：在进行算术运算时，如低字节中低 4 位产生进位或借位时，AF=1；否则为 0。十进制算术运算调整指令自动根据该标志产生相应的调整动作。

零标志位（Zero Flag，ZF）：当操作结果为 0 时，ZF=1；否则为 0。在判断运算结果是否为 0 时，用到该标志。

符号标志（Sign Flag，SF）：操作结果看作有符号数时，结果为负，SF=1；否则为 0。该标志用于反映运算结果的符号位

溢出标志（Overflow Flag，OF）：当运算结果超出补码表示数的范围时，即溢出，此时OF=1；否则为 0。该标志用于反映有符号数加减运算是否引起溢出。

（2）控制标志。

单步标志（Trap Flag，TF）：当 TF=1 时，CPU 在执行完一条指令后产生单步中断，然后由单步中断服务程序把 TF 置 0。单步中断主要用于程序的调试。

中断允许标志（Interrupt Flag，IF）：当 IF=1 时，允许 CPU 响应可屏蔽外中断请求；IF=0 时，禁止 CPU 响应可屏蔽外中断。

方向标志（Direction Flag，DF）：用于串操作指令。DF=0 时，串操作的地址指针自动递增；DF=1 时，串操作的地址指针自动递减。

3. 段寄存器

8086/8088 CPU 共有 4 个 16 位的段寄存器，用来存放每一个逻辑段的段起始地址。8086/8088 CPU 依赖其内部的 4 个段寄存器实现寻址 1MB 的物理空间。8086/8088 把1MB 地址空间分成若干逻辑段，当前使用段的段值存放在段寄存器中。4 个段寄存器具体功能如下。

代码段寄存器（Code Segment，CS）：用来存放当前代码段（将被执行的程序）的首地

址的高 16 位,首地址的低 4 位为 0。

数据段寄存器(Data Segment,DS):用来存放当前数据段(将被执行程序所用操作数)的首地址的高 16 位,首地址的低 4 位为 0。

附加段寄存器(Extra Segment,ES):用来存放当前附加段(将被执行的程序所用操作数)的首地址的高 16 位,首地址的低 4 位为 0。

堆栈段寄存器(Stack Segment,SS):用来存放当前堆栈段(将被执行程序所用堆栈)的首地址的高 16 位,首地址的低 4 位为 0。

1.2.3　8086/8088 的存储器组织

从 8086 开始采用分段方法管理存储器,用户需要充分理解存储器分段以及逻辑地址和物理地址的相关知识,这对使用 8086/8088 汇编语言是有帮助的。8086/8088 微处理器有 20 根地址线,可寻址 1MB 的存储空间,其物理地址范围是 00000H~FFFFFH。

1. 存储器结构

在组成与 8086 CPU 连接的存储器时,1MB 的存储空间实际上被分成两个 512KB 的存储体,即低位存储体(偶地址存储体)和高位存储体(奇地址存储体)。低位存储体的数据线与 8086 CPU 的低数据线 $D_7 \sim D_0$ 相连,高位存储体与 8086 CPU 的高位字节数据线 $D_{15} \sim D_8$ 相连,如图 1-7 所示。

2. 存储单元的地址

在以 8086/8088 为 CPU 的系统中,存储器是以字节为单位进行线性组织的,两个相邻的字节被称为一个"字"。存放数据是以"高高低低"为原则。即若是以字节(8 位)为单位的,将在存储器中按顺序排列存放;若存放的数据为一个字(16 位)时,则将每一个字的低字节(低 8 位)存放在低地址中,高字节(高 8 位)存放在高地址中,并以低地址作为该字的地址。

【例 1-1】　假设地址为 20000H 的字节存储单元中的内容是 34H,20001H 的字节存储单元中的内容是 12H,则地址为 20000H 的字节单元内容为 34H,地址为 20000H 的字单元内容为 1234H,如图 1-8 所示。

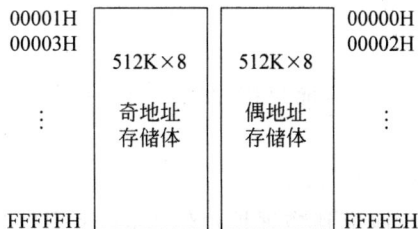

图 1-7　8086 存储器的分体结构　　　图 1-8　"高高低低"原则存储示意

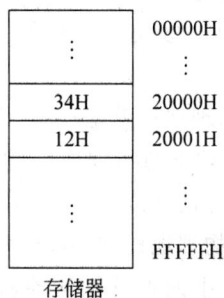

3. 存储器分段

由于 8086/8088 有 20 条地址线，可以寻址多达 2^{20}（1M）B，所以把 1MB 的存储器分为任意数量的段，其中每一段最多可达寻址 2^{16}（64K）B。8086 CPU 把 1MB 的存储器空间划分为任意的一些存储段，一个存储段是存储器中可独立寻址的一个逻辑单位，也称为逻辑段，每个段的最大长度为 64KB。逻辑段与逻辑段可以相连，也可以不相连，图 1-9 给出了若干逻辑段的划分情况，其中逻辑段 B 和逻辑段 C 部分重叠，逻辑段 A、逻辑段 B 相连，逻辑段 D 与其他段不相连。

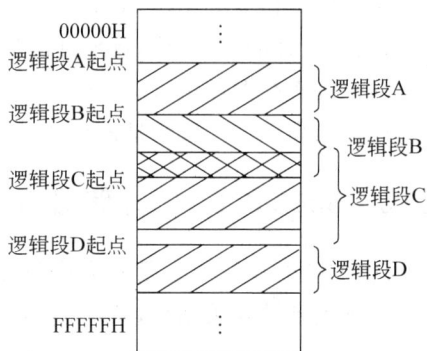

图 1-9　逻辑段示意图

4. 逻辑地址与物理地址

存储器中的每个存储单元都可以用两个形式的地址来表示，即逻辑地址和物理地址。

（1）逻辑地址。8086/8088 具有 20 条地址总线，但 CPU 内部提供地址的寄存器及算术逻辑单元 ALU 都是 16 位，只能直接处理 16 位地址，即寻址范围为 64KB，而达不到 1MB，为解决这个问题，在 8086/8088 中，把 1MB 的存储空间划分成若干个逻辑段，各逻辑段的起始地址必须是能被 16 整除的地址，即段的起始地址的低四位二进制数必须是 0，一个段的起始地址的高 16 位被称为该段的地址。段内一个存储单元的地址，可用相对于段起始地址的偏移量来表示，这个偏移量称为段内偏移地址，也称为有效地址（EA）。CPU 对存储单元内的数据进行处理时，使用的是逻辑地址来指定存储器。逻辑地址由段地址和偏移地址两部分组成，都是用 4 位十六进制数表示。逻辑地址的表示格式为：

段地址:偏移地址

【例 1-2】　0010H:0060H，表示段地址为 00100H，偏移地址为 0060H。

（2）物理地址。每个存储单元都有一个物理地址，物理地址就是存储单元的实际地址，在 CPU 通过总线对存储器进行操作时，需利用物理地址来查找所需访问的存储单元。

上例的物理地址就是 00160H。

（3）逻辑地址与物理地址的转换关系。逻辑地址与物理地址的转换关系如图 1-10 所示，即物理地址＝段地址×10H＋偏移地址。

上例中，物理地址 00160H＝0010×10H＋0060H。

在图 1-3 中的地址加法器就是完成逻辑地址到物理地址转换的，从而实现了输出 20 位地址线，实现对 1MB 内存的寻址。8086/8088 汇编程序中，段基址采用的段寄存器为 CS、DS、ES、SS，偏移地址采用的寄存器为 IP、DI、SI、BP、SP 等，如图 1-11 所示。而且

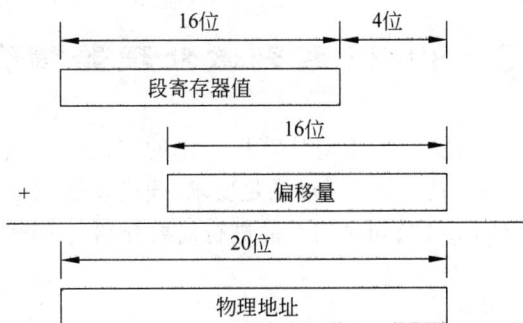

图 1-10　物理地址计算示意

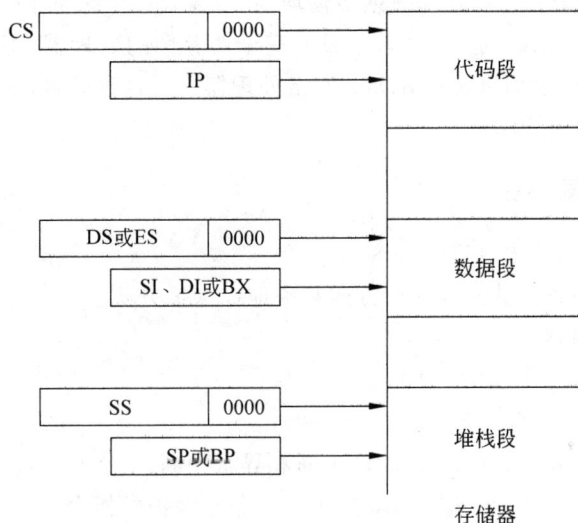

图 1-11　段寄存器和偏移地址寄存器组合关系

一般不在指令中给出寄存器操作数的段寄存器名,而是由不同性质的操作隐含使用。也可以在指令中加上 CS、DS、ES、SS 等段前缀,来明确段寄存器替代隐含的段寄存器,即段替换,使用规则如表 1-2 所示。

表 1-2　段隐含与替换规则

存储器存取方式	段 隐 含	段 替 换	偏 移 地 址
取指令	CS	不可	IP
堆栈操作	SS	不可	SP
一般数据存取	DS	ES、CS、SS	有效地址 EA
BP 间址寻址数据存取	SS	ES、CS、DS	有效地址 EA
字符串操作(源地址)	DS	ES、SS、DS	SI
字符串操作(目的地址)	ES	不可	DI

1.3　80x86 系列微处理器简介

随着计算机技术的迅猛发展与微型计算机应用的广泛深入,仅能执行单个任务、管理 1MB 内存的 8086/8088 CPU 早以无法满足要求,现已发展到多核心,字长 64 位,主频 3.6GHz 或更高。下面对 Intel 公司主流产品进行简要介绍。

1.3.1　80286 处理器

1982 年,Intel(英特尔)公司在 8086 的基础上,研制出了 80286 微处理器,该微处理器的最大主频为 20MHz,内、外部数据传输均为 16 位,使用 24 位内存储器的寻址,内存寻址能力为 16MB。80286 是 Intel 首个具有完全兼容性的处理器,即所有为 286 以前的 Intel 的处理器写的程序均可运行在 80286 微处理器上。这种软件的兼容是 Intel 微处理器发展过程中的一个里程碑。

1. 80286 的主要特性

(1) 增加地址线,使内存容量提高。
(2) 具有两种地址方式：实地址方式和虚地址保护方式。
(3) 使用虚拟内存。
(4) 寻址方式更加丰富(24 种)。
(5) 可以同时运行多个任务。
(6) 3 种类型中断：硬件中断、软件中断和异常中断。
(7) 增加了高级类指令、执行环境操作类指令和保护类指令。
(8) 时钟频率提高。

2. 80286 的内部结构

80286 由地址部件 AU、指令部件 IU、总线部件 BU 和执行部件 EU 组成,如图 1-12 所示。由于 CPU 内部这 4 个部件并行操作,提高了吞吐率,加快了处理速度,因此 80286 的速度比 8086 快得多。

3. 80286 的两种工作方式

80286 可工作于两种方式,一种是实地址方式,另一种是虚地址保护方式。
在实地址方式下,微处理器可以访问的内存限制在 1MB,物理地址的计算方法与 8086 相同,设置此方式的目的就是为了与 8086 兼容。在实地址方式下,80286 只是相当于一个快速的 8086,没有真正发挥其功能。
在虚地址保护方式之下,80286 可直接访问 16MB 的内存。此外,80286 工作在虚地址保护方式之下,可以保护操作系统,使之不像实模式或 8086 等不受保护的微处理器那样,在遇到异常应用时会使系统停机。

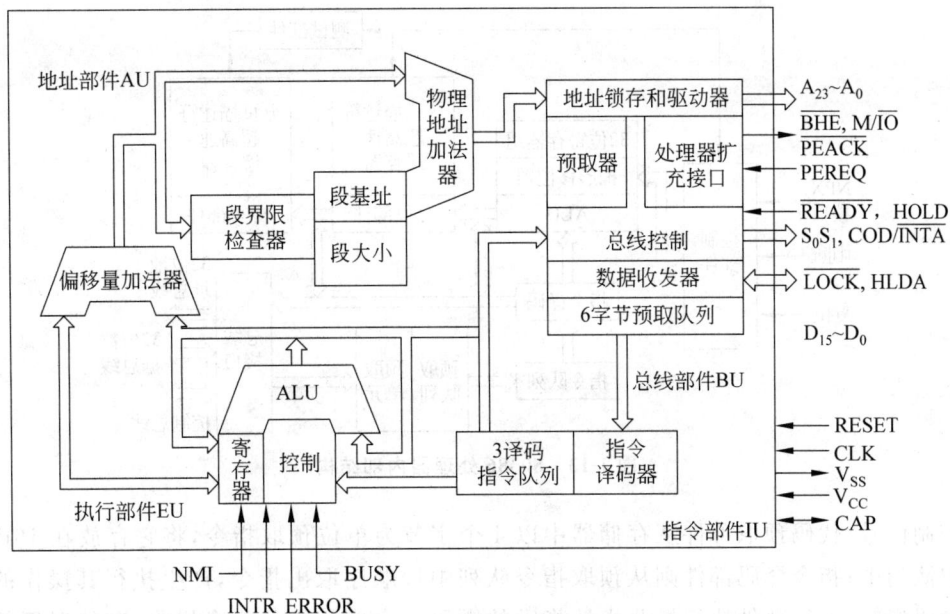

图 1-12 80286 处理器内部结构

1.3.2 80386 处理器

1985 年,Intel 发布了 80386 微处理器。该处理器是一种革命性的产品。它是一个 32 位的芯片,拥有 27.5 万颗晶体管,每秒可以处理 500 万条指令,并且可以运行所有流行的操作系统。同时,它还是一个多任务的微处理器,也就是说,它可以同时处理多个程序。Intel 80386 微处理器内含晶体管数比 4004 多了 100 倍以上。

1. 80386 的主要特性

(1) 灵活的 32 位微处理器,提供 32 位的指令。

(2) 提供 32 位外部总线接口,最大数据传输速率为 32Mbps。

(3) 具有片内集成的存储器管理部件 MMU,可支持虚拟存储和特权保护。

(4) 具有实地址方式、保护方式和虚拟 8086 方式 3 种工作方式。

(5) 寻址空间大。

(6) 通过配用数值协处理器可支持高速数值处理。

2. 80386 的内部结构

Intel 使用"类 80286"结构,开发 80387 微处理器增强了浮点运算能力,开发高速缓存解决了内存速度瓶颈。

80386 由总线接口部件、代码预取部件、指令译码部件、执行部件、存储器管理部件和控制部件六大部件组成,如图 1-13 所示。

总线接口部件使 CPU 与外部系统总线相连接,并控制进出 CPU 的所有地址、数据

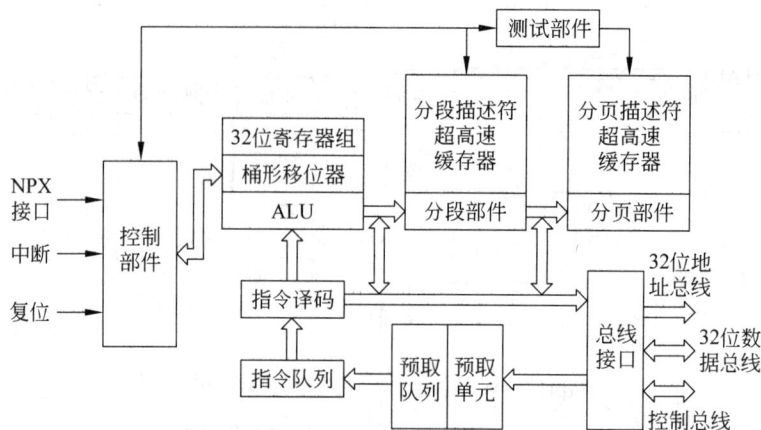

图 1-13   80386 处理器内部结构

和控制信号；代码预取部件从存储器中以 4 个字节为单位预取指令，将它存放在 16B 的预取队列中；指令译码部件则从预取指令队列中按顺序取出指令，产生执行其操作的相应微码指针；执行部件执行按此指针指示的微码以完成相应的指令操作；存储器管理部件对内存单元实施分段和分页管理；控制部件用来协调整个 CPU 内部工作。通常 80386 比 80286 执行速度快 3～4 倍。

3. 80386 的工作方式

80386 微处理器有实地址方式、保护方式和虚拟 8086 方式 3 种工作方式。

（1）实地址方式。实地址方式的工作原理与 8086 基本相同，其主要区别是 32 位微处理器能处理 32 位数据。

（2）保护方式。保护方式下，CPU 可访问 2^{32}B 的物理存储空间，段长为 2^{32}B，而且还可以实施保护功能；32 位微处理器为了支持多任务操作系统，以 4 个特权级来隔离或保护各用户及操作系统。

（3）虚拟 8086 方式。在虚拟方式下，运行 8086 程序可以尽量利用 32 位微处理器的保护机构。尤其是 32 位微处理器允许同时执行 8086 的操作系统及其应用程序和 32 位微处理器操作系统的应用程序。

4. 80386 的寄存器

与 8086 相比，80386 寄存器组是 8086 寄存器组的超集，除了将原有寄存器扩展为 32 位外，还增加了许多新的寄存器，可分为通用寄存器组、段寄存器、指令指针及标志寄存器、系统地址寄存器、控制寄存器、调试寄存器和测试寄存器。

（1）通用寄存器。80386 的通用寄存器由 8086 的 16 位扩充到 32 位，分别命名为 EAX、EBX、ECX、EDX、ESI、EDI、EBP 及 ESP。为了保持在寄存器级的向下兼容，它们的低 16 位 AX、BX、CX、DX、SI、DI、BP、SP 可单独使用，而 AX、BX、CX、DX 的高、低 8 位也可以单独使用。

（2）段寄存器。80386 段寄存器除了有 CS、SS、DS、ES 外，还增加了 FS 和 GS 两个新的段寄存器，因此减轻了 ES 和 DS 的压力。

（3）指令指针和标志寄存器。80386 的指令寄存器扩展到 32 位，即 EIP。EIP 的低 16 位是指令指针 IP，这与先前是相同的。

80386 的标志寄存器也扩展到了 32 位，即 EFLAGS，与 8086/8088 相比，增加了 IO、NT、RF、VM 4 个控制标志，它们在实地址方式下不发挥作用。

① IO 特权标志 IOPL(Input/Output Privilege Level，位 13～12)。在保护模式下，对 I/O 端口的访问有一定限制，为此设置了 IOPL。IOPL 也分 4 级：00～11，00 级级别最高，11 级级别最低。

② 嵌套任务标志 NT(Nested Task，位 14)。该标志位用来表示当前的任务是否嵌套在另一个任务中。该位为 1 时，说明当前的任务嵌套在另一个任务中，否则该位为 0。

③ 恢复标志 RF(Resume Flag，位 16)。该标志位和调试寄存器一起用于调试。当该位被置 1 时，即使遇到断点或调试故障，也不会产生异常中断。

④ 虚拟 8086 模式标志 VM(virtual 8086 Mode，位 17)。该标志位为 1 表示 80386 工作于虚拟 8086 模式下。

（4）控制寄存器。80386 内部有 4 个 32 位的控制寄存器(Control Register，CR)：$CR_0 \sim CR_3$，用来保存机器的各种全局性状态，CR_1 为 Intel 公司保留。

（5）调试寄存器和测试寄存器。在 80386 芯片内有 8 个 32 位的调试寄存器 $DR_7 \sim DR_0$(Debug Register，DR)。它们为调试程序提供了方便。$DR_3 \sim DR_0$、$DR_6 \sim DR_7$ 供程序员进行调试，DR_4、DR_5 为 Intel 公司保留。

在 80386 芯片内还有两个 32 位的测试寄存器(Test Register，TR)TR_6 和 TR_7，用于存放需要测试的数据。

1.3.3　80486 处理器

1989 年，Intel 推出 80486 微处理器，该芯片集成了 120 万颗晶体管，使用 $1\mu m$ 的制造工艺，80486 的时钟频率从 25MHz 逐步提高到 33MHz、40MHz、50MHz。

1. 80486 的主要特性

（1）首次增加 RISC 技术。

（2）芯片上集成部件多。数据高速缓存、浮点运算部件、分页虚拟存储管理和 80387 数值协处理器等多个部件。

（3）高性能的设计。

（4）完全的 32 位体系结构。

（5）支持多处理器。

（6）具有机内自测试功能，可以广泛地测试片上逻辑电路、超高速缓存和片上分页转换高速缓存。

2. 80486 的内部结构

Intel 80486 由总线接口、高速缓存、指令预取、指令译码、控制部件、算术逻辑运算、浮点运算、分段和分页九大部分组成。这些部件可以重叠工作，构成 5 级流水线，如图 1-14 所示。

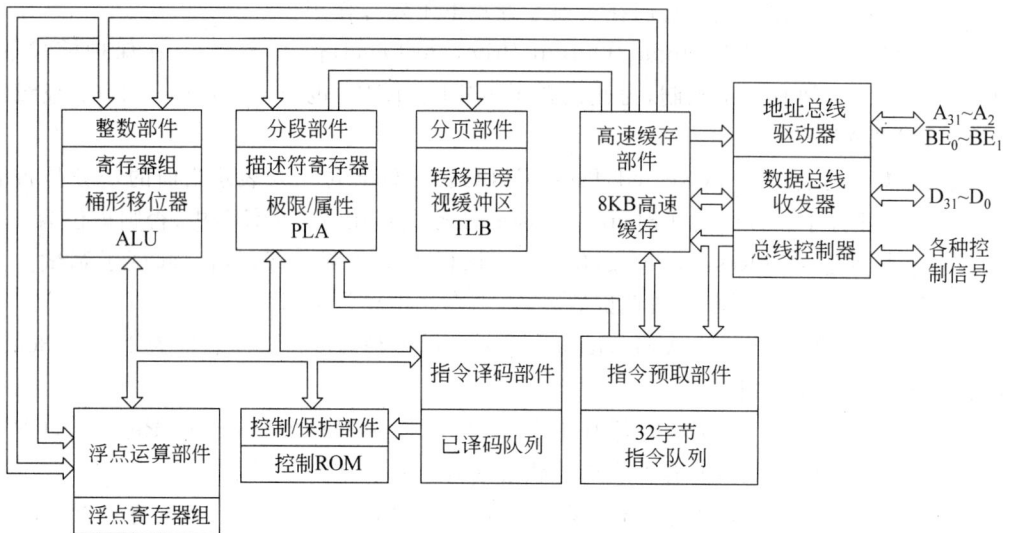

图 1-14　80486 处理器内部结构

总线接口部件负责 CPU 的内部单元与外部数据总线之间的信息交换，取指令和数据传送等，并产生相应的总线控制信号；指令预取部件负责从高速缓存中取出指令并放入指令队列；指令译码部件负责从指令预取队列中取出指令进行译码；控制部件负责从指令译码器队列中取出指令微码地址，并解释执行该指令微码；算术逻辑运算部件负责执行控制器所规定的算术与逻辑运算；浮点运算部件能够完成对数、指数等复杂函数运算；高速缓存部件具有缓冲存储作用，其速度几乎能够与 CPU 匹配；分段和分页部件实现对存储器的管理。

1.3.4　奔腾及以上处理器

1993 年，Intel 推出 586 微处理器，为了摆脱 486 时代微处理器名称，Intel 公司把新一代产品命名为 Pentium（奔腾），以区别 AMD 和 Cyrix 的产品。

Pentium 最初级的 CPU 是 Pentium 60 和 Pentium 66，分别工作在与系统总线频率相同的 60MHz 和 66MHz 两种频率下。

Pentium Ⅱ 处理器内含 750 万颗晶体管，结合了 Intel MMX 技术，能以极高的效率处理影片、音效以及绘图资料，首次采用 Single Edge Contact（S. E. C）匣型封装，内建了高速快取记忆体。

1999 年，Intel 公司就发布了 Pentium Ⅲ。该微处理器除首次导入 $0.25\mu m$ 工艺制造技术，内部集成 950 万颗晶体管、Slot 1 架构之外，它还具有多种新特点：系统总线频率为 100MHz；采用第六代 CPU 核心——P6 微架构，针对 32 位应用程序进行优化，双重独立总线；一级缓存为 32KB(16KB 指令缓存加 16KB 数据缓存)，二级缓存大小为 512KB，以 CPU 核心速度的一半运行，采用 SECC2 封装形式；新增加了能够增强音频、视频和 3D 图形效果的 SSE(Streaming SIMD Extensions，数据流单指令多数据扩展)指令集，共 70 条新指令。Pentium Ⅲ 的起始主频速度为 450MHz。

2000 年，英特尔发布了超线程技术 Pentium 4 处理器，处理器内建了 4200 万颗晶体管，以及采用 0.18μm 工艺制造技术的电路，主频高达 1.5GHz。2001 年 8 月，Pentium 4 处理理达到 2 GHz 的里程碑。

2005 年，Intel 推出内含两个处理核心的 Intel Pentium D 处理器，从而正式揭开了 x86 处理器多核时代。Pentium D 处理器架构了 90nm 技术，是双核加了 64 位指令集，这是它和 Pentium 4 最本质的区别。Pentium D 处理器是用于台式机的双内核处理器。它在一个物理处理器内包含两个完整的执行内核，这两个内核以相同的频率运行。两个内核共享相同的封装和芯片组/内存接口。

1.4 微型计算机软件系统

软件包括可在计算机上运行的各种程序、数据及其有关文档。通常把计算机软件系统分为系统软件和应用软件两大类。

1. 系统软件

系统软件也称为系统程序，是完成对整个计算机系统进行调度、管理、监控及服务等功能的软件。利用系统程序的支持，用户只需使用简便的语言和符号等就可编制程序，并使程序在计算机硬件系统上运行。系统程序能够合理地调度计算机系统的各种资源，使之得到高效率的使用，能监控和维护系统的运行状态，能帮助用户调试程序、查找程序中的错误等，大大减轻了用户管理计算机的负担。系统软件一般包括操作系统、语言处理程序、数据库管理系统、系统服务程序、标准库程序等。

2. 应用软件

应用软件也称为应用程序，是专业软件公司针对应用领域的需求，为解决某些实际问题而研制开发的程序，或由用户根据需要编制的各种实用程序。应用程序通常需要系统软件的支持，才能在计算机硬件上有效运行。例如，文字处理软件、电子表格软件、作图软件、网页制作软件、财务管理软件等均属于应用软件。

1.5 计算机硬件系统和软件系统之间的关系

现代计算机不是一种简单的电子设备，而是由硬件与软件结合而成的一个十分复杂的整体。

　　计算机硬件是支撑软件工作的基础，没有足够的硬件支持，软件无法正常工作。相对于计算机硬件而言，软件是无形的。但是不安装任何软件的计算机（称为裸机），不能进行任何有意义的工作。系统软件为现代计算机系统正常有效地运行提供良好的工作环境；丰富的应用软件使计算机强大信息处理能力得以充分发挥。

　　在一个具体的计算机系统中，硬件、软件是紧密相关、缺一不可的，但是对某一具体功能来说，既可以用硬件实现，也可以用软件实现，这就是硬件、软件在逻辑功能上的等效。所谓硬件、软件在逻辑功能上的等效，是指由硬件实现的操作，在原理上均可用软件模拟来实现；同样，任何由软件实现的操作，在原理上也可由硬件来实现。因此，在设计一个计算机系统时，必须充分考虑设计的复杂程度、现有的工艺技术条件、产品的造价等因素，确定哪些功能直接由硬件实现，哪些功能通过软件实现，这就是硬件和软件的功能分配。

　　在计算机技术的飞速发展过程中，计算机软件随着硬件技术发展而不断发展与完善，软件的发展又促进了硬件技术的发展。

单元测试 1

一、选择题

1. 微型计算机简称（　　）不准确。
   A. 微型机　　　　　B. 微机　　　　　　C. 微电脑　　　　　　D. PC
2. 微型计算机由（　　）组成。
   A. 微机、打印机、扫描仪、输入设备和输出设备
   B. 运算器、控制器、存储器、输入设备和输出设备
   C. 控制器、存储器、输入设备和输出设备
   D. 运算器、存储器、输入设备和输出设备
3. 运算器能够完成（　　）运算。
   A. 算术　　　　　　　　　　　　　B. 逻辑
   C. 算术运算和逻辑　　　　　　　　D. 加减乘除
4. 存储器一般包括（　　）。
   A. 只读存储器和随机存储器　　　　B. 随机存储器
   C. 主存和内存　　　　　　　　　　D. 主存和辅助存储器
5. 下面不是输入设备的是（　　）。
   A. 键盘　　　　　　B. 扫描仪　　　　　C. 光笔　　　　　　　D. 绘图仪
6. 下面显示设备中，（　　）是输入设备。
   A. 显示器、　　　　B. 打印机　　　　　C. 光笔　　　　　　　D. 绘图仪
7. 系统总线根据传送的信号类型，分为（　　）。
   A. 数据总线、地址总线和控制总线　　B. 数据总线、控制总线和局部总线
   C. 片内总线、局部总线和控制总线　　D. 状态总线、地址总线和控制总线

8. 8086 微处理器分成两大功能部件，即（　　　）。

    A. 执行部件和总线接口部件   B. EU 和执行部件

    C. 总线接口部件和 BIU   D. 以上都对

9. 8086 微处理器的寄存器中，不属于通用寄存器的是（　　　）。

    A. AX   B. BL   C. CH   D. IP

10. 下面软件中，不属于系统软件的是（　　　）。

    A. 操作系统   B. 系统服务程序

    C. 语言处理程序   D. 文字处理软件

二、填空题

1. _____是指以微处理器为基础，配以内存储器及输入输出（I/O）接口电路和相应的辅助电路而构成的裸机。

2. 微型计算机由_____、_____、_____、_____、_____五大部分组成。

3. 控制器是计算机中控制管理的核心部件。主要由_____、_____、_____、_____和_____等组成。

4. 根据功能的不同，存储器一般分为_____和_____两种类型。

5. 系统总线根据传送的信号类型，分为_____、_____和_____三部分。

6. 8086 微处理器分成_____和_____两大功能部件，即两者既可以协同工作又可以各自独立工作。

7. _____一般用来存放数据，主要用来保存操作数或运算结果等信息，数据寄存器节省了为存取操作数所需占用总线和访问存储器的时间。

8. _____主要用于存放某个存储单元地址的偏移，或某组存储单元开始地址的偏移，即作为存储器指针使用。

9. _____存放 EU 要执行的下一条指令的偏移地址，用于控制程序中指令的执行顺序，实现对代码段指令的跟踪。

10. 8086/8088 CPU 中有一个 16 位的_____，用于反映处理器的状态和运算结果的某些特征。

11. 软件包括可在计算机上运行的各种程序、数据及其有关文档。通常把计算机软件系统分为_____和_____两大类。

12. _____也称为系统程序，是完成对整个计算机系统进行调度、管理、监控及服务等功能的软件。

13. _____也称为应用程序，是专业软件公司针对应用领域的需求，为解决某些实际问题而研制开发的程序，或由用户根据需要编制的各种实用程序。

14. 在计算机技术的飞速发展过程中，_____随着硬件技术发展而不断发展与完善，软件的发展又促进了_____的发展。

15. Intel 80486 由 _____、_____、_____、_____、_____、_____、_____、_____、_____九大部分组成。

16. 80386 由_____、_____、_____、_____、_____、_____六大部件

组成。

17. 80386 寄存器组可分为 _____、_____、_____、_____、_____、_____ 和 _____。

18. 8086/8088 微处理器有 20 根地址线,可寻址 _____ 的存储空间,其物理地址范围是 _____。

19. _____ 是指 CPU 能够同时处理的比特数目。它直接关系到计算机的计算精度、功能和速度。

20. 从 8086 开始采用分段方法管理存储器,用户需要充分理解存储器分段以及 _____ 和 _____ 的相关知识。

三、判断题

1. 微型计算机就是 PC。　　　　　　　　　　　　　　　　　　　（　　）
2. 系统总线包括控制总线、数据总线和反馈总线。　　　　　　　　（　　）
3. 控制器是计算机中处理数据的核心部件,主要执行算术运算和逻辑运算。（　　）
4. 根据功能的不同,存储器一般分为主存储器和辅助存储器两种类型。（　　）
5. 主频即 CPU 的时钟频率,是 CPU 内核电路的实际运行频率。　　（　　）
6. 存取周期是指对内存进行一次读(取数据)访问操作所需的时间。　（　　）
7. EU 和 BIU 这两个功能部件既可以协同工作又可以各自独立工作的。（　　）
8. Intel(英特尔公司)推出 8086 微处理器是 8 位。　　　　　　　（　　）
9. 零标志位当操作结果为 0 时,ZF=0,否则为 1。　　　　　　　　（　　）
10. Intel 发布了 80386 微处理器。该处理器是一种革命性的产品。它是一个 32 位的芯片。　　　　　　　　　　　　　　　　　　　　　　　　　　（　　）

四、简答题

1. 微型计算机由哪几部分组成?
2. 系统总线根据传送的信号类型分为哪几种?
3. 简述微型计算机系统有哪些主要性能指标。
4. 简述 EU 和 BIU 的功能及二者间的关系。
5. 8086/8088 CPU 中有哪些寄存器? 功能是什么?
6. 8086/8088 CPU 标志寄存器中有哪些标志位? 功能是什么?
7. 80386 CPU 中有哪些寄存器? 功能是什么?
8. 说明计算机硬件系统和软件系统之间的关系。
9. 假定(DS)=3000H,(ES)=3100H,(SS)=2500H,(SI)=00A0H,(BX)=0100H,(BP)=0010H,数据变量 VAL 的偏移地址为 0050H,请指出下列指令的源操作数字段的物理地址是多少?

(1) MOV AX,VAL

(2) MOV AX,[BX]

(3) MOV AX,ES：[BX]

(4) MOV AX,[BP]

(5) MOV AX,[SI]

(6) MOV AX,[BX+10H]

(7) MOV AX,VAL[BX]

(8) MOV AX,VAL[BX][SI]

第 2 章

chapter *2*

程序设计基础

语言是人们交流思想、传达信息的工具。人类在长期的历史发展过程中,为了交流思想、表达感情和交换信息,逐步形成了语言。这类语言,如汉语和英语,通常称为自然语言。另外,人们为了某种专门用途,创造出种种不同的语言,如旗语和哑语等,这类语言通常称为人工语言。专门用于人与计算机之间交流信息的各种人工语言称为计算机语言或程序设计语言。

2.1 程序设计语言

根据程序设计语言发展的历程,可将其大致分为机器语言、汇编语言、高级语言以及4GL 语言四类。

2.1.1 机器语言

机器语言是用二进制代码表示的计算机能直接识别和执行的机器指令的集合,即处理器的指令系统。不同类型处理器的计算机,其机器语言是不同的,按照一种计算机的机器指令编制的程序,不能在指令系统不同的计算机上执行。机器语言的优点是能够被计算机直接识别、执行速度快、占用内存空间少。其缺点是难记忆、难书写、难编程、易出错、可读性差、可移植性差。

2.1.2 汇编语言

为了克服机器语言的缺点,人们采用与代码指令实际含义相近的英文缩写词、字母和数字等符号来取代指令代码,产生了汇编语言(也称为符号语言)。汇编语言是由一条条助记符所组成的指令系统。使用汇编语言编写的程序(汇编语言源程序),计算机不能直接识别,需要由一种起翻译作用的程序(汇编程序),将其翻译成机器语言程序(目标程序),计算机方可执行,这一翻译过程称为"汇编"。

不同指令集的处理器系统都有自己相应的汇编语言。因此汇编语言同机器语言一样,可移植性较差。但汇编语言比机器语言直观,它的每一条符号指令与相应的机器指令有对应关系,同时又增加了一些诸如宏、符号地址等功能,存储空间的安排可由计算机解决,减少了程序员的工作量,也减少了出错率。

汇编语言是一种强有力的语言,它能透彻地反映、巧妙而充分地运用计算机硬件的功能及特点,便于编程人员根据自己的需要灵活地编制高级语言能实现和无法实现的各种程序,随心所欲地控制计算机的运行。汇编语言是计算机能提供的最快而又最有效的语言,也是能够利用计算机所有硬件特性的唯一语言,在许多对运行速度要求很高的场合,汇编语言是必不可少的,如操作系统、编译程序、实时控制等软件多数是用汇编语言编写的。

汇编语言因机型不同(因汇编程序不同)而异,但编程的原理、方法与技巧相同,只是指令的助记符号、伪指令的符号不同,数量的多少及语法不同,只要熟练掌握一种汇编语言,其他的汇编语言只要稍看一下说明书则可轻而易举地掌握。本书虽以讲述 80x86 宏汇编语言程序设计,但所涉及的程序设计概念、原理、方法和技巧具有普遍的指导意义,适合于任何汇编语言程序设计。

汇编语言与具体的计算机结构有关,进行汇编语言程序设计,不仅要考虑解决问题的本身的逻辑,还要考虑计算机硬件资源的使用,这就要求汇编语言程序设计人员对计算机的硬件结构在逻辑上有比较清楚的了解。

2.1.3　高级程序设计语言

计算机技术的发展,促使人们去寻求一些与人类自然语言相接近且能为计算机所接受的语意确定、规则明确、自然直观和通用易学的计算机语言。这种与自然语言相近并为计算机所接受和执行的语言称为高级语言。用高级语言编写程序时,程序员可以不必了解计算机的内部逻辑,而主要考虑问题的解决方法。高级语言的源程序需要翻译成机器语言程序才能执行,翻译方式有两种,编译方式和解释方式。编译方式是由编译程序把高级语言源程序"翻译"成目标程序;解释方式是由解释程序把高级语言的源程序逐条"翻译"执行,不生成目标程序。

1. 传统的高级程序设计语言

1954 年,约翰・巴克斯发明了 FORTRAN 语言。FORTRAN 是最早出现的高级程序设计语言,主要应用在科学、工程计算领域。

1958 年,在 FORTRAN 基础上改进的 ALGOL 语言诞生了,与 FORTRAN 相比,ALGOL 的优点引入了局部变量和递归过程概念,提供了较为丰富的控制结构和数据类型,对后来的高级语言产生了深刻的影响。

1960 年出现的 COBOL 是商用数据处理应用中广泛使用的标准语言。COBOL 通用性强,容易移植,并提供了与事务处理有关的大范围的过程化技术。COBOL 是世界上最早实现标准化的语言,它的出现、应用与发展,改变了人们"计算机只能用于数值计算"的观点。

1964 年,汤姆・库斯和约翰・凯孟尼创建了一种新的计算机高级语言,这种语言语句简洁、语法简单,风格轻松活泼,又简便易学,被称为"初学者通用符号指令代码",这就是著名的 Basic 语言。该语言在微型计算机上得到广泛应用。目前 Basic 语言有多种版本，如 Borland 公司的 Turbo Basic、Microsoft 公司的 Visual Basic 等。Microsoft Visual Basic 是目前使用最广泛的 Basic 语言开发工具，它提供了一个可视的开发环境，具有图形设计工具、面向对象的结构化的事件驱动编程模式、开放的环境，使用户可以既快又简便地编制出 Windows 的各种应用程序。

2. 通用的结构化程序设计语言

结构化程序设计语言的特点是具有很强的过程功能和数据结构功能，并提供结构化的逻辑构造。这一类语言的代表有 Pascal、C 和 Ada 等，它们都是从 ALGOL 语言派生出来的。

20 世纪 60 年代末研制的 Pascal 语言体现了结构化程序设计的思想，以系统、精确、合理的方式表达了程序设计的基本概念，特别适合用来进行程序设计原理和高级语言的教学。Borland 公司的 Turbo Pascal 是使用比较广泛的版本。

1972 年，美国贝尔实验室的 Dennis Ritchie 发明了 C 语言，它既有高级语言的特点，又可以实现汇编语言的许多功能，因此它适用于编写系统软件和应用软件。C 语言主要特点是具有丰富的数据结构；基本程序结构是函数调用，支持用户自定义函数以扩充语言的功能；与汇编语言接口好；具有丰富的函数库；具有比较强的图形处理能力。Borland 公司的 Turbo C 是早期使用广泛的 C 语言开发工具。

Ada 语言是由美国国防部出资开发的，作为一种用于嵌入式实时计算机设计的标准语言。Ada 语言在结构和符号方面类似于 Pascal 语言。

3. 专用语言

专用语言是为特殊的应用而设计的语言。通常具有自己特殊的语法形式，面对特定的问题，输入结构及词汇与该问题的相应范围密切相关。有代表性的专用语言有 APL、Lisp、Prolog、Smalltalk、C++、Java 等。

APL 是一种简单的对数组和向量处理非常有效的语言。它几乎不支持结构化设计和数据类型划分，但它拥有丰富的操作运算符。主要用来解决一些数学计算问题。

Lisp 是一种人工智能领域专用的语言，它特别适用于组合问题中常见的符号运算和表处理。

Prolog 是另一种广泛用于专家系统构造的程序设计语言。和 Lisp 一样，Prolog 提供了支持知识表示的特性。这种语言用一种称为 term 的统一的数据结构来构造所有的数据和程序。每一个程序都由一组代表事实、规划和推理的子句组成。Lisp 和 Prolog 都特别适合于处理对象及其相互关系的问题。

Smalltalk 是首先真正实现面向对象的程序设计语言之一。它引入了与传统程序设计语言根本不同的控制结构与数据结构。Smalltalk 可以定义对象，对象由数据结构和指向一组方法（服务操作）的指针组成。每个对象都是一个类的实例。Smalltalk 提供的面向对象的方法可以支持程序部件的"可复用性"，从而使大型软件系统的开发时间和以源程序行数计算的程序量大大减少。

1980 年，贝尔实验室的 Bjarne Stroustrup 发明了的"带类的 C"，增加了面向对象程序设计所需要的抽象数据类型"类",1983 年带类的 C 语言被命名为 C++ ,成为面向对象的程序设计语言。C++ 有丰富的类库、函数库,可嵌入汇编语言中,使程序优化,但这种语言难于学习掌握,需要有 C 语言编程的基础经验和较为广泛的知识。目前,C++ 成为当今最受欢迎的面向对象的程序设计语言,因为它既融合了面向对象的能力,又与 C 语言兼容,保留了 C 语言的许多重要特性。C++ 常见的开发工具有 Borland C++ 、Microsoft Visual C++ 等。

Java 是一种简单的、面向对象的、分布式的、强大的、安全的、解释的、高效的、结构无关的、易移植的、多线程的、动态的语言。Java 设计接近 C++ 语言,但做了许多重大修改。它不再支持运算符重载、多继承及许多自动强制等易混淆和较少使用的特性,增加了内存空间自动垃圾收集的功能。Java 是面向对象语言,基本功能类似于 C++ ,但增加了 Objective C 的扩充,可提供更多的动态解决方法。Java 中提供了附加的例程库,通过它们的支持,Java 应用程序能够自由地打开和访问网络上的对象,就像在本地文件系统中一样。Java 有建立在公共密钥技术上的确认技术,指示器语义的改变将使应用程序不能再去访问以前的数据结构或私有数据,这样大多数病毒也就无法破坏数据。因而,使用 Java 可以构造出无病毒、安全的系统。它适用于 Internet 环境并具有较强的交互性和实时性,提供了网络应用的支持和多媒体的存取,推动了 Internet 和企业网络的 Web 的进步。SUN 公司的 J2EE 平台的发布,加速推动了 Java 在各个领域的应用。

2.1.4　4GL 语言

4GL 语言的出现,将语言的抽象层次又提高到一个新的高度。同其他人工语言一样,也采用不同的文法表示程序结构和数据结构,但它是在更高一级抽象的层次上表示这些结构,它不再需要规定算法的细节。关系数据库的标准语言 SQL 即属于该类语言。

4GL 语言兼有过程性和非过程性的两重特性。程序员规定条件和相应的动作,这是过程性的部分,并且指出想要的结果,这是非过程部分。然后由 4GL 语言系统运用它的专门领域的知识来填充过程细节。

2.1.5　程序设计语言的比较

在程序设计时,选择程序设计语言非常重要,若选择了适宜的语言,就能减少编码的工作量,产生易读、易测试、易维护的代码。在选择程序设计语言时,既要考虑程序设计语言的特性,又要考虑是否能满足需求分析和设计阶段所产生模型的需要。一般而言,衡量某种程序设计语言是否适合特定的项目,应考虑下面的一些因素。

(1) 应用领域。

(2) 算法和计算复杂性。

(3) 软件运行环境。

(4) 用户需求中关于性能方面的需要。

(5) 数据结构的复杂性。

(6) 软件开发人员的知识水平和心理因素等。

其中，应用领域常常作为选择程序设计语言的首要标准，这主要是因为若干主要的应用领域长期以来已固定地选用了某些标准语言，例如，C语言经常用于系统软件开发；Ada、C和Modula-2对实时应用和嵌入式软件更有效；COBOL是适用于商业信息处理的语言；FORTRAN适用于工程及科学计算领域，人工智能领域则使用Lisp、Prolog。

汇编语言适用于以下几种场合。

（1）程序执行占用较短的时间，或者占用较小存储容量的场合。

（2）程序与计算机硬件密切相关，程序直接控制硬件的场合。

（3）需提高大型软件性能的场合。

（4）没有合适的高级语言的场合。

2.2 结构化程序设计

由于软件危机的出现，人们开始研究程序设计方法，其中最受关注的是结构化程序设计方法。20世纪70年代提出了"结构化程序设计（Structured Programming）"的思想和方法，该方法引入了工程思想和结构化思想，使大型软件的开发和编程都得到了极大的改善。

2.2.1 结构化程序设计思想

结构化程序设计方法是程序设计的先进方法和工具。采用结构化程序设计方法编写程序，可使程序结构清晰、易读、易理解、易维护。结构化程序设计具有3种基本结构：顺序结构、选择结构和循环结构。1966年，Boehm和Jacopini证明了任何单入口单出口没有"死循环"的程序都能由顺序、选择和循环3种最基本的控制结构构造出来。

1. 顺序结构

顺序结构是最基本、最常用的结构，如图2-1所示。顺序结构就是按照程序语句行的自然顺序依次执行程序。

2. 选择结构

选择结构又称为分支结构，这种结构可以根据设定的条件，判断应该选择哪一条分支来执行相应的语句序列，如图2-2所示。

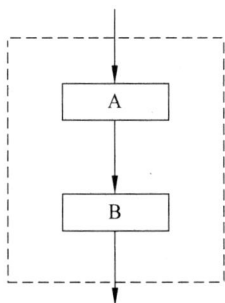

图2-1 顺序结构

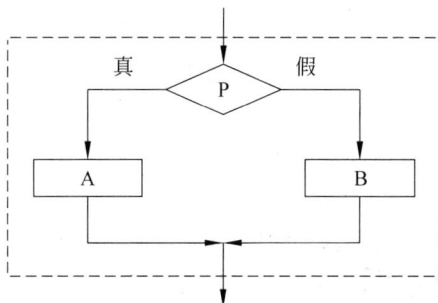

图2-2 选择结构

3. 循环结构

循环结构是根据给定的条件,判断是否需要重复执行某一程序段。在程序设计语言中,循环结构对应两类循环语句,对先判断后执行循环体的称为当型循环结构,如图 2-3 所示;对先执行循环体后判断的称为直到型循环结构,如图 2-4 所示。

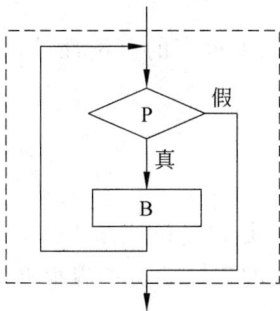

图 2-3　当型循环结构　　　　　　　　　图 2-4　直到型循环结构

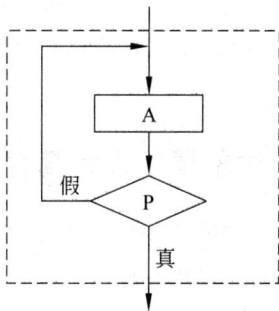

结构化程序设计的基本思想:一是使用 3 种基本结构;二是采用自顶向下、逐步求精和模块化方法。结构化程序设计强调程序设计风格和程序结构的规范化,其程序结构是按功能划分为若干个基本模块,这些模块形成一个树状结构,各模块之间的关系尽可能简单,且功能相对独立,每个模块内部均是由顺序、选择、循环 3 种基本结构组成的,其模块化实现的具体方法是使用子程序(函数或过程)。结构化程序设计由于采用了模块化与功能分解、自顶向下、分而治之的方法,因而可将一个较为复杂的问题分解为若干个子问题,各个子问题分别由不同的人员解决,从而提高了程序开发速度,并且便于程序的调试,有利于软件的开发和维护。

2.2.2　结构化程序设计方法

结构化程序设计方法的基本原则可以概括为自顶向下、逐步求精、模块化、限制使用 goto 语句。

1. 自顶向下

程序设计时,应先考虑总体,后考虑细节;先考虑全局目标,后考虑局部目标。开始时不过多追求众多的细节,先从最上层总体目标开始设计,逐步使问题具体化,层次分明,结构清晰。

2. 逐步求精

对复杂问题,应设计一些子目标作过渡,逐步细化。针对某个功能的宏观描述,进行不断分解,逐步确立过程细节,直到该功能用程序语言的算法实现为止。

3. 模块化

将一个复杂问题，分解为若干个简单的问题。每个模块只有一个入口和一个出口，使程序有良好的结构特征，能降低程序的复杂度，增强程序的可读性、可维护性。

4. 限制使用 goto 语句

因为使用 goto 语句会破坏程序的结构化，降低了程序的可读性，因而不提倡使用 goto 语句。

2.2.3　面向对象程序设计简介

面向对象程序设计是当前程序设计的主流方向，是程序设计方式在思维上和方法上的一次飞跃。面向对象程序设计方式是一种模仿人们建立现实世界模型的程序设计方式，是对程序设计的一种全新的认识。

面向对象程序设计的基本思想，一是从现实世界中客观存在的事物（即对象）出发，尽可能运用人类的自然思维方式去构造软件系统，也就是直接以客观世界的事务为中心来思考问题、认识问题、分析问题和解决问题。二是将事物的本质特征经抽象后表示为软件系统的对象，以此作为系统构造的基本单位。三是使软件系统能直接映射问题，并保持问题中事物及其相互关系的本来面貌。因此，面向对象方法强调按照人类思维方法中的抽象、分类、继承、组合、封装等原则去解决问题。这样，软件开发人员便能更有效地思考问题，更容易与客户沟通。

面向对象的方法，实质上是面向功能的方法在新形势下（由功能重用发展到代码重用）的回归与再现，是在一种高层次上（代码级重用）新的面向功能的方法论，它设计的"基本功能对象（类或构件）"，不仅包括属性（数据），而且包括与属性有关的功能（或方法，如增加、修改、移动、放大、缩小、删除、选择、计算、查找、排序、打开、关闭、存盘、显示和打印等）。它不但将属性与功能融为一个整体，而且对象之间可以继承、派生以及通信。因此，面向对象设计是一种新的、复杂的、动态的、高层次的面向功能设计。它的基本单元是对象，对象封装了与其有关的数据结构及相应层的处理方法，从而实现了由问题空间到解析空间的映射。

2.3　程序设计风格

2.3.1　程序设计风格的概念

程序设计是一门技术，需要相应的理论、技术、方法和工具来支持。程序设计方法和技术的发展，主要经过了结构化程序设计和面向对象的程序设计阶段。除了好的程序设计方法和技术之外，程序设计风格也是很重要的。良好的程序设计风格可以使程序结构清晰合理，使程序代码便于测试和维护。程序设计风格是指编写程序时所表现出的特点、习惯和逻辑思路，为了测试和维护程序，往往还要阅读和跟踪程序，因此程序设计的风格总体而言应该强调简单和清晰，著名的"清晰第一，效率第二"的论点已成为当今主导的程序设计风格。

2.3.2　良好的程序设计风格

要形成良好的程序设计风格，应注重考虑下列因素。

1. 源程序文档化

源程序文档化主要包括选择标识符的名字、安排注释和程序的视觉组织。

（1）符号名的命名。符号名的命名应具有一定的实际含义，以便于对程序功能的理解。

（2）程序注释。正确的注释能够帮助读者理解程序。注释分为序言性注释和功能性注释。序言性注释通常位于每个程序的开头部分，它给出程序的整体说明，主要描述内容可以包括程序标题、程序功能说明、主要算法、接口说明、开发简历等。功能性注释嵌在源程序体之中，主要描述其后的语句或程序做什么。

（3）视觉组织。为了使程序的结构一目了然，在程序中利用空格、空行、缩进等技巧可使程序的逻辑结构清晰、层次分明。

2. 数据说明

在编写程序时，需要注意数据说明的风格，以便使程序中的数据说明更易于理解和维护。应注意如下几点。

（1）数据说明的次序规范化。鉴于理解、阅读和维护的需要，数据说明先后次序固定，可以使数据的属性容易查找，也有利于程序的测试、排错和维护。

（2）说明语句中变量安排有序化。当一个说明语句说明多个变量时，变量按照字母顺序排列为好。

（3）使用注释，说明复杂数据的结构。

3. 语句的结构

语句构造力求简单直接，不应该为提高效率而使语句复杂化。一般应注意以下几点。

（1）在一行内只写一条语句，并采用适当的缩进格式，使程序的逻辑和功能变得明确。

（2）程序编写应优先考虑清晰性。

（3）除非对效率有特殊要求，否则程序编写要做到"清晰第一，效率第二"。

（4）首先要保证程序正确，然后才要求提高速度。

（5）数据结构要有利于程序的简化。

（6）尽可能使用库函数。

（7）避免使用临时变量而使程序的可读性下降。

（8）避免使用无条件转移语句。

（9）避免采用复杂的条件语句。

（10）避免过多的循环嵌套和条件嵌套。

（11）要模块化，使模块功能尽量单一。

（12）利用信息隐蔽，确保每一个模块的独立性。

4．输入和输出

输入、输出方式和格式，往往是用户对应用程序是否满意的一个因素，应尽可能方便用户的使用。在设计和编程时都应该考虑如下原则。

（1）对所有的输入数据都要检验数据的合法性。

（2）检查输入项的各种重要组合的合理性。

（3）输入格式要简单，输入的步骤和操作尽可能简捷。

（4）输入数据时，应允许使用自由格式。

（5）应允许默认值。

（6）输入一批数据时，最好使用输入结束标志。

（7）在以交互式输入/输出方式进行输入时，要在屏幕上使用提示符明确提示输入的请求，同时在数据输入过程中和输入结束时，应在屏幕上给出状态信息。

（8）当程序设计语言对输入格式有严格要求时，应保持输入格式与输入语句的一致性。

（9）给所有的输出加注释，并设计输出报表格式。

2.4 程序设计的基本过程

程序设计就是使用某种程序设计语言编写程序代码来驱动计算机完成特定功能的过程。程序设计的基本过程一般由分析所求解的问题、抽象数学模型、选择合适算法、编写程序、调试通过直至得到正确结果等几个阶段所组成，如图 2-5 所示。

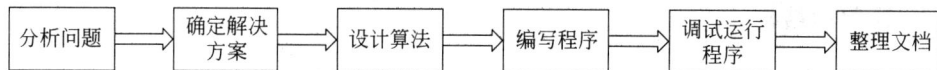

图 2-5 程序设计的基本步骤

其设计步骤如下。

（1）确定要解决的问题，对任务进行调查分析，明确要实现的功能。

（2）对要解决的问题进行分析，找出它们的运算和变化规律，建立数学模型；当一个问题有多个解决方案时，选择适合计算机解决问题的最佳方案。

（3）依据解决问题的方案确定数据结构和算法，绘制流程图。

（4）依据流程图描述的算法，选择一种用合适的计算机语言编写程序。

（5）通过反复执行所编写的程序，找出程序中的错误，直到程序的执行效果达到预期的目标。

（6）将解决问题整个过程的有关资料进行整理，编写程序使用说明书。

单元测试 2

一、选择题

1. 专门用于人与计算机之间交流信息的各种人工语言称为（　　）。
   A. 计算机语言或程序设计语言　　　　B. 自然语言或机器语言
   C. 机器语言或计算机语言　　　　　　D. 程序设计语言或机器语言

2. （　　）是用二进制代码表示的计算机能直接识别和执行的机器指令的集合。
   A. 计算机语言　　　B. 机器语言　　　C. 高级语言　　　D. 汇编语言

3. 根据程序设计语言发展的历程，可将其大致分为（　　）四类。
   A. 人工语言、机器语言、汇编语言及高级语言
   B. 机器语言、汇编语言、高级语言及自然语言
   C. 机器语言、汇编语言、高级语言及 4GL 语言
   D. 专用语言、汇编语言、高级语言及 4GL 语言

4. 结构化程序设计具有（　　）3 种基本结构。
   A. 顺序结构、条件结构、直到循环结构
   B. 顺序结构、选择结构、直到循环结构
   C. 顺序结构、选择结构、当型循环结构
   D. 顺序结构、选择结构、循环结构

5. 结构化程序设计方法的基本原则可以概括为（　　）。
   A. 自顶向下、逐步求精、模块化
   B. 自顶向下、逐步求精、模块化、限制使用 goto 语句
   C. 自顶向下、逐步求精、限制使用 goto 语句
   D. 自顶向下、模块化、限制使用 goto 语句

6. 高级语言的源程序需要翻译成机器语言程序才能执行，翻译方式有两种：（　　）。
   A. 编译方式和解释方式　　　　　　B. 编译方式和汇编方式
   C. 解释方式和汇编方式　　　　　　D. 编译方式、解释方式和汇编方式

7. 汇编语言适用于（　　）。①程序执行占用较短的时间，或者占用较小存储容量的场合；②程序与计算机硬件密切相关，程序直接控制硬件的场合；③需提高大型软件性能的场合；④没有合适的高级语言的场合。
   A. ①,②,③　　　B. ①,②　　　C. ①,③　　　D. ①,②,③,④

8. 要形成良好的程序设计风格，应注重考虑（　　）因素。①源程序文档化；②数据说明；③语句的结构；④输入和输出。
   A. ①,②,③,④　　　B. ①,②,③　　　C. ①,③,④　　　D. ①,②,④

9. 操作系统、编译程序、实时控制等软件多数是用（　　）编写的。

A. 机器语言　　　　B. C 语言　　　　C. 高级语言　　　　D. 汇编语言

10. 人工智能领域使用(　　)语言。

A. C 语言　　　　　　　　　　B. FORTRAN

C. Lisp、Prolog　　　　　　　D. COBOL

二、填空题

1. 专门用于人与计算机之间交流信息的各种人工语言称为_____。

2. 根据程序设计语言发展的历程,可将其大致分为_____、_____、_____及_____语言四类。

3. _____是用二进制代码表示的计算机能直接识别和执行的机器指令的集合,即处理器的指令系统。

4. _____是由一条条助记符所组成的指令系统。

5. _____是由编译程序把高级语言源程序"翻译"成目标程序;_____是由解释程序把高级语言的源程序逐条"翻译"执行,不生成目标程序。

6. _____是一种简单的、面向对象的、分布式的、强大的、安全的、解释的、高效的、结构无关的、易移植的、多线程的、动态的语言。

7. _____经常用于系统软件开发;_____对实时应用和嵌入式软件更有效;_____是适用于商业信息处理的语言;_____适用于工程及科学计算领域,人工智能领域则使用_____。

8. 结构化程序设计具有 3 种基本结构:_____、_____和_____。

9. _____就是按照程序语句行的自然顺序依次执行程序。

10. _____又称为分支结构,这种结构可以根据设定的条件,判断应该选择哪一条分支来执行相应的语句序列。

11. _____是根据给定的条件,判断是否需要重复执行某一程序段。

12. 对先判断后执行循环体的称为_____;对先执行循环体后判断的称为_____。

13. _____,即程序设计时,应先考虑总体,后考虑细节;先考虑全局目标,后考虑局部目标。开始时不过多追求众多的细节,先从最上层总体目标开始设计,逐步使问题具体化,层次分明,结构清晰。

14. _____,即对复杂问题,应设计一些子目标作过渡,逐步细化。针对某个功能的宏观描述,进行不断分解,逐步确立过程细节,直到该功能用程序语言的算法实现为止。

15. _____,即将一个复杂问题,分解为若干个简单的问题。每个模块只有一个入口和一个出口,使程序有良好的结构特征,能降低程序的复杂度,增强程序的可读性、可维护性。

16. _____方式是一种模仿人们建立现实世界模型的程序设计方式,是对程序设计的一种全新的认识,是当前程序设计的主流方向,是程序设计方式在思维上和方法上的一次飞跃。

17. 程序设计的风格总体而言应该强调简单和清晰,著名的"_____,_____"的论点已成为当今主导的程序设计风格。

18. _____就是使用某种程序设计语言编写程序代码来驱动计算机完成特定功能的过程。

19. 程序设计的基本过程一般由 _____、_____、_____、_____、_____直至得到正确结果等几个阶段所组成。

20. 结构化程序设计方法的基本原则可以概括为 _____、_____、_____、_____。

三、判断题

1. 汇编语言是用二进制代码表示的计算机能直接识别和执行的机器指令的集合。
( )

2. 与自然语言相近并为计算机所接受和执行的语言称为高级语言。 ( )

3. 解释方式是由解释程序把高级语言源程序"翻译"成目标程序;编译方式是由编译程序把高级语言的源程序逐条"翻译"执行。 ( )

4. 在选择程序设计语言时,既要考虑程序设计语言的特性,又要考虑是否能满足需求分析和设计阶段所产生模型的需要。 ( )

5. 采用结构化程序设计方法编写程序,可使程序结构清晰、易读、易理解,但难维护。
( )

6. 结构化程序设计具有 4 种基本结构:顺序结构、选择结构、循环结构和面向对象结构。 ( )

7. 著名的"效率第一,清晰第二"的论点已成为当今主导的程序设计风格。 ( )

8. 结构化程序设计由于采用了模块化与功能分解、自顶向下、分而治之的方法。
( )

9. 面向对象的方法,实质上是面向功能的方法在新形势下的回归与再现,是在一种高层次上新的面向功能的方法论。 ( )

10. 汇编语言适用于程序执行占用较短的时间,或者占用较小存储容量的场合。
( )

四、简答题

1. 根据程序设计语言发展的历程,可将其大致分为哪几类?
2. 一般而言,衡量某种程序设计语言是否适合特定的项目,应考虑哪些因素?
3. 汇编语言适用于哪些场合?
4. 简述结构化程序设计思想。
5. 简述结构化程序设计方法。
6. 简述面向对象程序设计的基本思想。
7. 要形成良好的程序设计风格,应注重考虑哪些因素?
8. 程序设计的基本过程一般由哪几个阶段组成?

chapter 3

指 令 系 统

3.1 指令系统概述

计算机的指令系统是指其处理器所能执行的各种指令的集合。计算机的主要功能必须通过它的指令系统来实现。每种计算机都有自己的指令系统,不能互相兼容。目前,一般小型或微型计算机的指令系统可以包括几十条至几百条指令。

指令有机器指令和汇编指令两种形式,机器指令用二进制代码表示,便于机器识别,但不便于用户记忆和交流;汇编指令则是用助记符来表示机器指令,容易阅读和使用,但在执行之前,必须先翻译成等价的机器指令。若无特殊说明,本书此后所论及的指令均指汇编指令。

3.1.1 机器指令格式

计算机指令通常由操作码字段和操作数字段(操作码)两部分组成。指令的基本格式如图 3-1 所示。

操作码字段	操作数字段

图 3-1 指令的基本格式

1. 操作码字段

操作码字段指示计算机所要执行的操作类型,如加、减、乘、除、数据传送等。一台计算机可能有几十条至几百条指令,每条指令都有一个对应的操作码。CPU 执行指令时,首先将操作码从指令队列送到执行部件 EU 中的控制单元,经指令译码器分析识别后,产生执行本指令所需的时序控制信号,控制计算机完成规定的操作。

2. 操作数字段

操作数字段指出指令执行操作所需的数据和操作结果存放的位置。根据一条指令操作数字段提供的操作数个数,可以将指令分为以下 3 种。

1) 双操作数指令

双操作数指令中的操作数字段提供两个操作数,中间用逗号分隔,逗号前面的操作数称为目的操作数,逗号后面的操作数称为源操作数,其格式如图 3-2 所示。

操作码	目的操作数	,	源操作数

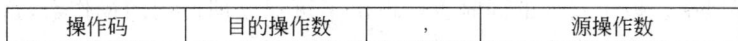

图 3-2 双操作数指令格式

多数双操作数指令都把操作结果存入目的单元中,而源操作数保持不变。

例如:

```
MOV    AL,05H        ;该指令将 8 位立即数 05H 存入寄存器 AL 中
                     ;寄存器 AL 是目的操作数,8 位立即数 05H 是源操作数
ADD    AL,BL         ;该指令把寄存器 AL 和 BL 中存放的数据相加,结果放入 AL 中
                     ;寄存器 BL 是源操作数,寄存器 AL 是目的操作数
```

2) 单操作数指令

单操作数指令中的操作数字段只提供一个操作数,其格式如图 3-3 所示。

这类指令有两种情况,一是只需要一个操作数,例如加 1 指令 INC、减 1 指令 DEC 等;二是指令中只给出一个操作数,另一个操作数是隐含指出的,即操作数存放在固定位置,无须指令给出,例如进栈指令 PUSH、出栈指令 POP 等。

例如:

```
INC    AX            ;加 1 指令,将 AX 寄存器的内容加 1,只需要一个操作数
PUSH   BX            ;进栈指令,只需给出源操作数,目的操作数是栈顶单元
```

3) 零操作数指令

这类指令中只有操作码字段,没有操作数字段,其格式如图 3-4 所示。

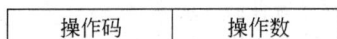

操作码	操作数

操作码

图 3-3 单操作数指令格式　　图 3-4 零操作数指令格式

这类指令有两种情况,一是不需要操作数,例如停机指令 HLT;二是所需的操作数是隐含指出的,即操作数存放在固定位置,无须指令给出。

例如:

```
HLT                  ;停机指令,不需要操作数
CBW                  ;符号扩展指令,隐含的操作数在 AL 和 AX 中
```

3.1.2　寻址技术

指令中的操作数字段可能直接给出操作数,也可能给出操作数的存放地址,操作数可能存放在寄存器或存储器中。若指令中给出的是操作数的存放地址,则在执行指令时就要根据指令中给出的地址信息来寻找操作数,这个过程称为寻址,寻找操作数的各种方式统称为寻址方式。

3.1.3　立即寻址

立即寻址方式是指操作数直接包含在指令中,紧跟在操作码之后,作为指令的一部

分存放在代码段中。取出指令的同时也就取出了可以立即使用的操作数,这样的操作数称为立即数。立即数可以是 8 位或 16 位数,若是 16 位操作数,则低位字节存放在低地址单元中,高位字节存放在高地址单元中。

立即寻址方式能够快速获得操作数,但适用范围有限,通常用于给寄存器或存储器赋初值。立即寻址方式只能用于源操作数,不能用于目的操作数。在汇编指令中,立即数若是数值常数可直接书写,若是字符常数,应加上引号。

例如:

```
MOV    BL,20H          ;将 8 位立即数 20H 存入寄存器 BL 中
MOV    AX,12BCH        ;将 16 位立即数 12BCH 存入寄存器 AX 中
MOV    BX,"AB"         ;将字符串"AB"存入寄存器 BX 中
```

在上例中,各指令的源操作数均采用了立即寻址方式。

3.1.4 寄存器寻址

寄存器寻址方式是指操作数存放在寄存器中,指令中直接给出寄存器名,通过寄存器名找到操作数。对于 16 位操作数,寄存器可以是 AX、BX、CX、DX、SI、DI、SP、BP 等,对于 8 位操作数,寄存器可以是 AH、AL、BH、BL、CH、CL、DH、DL 等。寄存器寻址方式既可以用于源操作数,也可以用于目的操作数。

例如:

```
MOV    CX,1234H        ;将 16 位立即数 1234H 存入寄存器 CX
MOV    BL,AL           ;将寄存器 AL 的内容存入寄存器 BL
MOV    DS,BX           ;将通用寄存器 BX 的内容存入段寄存器 DS
```

在上例中,第一条指令中的目的操作数采用了寄存器寻址方式;第二、三两条指令中的源操作数和目的操作数均采用了寄存器寻址方式。

3.1.5 存储器寻址方式

顾名思义,存储器寻址方式就是操作数在存储器单元中。如果存储器单元作为操作数,CPU 必须通过指令提供的信息计算出该存储器单元的物理地址,物理地址是由段基址和偏移量组成的,操作数物理地址计算方法:

$$物理地址 = 16 \times 段基址 + 偏移量$$

其中段基址取自段寄存器,所以指令只需提供计算偏移量所需要的信息就可以了。在 80x86 中,根据对存储器单元地址偏移量的不同计算方法,可以分为 5 种不同的存储器寻址方式。

需要指出的是,在 80x86 中,为了限制指令的长度,在同一条指令中,不允许两个操作数同时采用存储器寻址方式。

1. 直接寻址方式

直接寻址方式是指指令所需操作数存放在存储器单元中,其地址偏移量由指令代码

中的位移量直接给出。位移量可以用常数表示，也可以用变量名表示。操作数如果在数据段中，则指令中不必给出段寄存器名（即默认使用 DS）；否则，必须使用段超越前缀来说明使用其他段中的数据。

操作数格式：[常数]|变量名

直接寻址方式如图 3-5 所示。

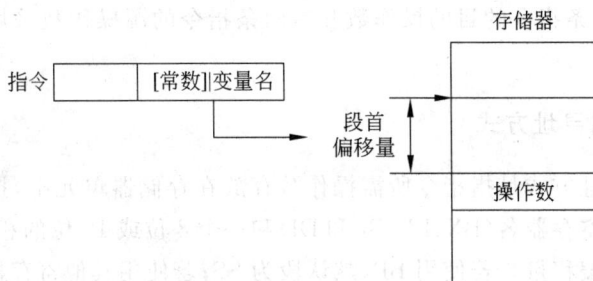

图 3-5　直接寻址方式

例如：

```
MOV    BL,[100H]       ;将当前数据段偏移量为 100H 的字节单元内容存入 BL
MOV    AX, DA_WORD     ;将 DA_WORD 指向的字单元内容存入 AX
MOV    DA_BYTE,0FFH    ;将立即数 0FFH 存入 DA_BYTE 指向的字节单元
MOV    ES:[100H],AX    ;将 AX 的内容存入附加段 ES 中偏移 100H 的字单元
```

在上例中，前两条指令的源操作数和后两条指令的目的操作数采用了直接寻址方式。其中，最后一条指令中的目的操作数使用了段超越前缀，说明使用附加段的数据。

2. 寄存器间接寻址方式

寄存器间接寻址方式是指指令所需操作数存放在存储器单元中，其地址偏移量由基址寄存器 BX、BP 或变址寄存器 SI、DI 给出。若使用 BP，默认段为 SS；若使用 BX、SI 和 DI 寄存器，默认段为 DS。

操作数格式：[BX|BP|SI|DI]

寄存器间接寻址方式如图 3-6 所示。

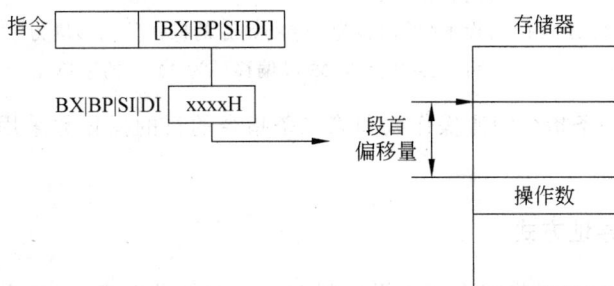

图 3-6　寄存器间接寻址方式

例如：

```
MOV   [BX],1234H      ;设 BX 内容为 100H,将 1234H 存入 DS 段偏移 100H 的字单元
MOV   [BP],BL         ;设 BP 内容为 100H,将 BL 的内容存入 SS 段偏移 100H 的字节单元
MOV   AL,[SI]         ;设 SI 内容为 100H,将 DS 段偏移 100H 的字节单元的内容存入 AL
MOV   AX,DS:[BP]      ;设 BP 内容为 1000H,将 DS 段偏移 1000H 的字单元的内容存入 AX
```

在上例中,前两条指令的目的操作数和后两条指令的源操作数采用了寄存器间接寻址方式。

3. 寄存器相对寻址方式

寄存器相对寻址方式是指指令所需操作数存放在存储器单元中,指令中给定的一个基址寄存器或变址寄存器名(BX、BP、SI 和 DI)和一个 8 位或 16 位的相对位移量,两者之和为操作数的地址偏移量。若使用 BP,默认段为 SS;若使用其他寄存器,默认段为 DS。

操作数格式：位移量[BX|BP|SI|DI]

寄存器相对寻址方式如图 3-7 所示。

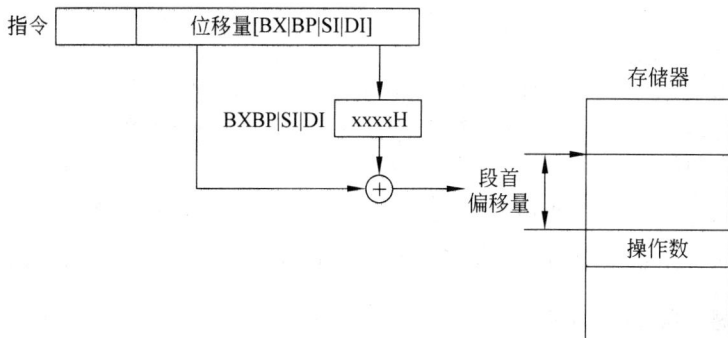

图 3-7　寄存器相对寻址方式

例如：

```
MOV   AL,ES:VAR[SI]   ;设 SI 的内容为 100H,VAR 所指存储单元的偏移量为 200H,则
                      ;源操作数偏移量为 300H,将 ES 段偏移量为 300H 的字节单元
                      ;内容存入 AL
MOV   10H[BX],1234H   ;设 BX 的内容为 100H,则目的操作数偏移量为 110H
                      ;将 1234H 存入 DS 段偏移量为 110H 的字单元
```

在上例中,第一条指令的源操作数和第二条指令的目的操作数采用了寄存器相对寻址方式。

4. 基址变址寻址方式

基址变址寻址方式是指指令所需操作数存放在存储器单元中,指令中给定的一个基址寄存器名(BX 或 BP)和一个变址寄存器名(SI 或 DI),两者内容之和为操作数的地址偏移量。若基址寄存器使用 BP,默认段为 SS;若基址寄存器使用 BX,默认段为 DS。

操作数格式：[BX|BP][SI|DI]

基址变址寻址方式如图 3-8 所示。

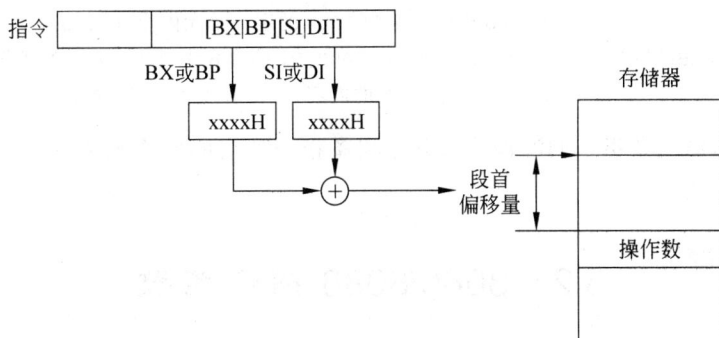

指令 [BX|BP][SI|DI]]

BX或BP SI或DI

xxxxH xxxxH

段首
偏移量

存储器

操作数

图 3-8 基址变址寻址方式

例如：

```
MOV     AX,ES:[BX][SI]   ;设 BX 的内容为 100H,SI 的内容为 20H,则源操作数偏移量为 120H
                         ;将 ES 段偏移 120H 的字单元内容存入 AX
MOV     [BP][DI],AL      ;设 BP 的内容为 1000H,DI 的内容为 50H,则目的操作数的偏移量
                         ;为 1050H,将 AL 的内容存入 DS 段偏移量为 1050H 的字节单元
```

在上例中,第一条指令的源操作数和第二条指令的目的操作数采用了基址变址寻址方式。

5. 相对基址变址寻址方式

相对基址变址寻址方式是指指令所需操作数存放在存储器单元中,指令中给定的一个基址寄存器名(BX 或 BP)、一个变址寄存器名(SI 或 DI)和一个 8 位或 16 位的相对位移量,三者内容之和为操作数的地址偏移量。若基址寄存器使用 BP,默认段为 SS;若基址寄存器使用 BX,默认段为 DS。

操作数格式：位移量[BX|BP][SI|DI]

相对基址变址寻址方式如图 3-9 所示。

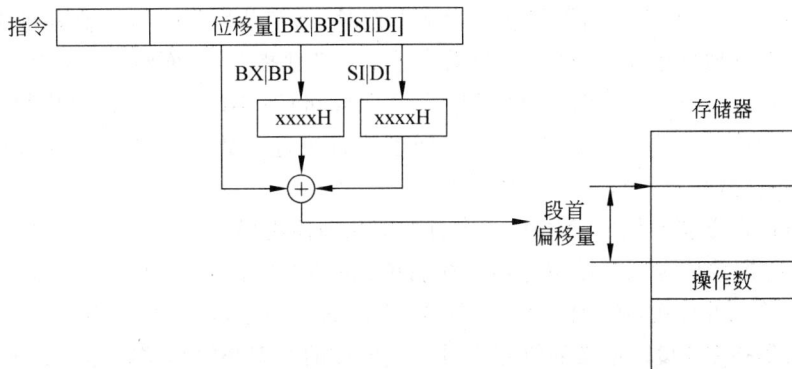

指令 位移量[BX|BP][SI|DI]

BX|BP SI|DI

xxxxH xxxxH

段首
偏移量

存储器

操作数

图 3-9 相对基址变址寻址方式

例如：

```
MOV    AL,-20H[BX][DI]   ;设 BX 的内容为 100H,DI 的内容为 20H,则源操作数偏移量为 100H
                         ;将 DS 段偏移量为 100H 的字节单元内容存入 AL
MOV    100H[BP][SI],AX   ;设 BP 的内容为 1000H,DI 的内容为 200H,则目的操作数的偏移量
                         ;为 1300H,将 AX 的内容存入 SS 段偏移量 1300H 的字单元
```

在上例中，第一条指令的源操作数和第二条指令的目的操作数采用了相对基址变址寻址方式。

3.2　8086/8088 指令系统

8086/8088 指令系统中的指令按照功能可以分为六类：数据传送指令、算术运算指令、逻辑运算指令、串操作指令、处理器控制指令和控制转移指令。本节介绍数据传送指令、算术运算指令、逻辑运算指令和处理器控制指令，串操作指令和控制转移指令将在第5章的相关部分介绍。

3.2.1　数据传送指令

数据传送指令用于寄存器、存储器或输入/输出端口之间传送数据或地址。数据传送指令又可以分为通用数据传送指令、累加器专用传送指令、地址传送指令和标志传送指令。

1. 通用数据传送指令

1) 传送指令 MOV

格式：MOV　目的操作数,源操作数

功能：将源操作数送入目的地址中,执行后,源操作数内容不变。它可以实现寄存器之间、寄存器与存储单元之间的数据传送,以及立即数到寄存器或存储单元的传送。

对标志位的影响：无。

在使用 MOV 指令时注意：源操作数与目的操作数的数据类型必须一致,即两者同为字节类型或字类型；当存储器操作数为字类型时,高字节数据存放在高地址单元,低字节数据存放在低地址单元（这种对应关系也适用于其他指令,后面将不再赘述）。

对 MOV 指令的传送方向的规定如下：立即数和 CS 不能作为目的操作数；不能将立即数直接送到段寄存器；两个存储单元之间不能直接进行数据传送；两个段寄存器之间也不能直接进行数据传送,其传送方向如图 3-10 所示。

根据对传送方向的规定,MOV 指令有如下几种使用形式。

（1）将立即数传送到通用寄存器或存储单元。MOV 指令可以实现立即数到通用寄存器或存储单元的传送,源操作数为 8 位或 16 位的立即数,可以是常数、ASCII 码字符,也可以是由伪指令 EQU 定义的符号常量。立即数的类型必须与寄存器字长或存储单元类型一致,8 位立即数可以送入 8 位或 16 位寄存器或存储单元,但 16 位立即数只能送入

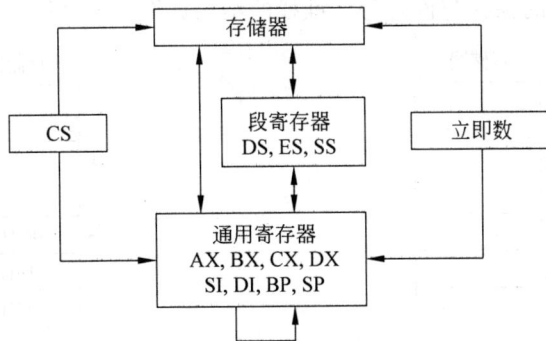

图 3-10　MOV 指令的传送方向示意图

16 位寄存器或存储单元,不能送入 8 位寄存器或存储单元。

例如:

```
MOV     CL,4BH          ;将 8 位立即数 4BH 传送到通用寄存器 CL
MOV     DI,COUNT        ;COUNT 为符号常数,将其值传送到通用寄存器 DI
MOV     [DI],2008       ;将十进制数 2008 传送到 DS 段 DI 内容所指地址的字单元
MOV     ES:[100H],'B'   ;将字符 B 的 ASCII 码传送到 ES 段偏移 100H 的字节单元
```

(2) 寄存器之间的数据传送。MOV 指令可以实现寄存器之间的数据传送,注意两个寄存器的数据类型必须一致,即两个寄存器应同为 8 位或 16 位寄存器。

例如:

```
MOV     CH,DL           ;将 8 位通用寄存器 DL 的内容传送到 8 位通用寄存器 CH
MOV     DI,BX           ;将 16 位通用寄存器 BX 的内容传送到 16 位通用寄存器 DI
MOV     DS,AX           ;将 16 位通用寄存器 AX 的内容传送到数据段寄存器 DS
```

(3) 寄存器与存储单元之间的数据传送。MOV 指令可以实现寄存器到存储单元的数据传送,也可以实现存储单元到寄存器的数据传送。注意指令中的两个操作数类型必须一致。

例如:

```
MOV     [200H],DX       ;将 DX 中的内容传送到 DS 段偏移 200H 的字单元
MOV     AL,VAR          ;将变量 VAR 的内容传送到 AL
MOV     [SI],DS         ;将 DS 的内容传送到 SI 所指的字单元
MOV     ES,[BX]         ;将 BX 所指的存储单元的内容传送到 ES
```

2) 堆栈操作指令

堆栈是在存储器中开辟的一个特殊区域,它遵循"后进先出"的存取原则,其段基地址存放在堆栈段寄存器 SS 中。堆栈操作只能在栈顶进行,堆栈的操作有进栈和出栈两种。从 8086 堆栈的组织形式来看,堆栈是从高地址向低地址方向生长的。最初堆栈的栈顶和栈底是重叠的,随着堆栈操作的进行,栈底的位置保持不变,而栈顶的位置却在不断地变化。进栈时栈顶向低地址方向变化,出栈时栈顶向高地址方向变化。堆栈指针寄存器 SP 始终指向栈顶单元。堆栈操作指令主要用于对现场数据的保存与恢复、子程序

与中断服务返回地址的保存与恢复等。堆栈的结构如图 3-11 所示。

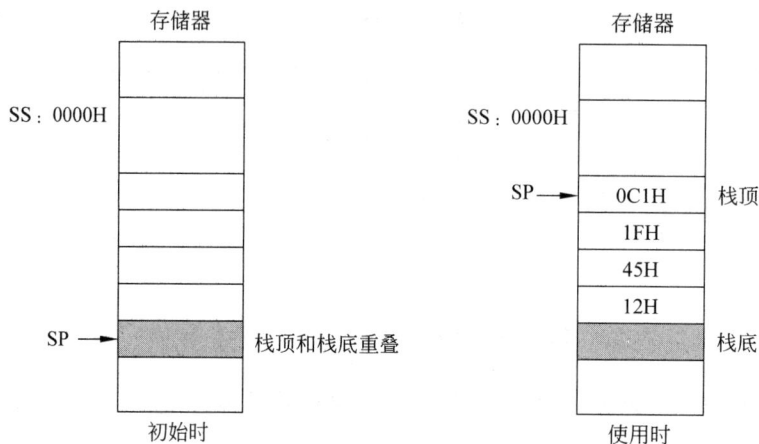

图 3-11　堆栈结构示意图

（1）进栈指令 PUSH。

格式：PUSH　源操作数

功能：修改堆栈指针 SP，然后将源操作数压入栈顶单元。

具体操作过程：先将 SP 的内容减 1，然后将源操作数的高字节存入当前 SP 所指单元，再将 SP 的内容减 1，然后将源操作数的低字节存入当前 SP 所指单元。

说明：源操作数可以是寄存器操作数、段寄存器操作数或存储器操作数。其长度必须是 16 位。

对标志位的影响：无。

例如：

```
PUSH    AX
PUSH    BUFFER
PUSH    DATA[BX][SI]
```

（2）出栈指令 POP。

格式：POP　目的操作数

功能：将栈顶单元的内容弹出（复制）到目的地址中，然后修改堆栈指针 SP。

具体操作过程：先将当前 SP 所指单元的内容弹出到目的地址的低字节，然后将 SP 的内容加 1，再将当前 SP 所指单元的内容弹出到目的地址的高字节，最后再将 SP 的内容加 1。

说明：目的操作数可以是通用寄存器操作数、除 CS 以外的段寄存器操作数或字类型的存储器操作数，其长度必须是 16 位。

对标志位的影响：无

例如：

```
POP     BX
POP     20H[BX]
```

3）交换指令 XCHG

格式：XCHG　目的操作数，源操作数

功能：将源操作数和目的操作数互换。

说明：该指令至少有一个操作数在通用寄存器中。可以实现通用寄存器之间的数据交换，或通用寄存器与存储单元之间的数据交换。其操作数可以是 8 位的，也可以是 16 位的。

对标志位的影响：无。

例如：

```
XCHG    AX,BX
XCHG    [1000H],AL
```

2. 累加器专用传送指令

1）XLAT 换码指令

XLAT 换码指令一般用来实现码制之间的转换，又称为查表转换指令。在使用 XLAT 换码指令之前，应先在数据段建立一个表格，并将表格的首单元偏移地址送入 BX 寄存器；要转换的代码应该是相对于表格首单元的偏移量，它是一个 8 位无符号数，这说明表格的长度最大只能是 256 个存储单元，在指令执行前存入 AL 寄存器中；表格中的内容则是所要转换的代码。指令执行后，在 AL 中的内容则是要转换的代码。

格式：XLAT

功能：将累加器 AL 中的一个值转换为内存表格中的某一个值，再传送 AL 中。其功能等价于：

```
MOV     AH,0
ADD     BX,AX
MOV     AL,[BX]
```

对标志位的影响：无。

例如：

```
MOV     BX,4C02H
MOV     AL,08H
XLAT
```

XLAT 指令的执行情况如图 3-12 所示。

指令执行时，先计算(BX)+(AL)，得到有效地址 4C0AH，再将 4C0AH 所指字节单元中的数据送入 AL 寄存器。指令执行以后，AL 的内容是 20H。

2）输入输出指令

输入输出指令是专门用于在输入输出端口和累加器之间进行数据传送的指令。

（1）输入指令 IN。

格式如下。

长格式：IN　AL/AX,PORT

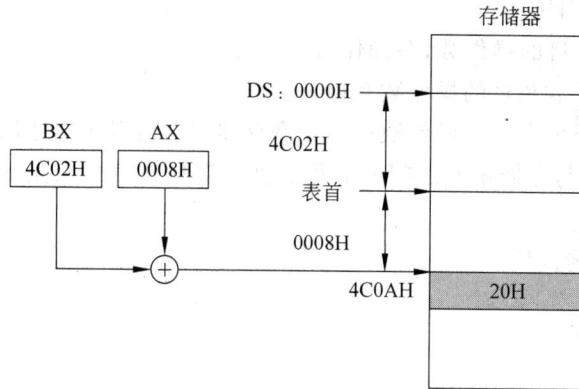

图 3-12　XLAT 指令执行情况示意图

短格式：IN　AL/AX,DX

功能：从无符号数 PORT 或 DX 寄存器所指定的端口输入一个字节数据到累加器 AL 中，或输入一个字数据到累加器 AX 中。

说明：可以用一个无符号数 PORT 直接给出外设端口地址，取值范围为 0～0FFH，也可以用 DX 寄存器间接给出外设端口地址，取值为 0～0FFFFH。

例如：

```
IN    AL,60H       ;将 60H 端口中的数据读到 AL 中
IN    AX,60H       ;将 60H 端口中的字数据读到 AX 中
MOV   DX,3FFH      ;将端口地址首先送到 DX 寄存器中
IN    AL,DX        ;将 DX 所指定的端口中的字节数据读到 AL 中
IN    AX,DX        ;将 DX 所指定的端口中的字数据读到 AX 中
```

（2）输出指令 OUT。

格式如下。

长格式：OUT　PORT,AL/AX

短格式：OUT　DX,AL/AX

功能：实现输出，其数据传送方向与 IN 指令相反。

例如：

```
OUT   6EH,AL       ;将 AL 中的字节数据输出到 6EH 端口中
OUT   6EH,AX       ;将 AX 中的字数据输出到 6EH 端口中
MOV   DX,3EFFH     ;将端口地址首先送到 DX 寄存器中
OUT   DX,AL        ;将 AL 中的字节数据输出到 DX 所指定的端口中
OUT   DX,AX        ;将 AX 中的字数据输出到 DX 所指定的端口中
```

3. 地址传送指令

地址传送指令实现操作数地址信息的传送。

1）有效地址送寄存器指令 LEA

格式：LEA　通用寄存器,源操作数

功能：将源操作数的偏移地址送入通用寄存器。

说明：指令中的目的操作数只能使用 16 位通用寄存器,不能使用段寄存器,源操作数只能是存储器操作数。

例如：

```
MOV    BX,0200H
MOV    SI,3000H
LEA    BP,6[BX][SI]    ;将源操作数的有效地址 3206H 送到 BP 寄存器中
```

2）指针送寄存器和 DS 指令 LDS

格式：LDS　通用寄存器,源操作数

功能：将源操作数指示的双字单元内容送入通用寄存器和 DS,低两字节内容送通用寄存器,高两字节内容送入 DS。

说明：指令中的目的操作数只能使用 16 位通用寄存器,不能使用段寄存器,源操作数只能是存储器操作数。

例如：

```
LDS    BX,[100H]
```

指令执行情况如图 3-13 所示。

3）指针送寄存器和 ES 指令 LES

LES 与 LDS 指令的区别仅在于传送地址时将高两字节送 ES,而不是 DS。

4. 标志传送指令

标志传送指令专门用于对标志寄存器进行操作。

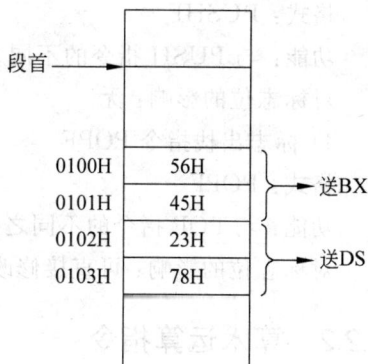

图 3-13　LDS 指令执行情况

如前所述,8086/8088 的标志寄存器具有 16 位,LAHF 和 SAHF 指令仅对标志寄存器的低 8 位进行操作,而 PUSHF 和 POPF 对整个标志寄存器进行操作。

1）取标志指令 LAHF

格式：LAHF

功能：将标志寄存器的低 8 位传送到累加器 AH。

对标志位的影响：无。

标志寄存器的低 8 位中有 5 个状态标志位,分别是 SF,ZF,AF,PF 和 CF,LAHF 指令将这些状态标志位传送到 AH 的对应位。LAHF 的执行过程如图 3-14 所示。

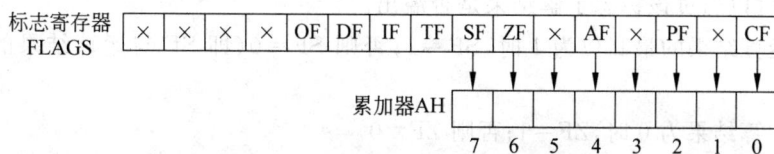

图 3-14　LAHF 指令执行过程示意图

2）置标志指令 SAHF

格式：SAHF

功能：将累加器 AH 的内容传送到标志寄存器的低 8 位。即用 AH 的值来设置标志寄存器的低 8 位，即分别用累加器 AH 的第 7,6,4,2,0 位的值来设置标志寄存器的 SF、ZF、AF、PF 和 CF 等标志位。SAHF 的执行过程如图 3-15 所示。

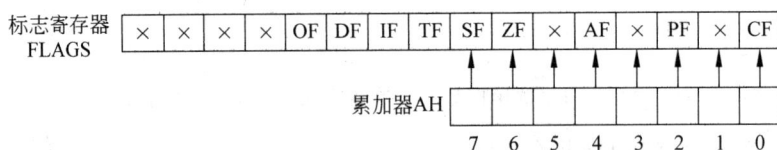

图 3-15　SAHF 指令执行过程示意图

对标志位的影响：SF、ZF、AF、PF 和 CF 等标志位被修改成 AH 对应为的值，但其他标志位即 OF、DF、IF 和 TF 不受影响。

3）标志进栈指令 PUSHF

格式：PUSHF

功能：与 PUSH 指令的不同之处仅在于，压入堆栈的是标志寄存器的内容。

对标志位的影响：无。

4）标志出栈指令 POPF

格式：POPF

功能：与 POP 指令的不同之处仅在于，将栈顶单元的内容弹出到标志寄存器中。

对标志位的影响：可直接修改标志寄存器的值。

3.2.2　算术运算指令

1. 加法指令

1）不带进位加法指令 ADD

格式：ADD　目的操作数，源操作数

功能：将源操作数加到目的操作数。

说明：源操作数和目的操作数类型必须一致，即同为字节操作数或字操作数，并且两者不能同为存储器操作数（这一点适合于所有双操作数的算术运算指令）。

对标志位的影响：影响 OF、SF、ZF、AF、PF、CF 等标志位，具体如下。

OF：字节运算结果超出了字节有符号数的范围（-128~+127）或字运算结果超出了字有符号数的范围（-32 768~+32 767）时，OF=1；否则 OF=0。在把操作数视为有符号数时，可以通过该标志了解结果是否溢出。

SF：运算结果的最高位为 1 时，SF=1；否则 SF=0（即 SF 与运算结果的最高位一致）。

ZF：运算结果为 0 时，ZF=1；否则 ZF=0。

AF：运算过程中，低字节中的第 3 位向第 4 位产生进/借位时，AF=1；否则 AF=0。

PF：运算结果中的二进制数 1 的个数为偶数时，PF＝1；否则 PF＝0。

CF：运算时，最高位产生进位，即字节运算结果超出了字节有符号数的范围（－128～＋127）或字运算结果超出了字有符号数的范围（－32 768～＋32 767）时，CF＝1；否则 CF＝0。在把操作数视为无符号数时，可以通过该标志了解结果是否溢出。

例如：

```
MOV    AL,0C5H
MOV    BL,3BH
ADD    AL,BL              ;将 AL 寄存器与 BL 寄存器的内容相加,结果送 AL 寄存器
```

以上指令执行后，(AL)＝0，OF＝0，SF＝0，ZF＝1，AF＝1，PF＝1，CF＝1。

2）带进位加法指令 ADC

格式：ADC　目的操作数，源操作数

功能：ADC 指令与 ADD 指令基本相同，唯一区别是：指令执行之前要将标志位 CF 的值加到目的操作数上。该指令主要用于多字节加法运算。

对标志位的影响：与 ADD 指令类似，影响 OF、SF、ZF、AF、PF、CF 等标志位。

例如：

```
MOV    DX,2FFFH
MOV    AX,0FF00H
ADD    AX,5678H
ADC    DX,1234H
```

以上指令实现的是多字节数 2FFFFF00H 与 12345678H 的相加。DX 存放被加数的高两字节，AX 存放被加数的低两字节。ADD 指令实现两数低两字节的相加，相加后 (AX)＝5578H，CF＝1(相加结果超过两个字节)。ADC 指令实现两数高两字节的相加，且将 CF(即低两字节相加产生的进位)加到 DX，(DX)＝4234H。

3）加 1 指令 INC

格式：INC　目的操作数

功能：将目的操作数加 1。

对标志位的影响：与 ADD 指令类似，影响 OF、SF、ZF、AF、PF 等标志位。

例如：

```
MOV    SI,1000H
INC    SI
MOV    AL,[SI]            ;将 1001H 单元的内容送 AL 寄存器
```

2. 减法指令

1）不带借位减法指令 SUB

格式：SUB　目的操作数，源操作数

功能：将目的操作数减去源操作数。

对标志位的影响：与 ADD 指令类似，影响 OF、SF、ZF、AF、PF、CF 等标志位。只不

过这里只有借位,而无进位。

例如：

```
MOV    AX,0C500H
MOV    BX,1234H
SUB    AX,BX              ;将 AX 寄存器与 BX 寄存器的内容相减,结果送 AX 寄存器
```

2）带借位减法指令 SBB

格式：SBB   目的操作数,源操作数

功能：将目的操作数减去源操作数,再减去该指令执行前的 CF 的值。SBB 指令与 SUB 指令基本相同,唯一区别是：指令执行之后目的操作数还要减去标志位 CF 的值。该指令主要用于多字节减法运算。

对标志位的影响：与 SUB 指令类似,影响 OF、SF、ZF、AF、PF 等标志位。

例如：

```
MOV    DX,2FFFH
MOV    AX,0FF00H
SUB    AX,5678H
SBB    DX,1234H
```

以上指令实现的是多字节数 2FFFFF00H 与 12345678H 的相减。DX 存放被减数的高两字节,AX 存放被减数的低两字节。SUB 指令实现两数低两字节的相减。SBB 指令实现两数高两字节的相减,且减去 CF 的内容（即低两字节相减产生的借位）。（DX）＝1DCBH,（AX）＝0A888H。

3）减 1 指令 DEC

格式：DEC   目的操作数

功能：将目的操作数减 1。

对标志位的影响：影响 OF、SF、ZF、AF、PF、CF 等标志位。

例如：

```
DEC    SI                ;将 SI 寄存器的内容减 1
```

4）取补指令 NEG

格式：NEG   目的操作数

功能：对目的操作数取补码,相当于用 0 减去目的操作数,结果送回目的操作数。

对标志位的影响：影响 OF、SF、ZF、AF、PF、CF 等标志位。

例如：

```
MOV    DL,2CH
NEG    DL
```

NEG 指令实现将 DL 的内容取补码。指令执行后,DL 的内容为 0D4H。

5）比较指令 CMP

格式：CMP   目的操作数,源操作数

功能：利用目的操作数减去源操作数的运算结果设置标志位，但运算结果不送回目的操作数。

对标志位的影响：影响 OF、SF、ZF、AF、PF、CF 等标志位。

例如：

```
MOV    AX,0FF00H
CMP    AX,5678H
```

3. 乘法指令

1) 无符号数乘法指令 MUL

格式：MUL　源操作数

功能：实现无符号数乘法运算。若源操作数为字节操作数，则将 AL 与源操作数的乘积送入寄存器 AX；若源操作数为字操作数，则将 AX 与源操作数乘积的高两字节送入寄存器 DX，低两字节送入寄存器 AX。

对标志位的影响：影响 OF、CF 等标志位。

例如：

```
MUL    AL              ;(AL)×(AL)→AX
MUL    CX              ;(AX)×(CX)→DX,AX
MUL    WORD PTR [BX]   ;(AX)×((BX))→DX,AX
```

2) 有符号数乘法指令 IMUL

格式：IMUL　源操作数

功能：实现有符号数乘法运算。若源操作数为字节操作数，则将 AL 与源操作数的乘积送入寄存器 AX；若源操作数为字操作数，则将 AX 与源操作数乘积的高两字节送入寄存器 DX，低两字节送入寄存器 AX。

对标志位的影响：影响 OF、CF 等标志位。

例如：

```
IMUL   BL              ;(AL)×(BL)→AX
IMUL   BX              ;(AX)×(BX)→DX,AX
IMUL   WORD PTR [SI]   ;(AX)×((SI))→DX,AX
```

4. 除法指令

1) 无符号数除法指令 DIV

格式：DIV　源操作数

功能：实现无符号数除法运算。若源操作数为字节操作数，则寄存器 AX 的内容除以源操作数的商送入 AL，余数送入 AH；若源操作数为字操作数，则寄存器 DX、AX 的内容连接成的双字数据除以源操作数的商送入 AX，余数送入 DX。

对标志位的影响：影响 OF、CF 等标志位。

例如：

```
DIV    BL              ;(AX)/(BL)→AL
DIV    BX              ;(DX、AX)/(BX)→AX
DIV    WORD PTR [SI]   ;(DX、AX)/((SI))→AX
```

2）有符号数除法指令 IDIV

格式：IDIV　源操作数

功能：实现有符号数除法运算。若源操作数为字节操作数，则寄存器 AX 的内容除以源操作数的商送入 AL，余数送入 AH；若源操作数为字操作数，则寄存器 DX、AX 的内容连接成的双字数据除以源操作数的商送入 AX，余数送入 DX。

对标志位的影响：影响 OF、CF 等标志位。

例如：

```
IDIV    CL              ;(AX)/(CL)→AL
IDIV    BX              ;(DX、AX)/(BX)→AX
IDIV    BYTE PTR [SI]   ;(AX)/((SI))→AL
```

5. 符号位扩展指令

1）CBW

格式：CBW

功能：将寄存器 AL 中数据的符号位扩展到 AH 中。若 AL 中的最高位（符号位）为 0，则（AH）＝00H；若 AL 中的最高位（符号位）为 1，则（AH）＝0FFH。

对标志位的影响：无。

例如：若（AL）＝8DH，（AH）＝98H，则执行 CBW 后，（AX）＝0FF8DH。

2）CWD

格式：CWD

功能：将寄存器 AX 中数据的符号位扩展到 DX 中。若 AX 中的最高位（符号位）为 0，则（DX）＝0000H；若 AX 中的最高位（符号位）为 1，则（DX）＝0FFFFH。

对标志位的影响：无。

例如：若（AX）＝563DH，（DX）＝1234H，则执行 CWD 后，（AX）＝563DH，（DX）＝0000H。

3.2.3　逻辑运算和移位指令

8086 提供了两类能够直接对寄存器或存储器操作数的位进行操作的指令：逻辑运算指令和移位指令。

1. 逻辑运算指令

1）按位取反指令 NOT

格式：NOT　目的操作数

功能：对目的操作数按位取反，结果送回目的操作数。

对标志位的影响：无。

例如：

```
MOV    AH,12H
NOT    AH
```

指令执行后，(AH)=0EDH。

2）按位与运算指令 AND

格式：AND　目的操作数,源操作数

功能：对目的操作数和源操作数执行按位的逻辑与操作,结果送回目的操作数。

对标志位的影响：该指令执行后,OF=0,CF=0。此外,运算结果还将影响 SF、ZF、PF 等标志位。

AND 指令常用于将寄存器或存储器操作数的指定位清 0。例如：

```
MOV    AH,0A2H
AND    AH,0FH
```

指令执行后,(AH)=02H,即将 AH 寄存器的高 4 位清 0。

3）按位或运算指令 OR

格式：OR　目的操作数,源操作数

功能：对目的操作数和源操作数执行按位的逻辑或操作,结果送回目的操作数。

对标志位的影响：与 AND 指令相同。

OR 指令常用于将寄存器或存储器操作数的指定位置 1。例如：

```
MOV    AH,0A2H
OR     AH,0FH
```

指令执行后,(AH)=0AFH,即将 AH 寄存器的低 4 位置 1。

4）按位异或运算指令 XOR

格式：XOR　目的操作数,源操作数

功能：对目的操作数和源操作数执行按位的逻辑异或操作,结果送回目的操作数。

对标志位的影响：与 AND 指令相同。

XOR 指令常用于将寄存器或存储器操作数的指定位的内容进行翻转。例如：

```
MOV    AH,0A2H
XOR    AH,0FH
```

指令执行后,(AH)=0ADH,即将 AH 寄存器的低 4 位翻转。

若将一个操作数异或自身,由于对应位都相同,异或的结果等于全 0,因此,XOR 指令也常用于将寄存器清 0。例如：

```
MOV    AX,3456H
XOR    AX,AX
```

指令执行后,(AX)=0。

5）测试指令 TEST

格式：TEST　目的操作数，源操作数

功能：对目的操作数和源操作数执行按位的逻辑与操作，但结果不送回目的操作数。

对标志位的影响：与 AND 指令相同。

TEST 指令常用于测试寄存器或存储器操作数的指定位内容是否为 1。例如：

```
MOV    AH,0A2H
TEST   AH,08H
```

指令执行后，若（ZF）＝1，则说明 AH 的 D_3 位内容为 0；若（ZF）＝0，则说明 AH 的 D_3 位内容为 1。

2. 移位指令

移位指令包括算术移位指令、逻辑移位指令和循环移位指令。移位指令必须在格式中指明目的操作数和移位次数，移位次数只能为 1 或由 CL 的内容规定，当要移多个位时，移位位数需存放在 CL 寄存器中。

1）算术移位指令

（1）算术左移指令 SAL。

格式：SAL　目的操作数，移位次数

功能：将目的操作数左移指定的次数，每左移一次，最低位补 0，最高位送入 CF，其功能如图 3-16 所示。

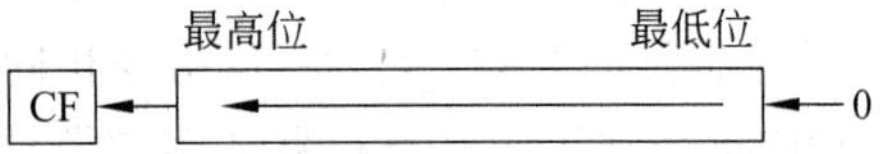

图 3-16　算术左移指令 SAL 执行过程示意图

对标志位的影响：影响 OF、SF、ZF、PF、CF 等标志位。

对于有符号数，每左移一次，相当于乘以 2，因此，SAL 指令常用于实现有符号操作数乘以 2^n（n 为移位次数）的运算。例如：

```
XOR    AX,AX        ;AX 清 0
MOV    AX,-5
SAL    AX,1         ;(AX)×2→AX,(AX)=-10
MOV    BX,AX        ;(AX)→BX,(BX)=-10
MOV    CL,2
SAL    AX,CL        ;(AX)×4→AX,(AX)=-40
ADD    AX,BX        ;(AX)+(BX)→AX,(AX)=-50
```

在上例中，SAL 指令执行后，AX 的内容由原来的 -5D 改变成 -50D，即相当于一条指令 MUL AX,10。在 8086 中，用移位指令实现乘法运算比用乘法指令实现的速度要快。

（2）算术右移指令 SAR。

格式：SAR　目的操作数，移位次数

功能：将目的操作数右移指定的次数，每右移一次，最高位保持不变，最低位送入

CF,其功能如图 3-17 所示。

对标志位的影响：影响 OF、SF、ZF、PF、CF 等标志位。

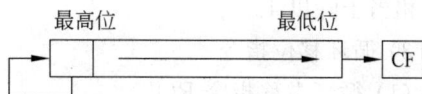

图 3-17　算术右移指令 SAR 执行过程示意图

对于有符号数,每右移一次,相当于除以 2,因此,SAL 指令常用于实现有符号操作数除以 2^n(n 为移位次数)的运算。例如：

```
XOR     AX,AX           ;AX 清 0
MOV     AX,-32          ;(AX)=-32
MOV     CL,3
SAR     AX,CL           ;(AX)/8→AX,(AX)=-4
```

在上例中,SAR 指令执行后,AX 的内容由原来的 -32D 改变成 -4D,由此可见,右移 3 位相当于除以 8,即相当于一条指令 IDIV 8。

2) 逻辑移位指令

(1) 逻辑左移指令 SHL。

格式：SHL　目的操作数,移位次数

功能：与算术左移指令 SAL 的功能完全相同。

对标志位的影响：影响 OF、SF、ZF、PF、CF 等标志位。

SHL 指令常用于实现无符号操作数乘以 2^n(n 为移位次数)的运算。例如：

```
XOR     AX,AX           ;AX 清 0
MOV     AX,08H          ;08H→AX,即 (AX)=00001000B,即 (AX)=8D
MOV     CL,3
SHL     AX,CL           ;左移 3 位,(AX)=01000000B,即 (AX)=40H 或 64D
```

在上例中,SHL 指令执行后,AX 的内容由原来的 8D 改变成 64D,由此可见,左移 3 位相当于乘以 8。

(2) 逻辑右移指令 SHR。

格式：SHR　目的操作数,移位次数

功能：将目的操作数右移指定的次数,每右移一次,最高位补 0,最低位送入 CF,其功能如图 3-18 所示。

对标志位的影响：影响 OF、SF、ZF、PF、CF 等标志位。

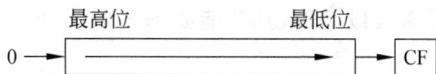

图 3-18　逻辑右移指令 SHR 执行过程示意图

SHR 指令常用于实现无符号操作数除以 2^n(n 为移位次数)的运算。例如：

```
XOR     AX,AX           ;AX 清 0
MOV     AX,40H          ;40H→AX,即 (AX)=01000000B,即 (AX)=40H 或 64D
MOV     CL,2
SHR     AX,CL           ;右移 2 位,(AX)=00010000B,即 (AX)=10H 或 16D
```

在上例中,SHR 指令执行后,AX 的内容由原来的 64D 改变成 16D,由此可见,右移

2 位相当于除以 4。

3) 循环移位指令

(1) 循环左移指令 ROL。

格式: ROL 目的操作数,移位次数

功能: 将目的操作数左移指定的次数,每左移一次,左移前的最高位送入最低位以及 CF,其功能如图 3-19 所示。

对标志位的影响: 影响 OF 和 CF 等标志位。

例如:

```
ROL AL,1
```

若指令执行前,(AL)=01100011H,则指令执行后,(AL)=11000110H,CF=0。

(2) 循环右移指令 ROR。

格式: ROR 目的操作数,移位次数

功能: 将目的操作数右移指定的次数,每右移一次,右移前的最低位送入最高位以及 CF,其功能如图 3-20 所示。

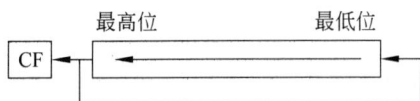

图 3-19 循环左移指令 ROL 执行过程示意图　　图 3-20 循环右移指令 ROR 执行过程示意图

对标志位的影响: 影响 OF 和 CF 等标志位。

例如:

```
MOV CL,4
ROR AH,CL
```

若指令执行前,(AH)=01100011H,则指令执行后,(AH)=00110110H,CF=0。

(3) 带进位的循环左移指令 RCL。

格式: RCL 目的操作数,移位次数

功能: 将目的操作数左移指定的次数,每左移一次,左移前的最高位送入 CF,CF 的内容送入最低位,其功能如图 3-21 所示。

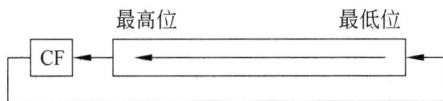

图 3-21 带进位的循环左移指令 RCL 执行过程示意图

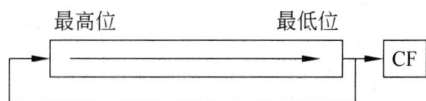

对标志位的影响: 影响 OF 和 CF 等标志位。

例如:

```
MOV CL,4
RCL AH,CL
```

若指令执行前,(AH)=01100011H,CF=1,则指令执行后,(AH)=00111011H,CF=0。

(4) 带进位的循环右移指令 RCR。

格式:RCR 目的操作数,移位次数

功能:将目的操作数右移指定的次数,每右移一次,右移前的最低位送入 CF,CF 的内容送入最高位,其功能如图 3-22 所示。

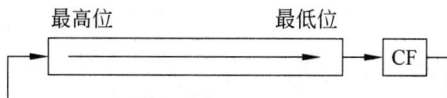

图 3-22 带进位的循环右移指令 RCR 执行过程示意图

对标志位的影响:影响 OF 和 CF 等标志位。

例如:

```
MOV CL,4
RCR AH,CL
```

若指令执行前,(AH)=01101011H,CF=0,则指令执行后,(AH)=01100110H,CF=1。

3.2.4 处理器控制指令

处理器控制指令包括标志操作指令和 CPU 控制指令。

1. 标志操作指令

标志操作指令是一组可以对标志寄存器中的指定标志位进行设置的指令。这组指令都是零操作数指令,没有源操作数,而目的操作数是隐含的。

1) STC

格式:STC

功能:置 CF=1。

2) CLC

格式:CLC

功能:置 CF=0。

3) CMC

格式:CMC

功能:将 CF 取反。

4) STD

格式:STD

功能:置 DF=1。

5）CLD

格式：CLD

功能：置 DF＝0。

6）STI

格式：STI

功能：置 IF＝1。

7）CLI

格式：CLI

功能：置 IF＝0。

2. CPU 控制指令

1）空操作指令 NOP

格式：NOP

功能：执行一次空操作。虽然没有做任何工作，但要耗费 CPU 时间。

2）停机指令 HLT

格式：HLT

功能：使 CPU 处于暂停状态，等待中断或复位。

3）锁总线指令 LOCK

格式：LOCK

功能：封锁总线，使指令执行原子操作。用于多处理器并行系统。

3.3   80x86 指令系统

80286、80386、80486 及 Pentium 处理器的指令系统都包括了各自前期处理器的全部指令，并在此基础之上对前期处理器的指令系统进行了增强和扩展，从而为用户提供了更强大的功能和更方便的操作。

3.3.1   80286 指令系统

80286 对存储器的访问方式与 8086 有显著区别，8086 只能使用实地址模式，80286 新增了一种工作模式，即保护虚地址模式。

1. 80286 的工作模式

80x86 除了 8086/8088 只能工作在实地址模式外，其他均可在实地址模式和保护虚地址模式下工作。

（1）实地址模式。80286 启动后，就进入了实地址模式。在这种模式下，访问存储器的最大寻址空间为 1MB，处理器产生 20 位物理地址的方法、段的结构以及存储区中专用单元和保留单元均与 8086/8088 相同。

在实地址模式下,用 LMSW 指令设置机器 MSW 中的 PE 标志,可以使 80286 进入保护虚地址模式。

(2) 保护虚地址模式。与实地址模式比较而言,保护虚地址模式不仅提供了更大的寻址能力(80286 的最大寻址空间为 16MB,80386 及其后继机型为 4GB 或更多),而且实现了系统对虚拟存储器的支持和对地址空间的保护。

保护虚地址模式在寄存器功能、指令功能及寻址方式等方面仍与实地址模式相同,8086/8088 的程序以及 80286 在实地址模式下的程序可以在保护虚地址模式下运行。

2. 堆栈操作指令

1) PUSH

格式:PUSH   16 位立即数

功能:将 16 位立即数压入堆栈。该指令中立即数的范围是 0~65 535 或 -32 768~+32 767,如果给出的立即数不够 16 位,则自动扩展后压入堆栈,指令执行后 SP 的值减 2。

对标志位的影响:无。

2) PUSHA

格式:PUSHA

功能:将 8 个 16 位通用寄存器的值依次压入堆栈。进栈次序为 AX、CX、DX、BX、SP、BP、SI、DI,注意压入堆栈的 SP 值是指令执行之前的 SP 值。指令执行后 SP 的值减 16。

对标志位的影响:无。

3) POPA

格式:POA

功能:将栈顶的内容依次弹出到 16 位通用寄存器中,出栈次序为 DI、SI、BP、SP、BX、DX、CX、AX。注意 SP 的值是堆栈中所有通用寄存器弹出后 SP 所指向的值,即指令执行后 SP 的值。指令执行后堆栈指针 SP 的值加 16。

对标志位的影响:无。

3. 有符号数乘法指令

在 8086/8088 指令系统中,有符号数乘法指令 IMUL 是单操作数指令,只需给出一个操作数,而另一个操作数是隐含的。80286 为其增加为双操作数格式和三操作数格式。

1) 带符号的双操作数乘法指令 IMUL

格式:IMUL   寄存器,立即数

功能:指令中的寄存器必须是 16 位寄存器,而立即数可以是 8 位或 16 位立即数,若是 8 位立即数,在运算时将自动扩展该数符号位,使其长度与寄存器相同。该指令将寄存器的内容乘以立即数,运算结果送回寄存器。

对标志位的影响:影响 OF、CF 等标志位。

2）带符号的三操作数乘法指令 IMUL

格式：IMUL　寄存器，源操作数，立即数

功能：指令中的寄存器和源操作数必须是 16 位，而立即数可以是 8 位或 16 位立即数，若是 8 位立即数，在运算时将自动扩展该数符号位，使其长度与寄存器相同。该指令将源操作数乘以立即数，运算结果送入寄存器。

对标志位的影响：影响 OF、CF 等标志位。

4. 移位指令

8086 中有 8 条移位指令，移位次数用 1 或 CL 表示，且规定当移位次数大于 1 时，必须用 CL 表示。在 80286 中，修改了上述限制，当移位次数为 1～31 时，允许使用立即数来表示。

5. 支持高级语言的指令

1）内存范围检测指令

格式：BOUND　16 位寄存器，32 位寄存器

以 32 位寄存器高两字节的内容为上界，低两字节的内容为下界。若 16 位寄存器的内容在此上、下界表示的地址范围之内，程序正常执行；否则产生 INT 5 中断（DOS 并未提供该类型中断处理程序，使用时需由用户自行编写）。需要特别说明的是，当出现这种中断时，返回地址指向 BOUND 指令，而不是其下一条指令。

2）设置堆栈空间指令

格式：ENTER　16 位立即数，8 位立即数

16 位立即数表示给当前过程分配的堆栈空间的字节数。8 位立即数指出在高级语言中过程调用的嵌套层数。该指令使用 BP 而不是 SP 作为栈基址。

3）撤销堆栈空间指令

格式：LEAVE

撤销由 ENTER 指令设置的堆栈空间。

3.3.2　80386 指令系统

80386 指令系统包括了所有的 80286 指令，并且对 80286 的部分指令进行了功能扩充，另外还新增了一些指令。80386 提供了 32 位寻址方式，可以对 32 位数据直接操作。所有 16 位指令均可扩充为 32 位指令。80386 将原来的 8 个 16 位通用寄存器 AX、BX、CX、DX、SP、BP、SI、DI 扩展为 8 个 32 位通用寄存器 EAX、EBX、ECX、EDX、ESP、EBP、ESI、EDI，扩展后的 32 位通用寄存器的低 16 位仍可作为 16 位通用寄存器来独立存取数据。另外，80386 的数据段寄存器在原有的基础上增加了两个：FS 和 GS。

80386 有 3 种工作方式：实地址模式、保护虚地址模式和虚拟 8086 模式。

1. 数据传送与扩展指令

1）带符号扩展传送指令 MOVSX

带符号扩展传送指令 MOVSX 由 80386 及以上的 CPU 提供。

格式：MOVSX　目的操作数,源操作数

功能：将源操作数送入目的操作数中。目的操作数空出的位用源操作数的符号位填充。

MOVSX 指令中的目的操作数必须是 16 位或 32 位寄存器操作数,源操作数可以是 8 位或 16 位的寄存器或存储器操作数。使用 MOVSX 指令可以方便地实现对带符号数的扩展。

例如：

```
MOVSX  EAX,CL        ;把 CL 寄存器中的 8 位数符号扩展为 32 位数,送到 EAX 寄存器中
MOVSX  EDX,[EDI]     ;把 EDI 内容指向的字单元中的 16 位数扩展为 32 位数,
                     ;送到 EDX 寄存器中
```

2) 带零扩展传送指令 MOVZX

格式：MOVZX　目的操作数,源操作数

功能：将源操作数送入目的操作数中。目的操作数空出的位用 0 填充。

MOVZX 指令中的目的操作数必须是 16 位或 32 位寄存器操作数,源操作数可以是 8 位或 16 位的寄存器或存储器操作数。使用 MOVZX 指令可以方便地实现对无符号数的扩展。

例如：

```
MOVZX  DX,AL         ;把 AL 寄存器中的 8 位数,零扩展成 16 位数,送到 DX 寄存器中
MOVZX  EAX,DATA      ;把 DATA 字单元中的 16 位数零扩展为 32 位数,送到 EAX 寄存器中
```

2. 地址传送指令

1) 指针送寄存器和 FS 指令 LFS

格式：LFS　目的寄存器,源操作数

功能：源操作数只能用存储器寻址方式,而目的寄存器不允许使用段寄存器。当目的寄存器是 16 位寄存器时,将源操作数所指的存储单元中存放的 16 位偏移地址装入该寄存器,然后将(源操作数+2)中的 16 位数装入 FS 段寄存器;当目的寄存器是 32 位寄存器时,将源操作数所指的存储单元中存放的 32 位偏移地址装入该寄存器,然后将(源操作数+4)中的 16 位数装入 FS 段寄存器。

2) 指针送寄存器和 GS 指令 LGS

格式：LGS　目的寄存器,源操作数

功能：该指令与 LFS 指令功能的区别仅在于当目的寄存器是 16 位寄存器时,将(源操作数+2)中的 16 位数装入 GS 段寄存器;当目的寄存器是 32 位寄存器时,将(源操作数+4)中的 16 位数装入 GS 段寄存器。

3) 指针送寄存器和 SS 指令 LSS

格式：LSS　目的寄存器,源操作数

功能：该指令与 LFS 指令功能的区别仅在于当目的寄存器是 16 位寄存器时,将(源操作数+2)中的 16 位数装入 SS 段寄存器;当目的寄存器是 32 位寄存器时,将(源操作

数＋4)中的 16 位数装入 SS 段寄存器。

3. 有符号数乘法指令

1) 带符号的双操作数乘法指令 IMUL

格式：IMUL　目的寄存器，源操作数

功能：目的寄存器的内容乘以源操作数，结果存放在目的寄存器中。目的寄存器必须是 16 位或 32 位寄存器，源操作数是与目的寄存器长度相同的通用寄存器或存储单元。

对标志位的影响：16 位操作数相乘得到的乘积在 16 位之内或 32 位操作数相乘得到的乘积在 32 位之内，OF 或 CF 置 0，否则置 1，这时 OF 位为 1 说明溢出。

例如：

```
IMUL    EAX,10              ;EAX 的内容乘以 10,结果送 EAX
```

2) 带符号的三操作数乘法指令 IMUL

格式：IMUL　目的寄存器，源操作数，立即数

功能：源操作数乘以立即数，结果存放在目的寄存器中。目的寄存器必须是 16 位或 32 位寄存器，源操作数是与目的寄存器长度相同的通用寄存器或存储单元。立即数可以是 8 位或 16 位。如果其长度小于目的寄存器，运算时机器会自动把该数符号扩展成与目的的操作数长度相同的数。

对标志位的影响：16 位操作数相乘得到的乘积在 16 位之内或 32 位操作数相乘得到的乘积在 32 位之内，OF 或 CF 置 0，否则置 1，这时 OF 位为 1 说明溢出。

例如：

```
IMUL    AX,BX,10           ;BX 的内容乘以 10,结果送 AX
```

4. 符号扩展指令

1) 字转换为双字指令 CWDE

格式：CWDE

功能：将 AX 的内容符号扩展到 EAX 中，形成 EAX 中的双字。

2) 双字转换为四字指令 CDQ

格式：CDQ

功能：将 EAX 的内容符号扩展到 EDX 中，形成 EDX：EAX 中的四字。

5. 堆栈操作指令

1) 入栈指令 PUSH

格式：PUSH　32 位立即数

功能：先修改堆栈指针 ESP，令 ESP＝(ESP)－4，使其指向新的栈顶，然后将 32 位立即数压入堆栈。

2) 所有寄存器入栈指令 PUSHAD

格式：PUSHAD

功能：32 位通用寄存器依次入栈，入栈次序为 EAX、ECX、EDX、EBX、指令执行前的 ESP、EBP、ESI、EDI。指令执行后，(ESP)=(ESP)-32。

3) 所有寄存器出栈指令 POPAD

格式：POPAD

功能：32 位通用寄存器依次出栈，出栈次序为 EDI、ESI、EBP、ESP、EBX、EDX、ECX、EAX。指令执行后，(ESP)=(ESP)+32。

4) 标志进栈指令 PUSHFD

格式：PUSHFD

功能：将 32 位标志寄存器 EFLAGS 的内容压入堆栈。

5) 标志出栈指令 POPFD

格式：POPFD

功能：将栈顶的 4 字节内容弹出至 32 位标志寄存器 EFLAGS。

6. 移位指令

1) 双精度左移指令 SHLD

格式：SHLD　目的操作数，寄存器，移位次数

说明：目的操作数是除立即数之外的任何一种寻址方式制定的 16 位或 32 位操作数，寄存器是与目的操作数长度相同的寄存器操作数。移位次数可以是一个 8 位立即数，也可以是 CL，用其内容存放移位次数，移位次数为 1～31，如果大于 31，机器自动取 32 来取代。

2) 双精度右移指令 SHRD

格式：SHRD　目的操作数，寄存器，移位次数

说明：目的操作数是除立即数之外的任何一种寻址方式制定的 16 位或 32 位操作数，寄存器是与目的操作数长度相同的寄存器操作数。移位次数可以是一个 8 位立即数，也可以是 CL，用其内容存放移位次数，移位次数为 1～31，如果大于 31，机器自动取 32 来取代。

7. 位操作指令

位操作指令包括位测试及设置指令和位扫描指令。位测试指令可以用来对操作数指定位进行测试，以便于根据该位的值来控制程序的执行方向。而置位指令可以用来对指定的位进行设置。位扫描指令用来找出寄存器或存储器操作数中第一个或最后一个是 1 的位。该类指令一般用于检查寄存器或存储器操作数是否为 0。

1) 位测试指令 BT

格式：BT　目的操作数，源操作数

功能：将目的操作数中由源操作数所指定位的值送往标志位 CF。

例如：

BT AX,4

测试 AX 寄存器的位 4。如指令执行前（AX）＝ 1234H，则指令执行后（CF）＝ 1；如指令执行前（AX）＝ 1224H，则指令执行后（CF）＝ 0。

2）位测试并置 1 指令 BTS

格式：BTS　目的操作数,源操作数

功能：将目的操作数中由源操作数所指定位的值送往标志位 CF,并将目的操作数中的该位置 1。

3）位测试并置 0 指令 BTR

格式：BTR　目的操作数,源操作数

功能：将目的操作数中由源操作数所指定位的值送往标志位 CF,并将目的操作数中的该位置 0。

4）位测试并变反指令 BTC

格式：BTC　目的操作数,源操作数

功能：将目的操作数中由源操作数所指定位的值送往标志位 CF,并将目的操作数中的该位变反。

5）正向位扫描指令 BSF

格式：BSF　目的寄存器,源操作数

功能：从位 0 开始自右向左扫描源操作数,目的是检索第一个为 1 的位,如果遇到第一个为 1 的位则将标志位 ZF 置 0,并将该位的位置装入目的操作数;如果源操作数为 0,则将 ZF 置 1,目的操作数无意义。

6）反向位扫描指令 BSR

格式：BSR　目的寄存器,源操作数

功能：从最高位开始自左向右扫描源操作数,目的是检索第一个为 1 的位,如果遇到第一个为 1 的位则将标志位 ZF 置 0,并将该位的位置装入目的操作数;如果源操作数为 0,则将 ZF 置 1,目的操作数无意义。

8. 条件设置指令

这组指令用于测试指定的标志位所处的状态,并根据测试结果将指定的一个 8 位寄存器或内存单元置 1 或置 0。这组指令具有以下一般格式：

```
SETcc  目的操作数
```

其中操作码中的 cc 部分隐含指定某个标志位及其应满足的状态,若状态满足,则将目的操作数置 1;否则,将目的操作数置 0。

对标志位的影响：无。

条件设置指令可以分为以下三组。

1）根据单个条件标志位的值把目的操作数置 1

（1）结果为零（或相等）则目的字节置 1 指令 SETZ/SETZE

格式：SETZ/SETZE　目的操作数

测试条件：ZF＝1

（2）结果不为零（或不相等）则目的字节置 1 指令 SETNZ/SETNZE

格式：SETNZ/SETNZE 目的操作数

测试条件：ZF＝0

（3）结果为负则目的字节置 1 指令 SETS

格式：SETS 目的操作数

测试条件：SF＝1

（4）结果为正则目的字节置 1 指令 SETNS

格式：SETNS 目的操作数

测试条件：SF＝0

（5）溢出则目的字节置 1 指令 SETO

格式：SETO 目的操作数

测试条件：OF＝1

（6）未溢出则目的字节置 1 指令 SETNO

格式：SETNO 目的操作数

测试条件：OF＝0

（7）奇偶标志位为 1 则目的字节置 1 指令 SETP

格式：SETP 目的操作数

测试条件：PF＝1

（8）奇偶标志位为 0 则目的字节置 1 指令 SETNP。

格式：SETNP 目的操作数

测试条件：PF＝0

（9）进位位为 1（或低于,或不高于或等于）则目的字节置 1 指令 SETC。

格式：SETC 目的操作数

测试条件：CF＝1

（10）进位位为 0（或不低于,或高于或等于）则目的字节置 1 指令 SETNC。

格式：SETNC 目的操作数

测试条件：CF＝0

2）比较两个无符号数,并根据比较的结果把目的操作数置 1

（1）进位位为 1（或小于,或不大于或等于）则目的字节置 1 指令 SETB/SETNAE/SETC。

格式：SETB/SETNAE/SETC 目的操作数

测试条件：CF＝1

（2）进位位为 0（或不小于,或大于或等于）则目的字节置 1 指令 SETNB/ SETAE/SETNC。

格式：SETNB/SETAE/SETNC 目的操作数

测试条件：CF＝0

（3）小于或等于（或不大于）则目的字节置 1 指令 SETBE。

格式：SETBE 目的操作数

测试条件：CF ∨ ZF＝1

(4) 不小于或等于(或大于)则目的字节置 1 指令 SETBE。

格式：SETBE　目的操作数

测试条件：CF ∨ ZF＝0

3) 比较两个有符号数,并根据比较的结果把目的操作数置 1

(1) 小于(或不大于等于)则目的字节置 1 指令 SETL/SETNGE。

格式：SETL/SETNGE　目的操作数

测试条件：SF⊕OF＝1

(2) 不小于(或大于等于)则目的字节置 1 指令 SETNL/SETGE。

格式：SETNL/SETGE　目的操作数

测试条件：SF⊕OF＝0

(3) 小于(或等于或不大于等于)则目的字节置 1 指令 SETLE/SETNG。

格式：SETLE/SETNG　目的操作数

测试条件：(SF⊕OF) ∨ ZF＝1

(4) 不小于(或等于或大于等于)则目的字节置 1 指令 SETNLE/SETG。

格式：SETNLE/SETG　目的操作数

测试条件：(SF⊕OF) ∨ ZF＝0

3.3.3　80486 指令系统

80486 指令系统在原有的 80386 指令系统的基础上,新增了一些指令。

1. 字节交换指令 BSWAP

格式：BSWAP　32 位寄存器

功能：使指令指定的 32 位寄存器的字节次序变反。具体操作为：1、4 字节互换,2、3 字节互换。

2. 互换并相加指令 XADD

格式：XADD　目的操作数,源操作数

功能：将目的操作数装入源操作数,并把源操作数和目的操作数的和送目的操作数。该指令的源操作数只能使用寄存器寻址方式,目的操作数可以使用寄存器或任一种存储器寻址方式。该指令可以作双字、字或字节运算。

3. 比较并交换指令 CMPXCHG

格式：CMPXCHG　目的操作数,累加器

功能：累加器与目的操作数比较,累加器可以是 AL、AX、EAX,而目的操作数可以是与源操作数长度相同的通用寄存器或存储单元。

4. Cache 管理指令

1）使整个片内 Cache 无效指令 INVD

格式：INVD

功能：刷新内部 Cache，并分配一个专用总线周期刷新外部 Cache。

2）写回并使 Cache 无效指令 WBINVD

格式：WBINVD

功能：刷新内部 Cache，并分配一个专用总线周期将外部 Cache 的数据写回内存，并在此后的一个专用总线周期刷新外部 Cache。

3）使 TLB 无效指令

格式：INVLPG

功能：使页式管理机构内的高速缓冲器 TLB 中的某一项作废。若 TLB 中含有一个存储器操作数映像的有效项，则该 TLB 项被标记为无效。

3.3.4　Pentium 指令系统

1. 8 字节比较交换指令 CMPXCHG8B

格式：CMPXCHG8B　目的操作数

功能：（EDX：EAX）与目的操作数相比较，如（EDX：EAX）＝目的操作数，则置 ZF＝1，并将（ECX：EBX）送入目的操作数，否则，置 ZF＝0，目的操作数送入 EDX：EAX。

对标志位的影响：除影响 ZF 外，不影响其他标志位。

2. 处理器特征识别指令 CPUID

格式：CPUID

功能：根据 EAX 中的参数将处理器的说明信息送入 EAX，特征标志送入 EDX。

3. 读时间标记计数器指令 RDTSC

格式：RDTSC

功能：将 Pentium 中的 64 位时间标记计数器内容的高 32 位送 EDX，低 32 位送 EAX。Pentium 中的时间标记计数器随时钟递增，在 Reset 后该计数器清 0，利用该计数器可以检测程序运行性能。

4. 读模型专用寄存器指令 RDMSR

格式：RDMSR

功能：将 ECX 所指定的模型专用寄存器的内容送入 EDX：EAX，具体为高 32 位送 EDX，低 32 位送 EAX。若所指定的模型专用寄存器不是 64 位，则 EDX：EAX 中的相应位无效。

5. 写模型专用寄存器指令 RDMSR

格式：RDMSR

功能：将 EDX：EAX 的内容送入 ECX 所指定的模型专用寄存器,具体为 EDX 的内容作为高 32 位,EAX 的内容作为低 32 位。若所指定的模型专用寄存器有未定义或保留的位,则这些位的内容不变。

单元测试 3

一、选择题

1. 下列指令中的操作数在代码段中的是( )。
   A. MOV   AL,20H   B. ADD   AH,BL
   C. DEC   DS:[30H]   D. CMP   AL,BL

2. 在寄存器间接寻址方式中,操作数在( )中。
   A. 通用寄存器   B. 堆栈   C. 内存单元   D. 段寄存器

3. 下列指令中,有错误的指令是( )。
   A. MOV   200H[BX][SI],AL   B. MOV   [BX][SI][200H],AL
   C. MOV   [BX][BP][200H],AL   D. MOV   [SI][BP][200H],AL

4. 下列指令中,能将 BX 的内容存入堆栈的指令是( )。
   A. MOV   [SP],BX   B. PUSH   BX
   C. POP   BX   D. MOV   SS:[SP],BX

5. 能够给段寄存器 DS 赋值的指令是( )。
   A. MOV   [100H],DS   B. MOV   DS,100H
   C. MOV   [AX],100H   D. MOV   DS,[BX]

6. 能够将 BL 的低 4 位清 0 的指令是( )。
   A. AND   BL,0F0H   B. OR   BL,00H
   C. OR   BL,0F0H   D. AND   BL,00H

7. 将(AX)送入 DS:2000H 单元,不正确的指令或指令序列是( )。
   A. MOV   DI,0   B. MOV   SI,2000H
      MOV   2000H[DI],AX   MOV   [SI],AX
   C. MOV   [2000H],AX   D. MOV   BP,2000H
                                         MOV   [BP],AX

8. 下列指令序列执行后,(BX)=( )。

```
MOV   BX,0FFFCH
MOV   CL,2
SAR   BX,CL
```

   A. 0FFFFH   B. 3FFFH   C. 0FFFH   D. 1FFFH

9. 设 OP1、OP2 是变量,以下指令中非法的是(　　)。
    A. CMP　AX,OP1　　　　　　　B. CMP　OP1,OP2
    C. CMP　BX,OP2　　　　　　　D. CMP　OP1,0FFH

10. 以下指令中,能够将 BL 的内容清 0 的是(　　)。
    A. AND　BL,BL　　　　　　　B. OR　BL,BL
    C. XOR　BL,BL　　　　　　　D. NOT　BL

11. 使状态标志位 CF 清零的错误指令是(　　)。
    A. CLC　　　　　　　　　　　B. OR　AX,AX
    C. SUB　AX,AX　　　　　　　D. MOV　CF,0

12. 下列指令执行后,对标志位不产生影响的是(　　)。
    A. NOT AX　　　　　　　　　B. SHL AL,1
    C. TEST AL,80H　　　　　　　D. INC SI

13. 累加器 AX 内的内容为 01H,执行 CMP AX,01H 指令后,(AX)=(　　)。
    A. 00H　　　　B. 01H　　　　C. −02H　　　　D. 02H

14. 指令执行后可能改变了累加器内容的是(　　)。
    A. OR　AX,0000H　　　　　　B. AND　AX,0FFFFH
    C. XOR　AX,AX　　　　　　　D. TEST　AX,0FFFFH

15. 在指令 PUSH AX 的执行过程中,要进行(　　)操作。
    A. (SP)−2→SP　　　　　　　B. (SP)+1→SP
    C. (SP)−1→SP　　　　　　　D. (SP)+2→SP

16. CPU 访问外设,正确输出指令的格式是(　　)。
    A. OUT　DX,AL　　　　　　　B. OUT　1000H,AL
    C. IN　DX,AX　　　　　　　　D. OUT　10H,DX

17. 设 AX 中存放的是带符号数,能够对其进行除 8 操作功能的指令序列是(　　)。
    A. SHR　AX,2　　　　　　　　B. SAR　AX,2
      SHR　AX,1　　　　　　　　　SAR　AX,1
    C. MOV　CL,3　　　　　　　　D. MOV　CL,3
      SHR　AX,CL　　　　　　　　SAR　AX,CL

18. 设 AL 是无符号数,能够将 AL 内容扩展后送入 BX 功能的指令序列是(　　)。
    A. CBW　　　　　　　　　　　B. MOV　AH,0
      MOV　BX,AX　　　　　　　　MOV　BX,AX
    C. MOV　AH,0FFH　　　　　　D. MOV　Bl,AL
      MOV　BX,AX　　　　　　　　MOV　BH,AH

19. 若(AX)=1234H,(DX)=5678H,执行 XCHG AX,DX 指令后,AX,DX 中的内容是(　　)。
    A. (AX)=1234H,(DX)=1234H　　B. (AX)=1278H,(DX)=5634H
    C. (AX)=5678H,(DX)=1234H　　D. (AX)=5678H,(DX)=5678H

20. 若(AX)=8080H,执行下列指令后,(AX)=(　　)。

```
MOV     BX,AX
NEG     BX
ADD     AX,BX
```

A. 1234H　　　　B. 2468H　　　　C. 0000H　　　　D. 8080H

二、填空题

1. 计算机的指令系统是指其处理器所能执行的各种_____的集合。

2. 一条指令的基本结构一般由_____和_____两个部分组成。

3. 操作数字段规定指令操作所需的操作数据，该字段可以是_____，也可以是_____。

4. 8086/8088 指令系统可分为_____、_____、_____、_____、_____和_____六大类。

5. 存放在 CPU 内部寄存器中的数据称为_____，而存放在存储器中的数据称为_____。

6. 所谓寻址方式，是指在指令中作以说明操作数所在_____的方法。

7. 在指令中直接给出操作数的寻址方式称为_____。

8. 在 8086/8088 指令系统中，用寄存器存放操作数的寻址方式是_____。

9. 直接寻址方式对段地址的默认值（约定）是_____段寄存器的内容。

10. 用以访问存储器操作数的地址表达式中，只要出现 BP 寄存器，系统默认_____的内容作为存储器操作数的段地址。

11. 在 8086/8088 指令中系统中，有关存储器操作数的寻址方式在形式上给出的地址只是存储器操作数的_____，而段地址一般是隐含约定的。

12. 双操作指令中有两个操作数，其中一个是_____，另一个是_____，而运算结果一般总是存放到_____。

13. 在 8086/8088 指令系统中，所有指令的目的操作数均不能为_____寻址方式。

14. CPU 对堆栈进行操作时，堆栈指针 SP 要发生变化，当执行 PUSH 指令时 SP 的内容_____；执行 POP 指令时 SP 的内容_____。

15. 使用 MUL BX 指令时，乘数放在_____中，被乘数放在_____中，执行该指令后结果在_____中。

16. 执行查表指令 XLAT 时，要先将表地址存放在_____，将位移量存放在_____。

17. 在除法指令 IDIV BX 中，被除数隐含在_____中。

18.

```
MOV     DX,AX
MOV     AX,BX
MOV     BX,DX
```

上述 3 条指令相当于一条指令功能，它是_____。

19. 指令 CBW 的功能是_____,指令 CWD 的功能是_____,这两个指令的执行对标志位的影响_____。

20. 若(AX)=1FFFH,执行指令 TEST AX,8000H 后,(AX)=_____,执行指令 AND AX,8000H 后,(AX)=_____。

三、判断题

1. 在 8086/8088 指令中,对于存储器操作数在指令中必须给出段地址和偏移地址。

                     (   )

2. 有符号数除以 2 可以使用算术右移指令 SAR 实现。   (   )

3. 无符号数乘法可以使用 IDIV 指令实现。   (   )

4. 可以使用 CBW 和 CWD 指令对无符号数进行扩展。   (   )

5. 在除法指令 IDIV BL 中,被除数隐含在 AX 中。   (   )

6. SAL 指令与 SHL 指令的功能完全相同。   (   )

7. 利用指令 XOR AX,AX 可以将 AX 寄存器清 0。   (   )

8. 利用指令 OR AX,0FFFFH 可以将 AX 寄存器置 1。   (   )

9. 80x86 系列处理器均可在实地址模式和保护虚地址模式下工作。 (   )

10. 80386 提供的 MOVSX 指令将源操作数带符号扩展到目的操作数。 (   )

四、程序分析题

1. 阅读以下程序段:

```
MOV    AX,DX
NOT    AX
ADD    AX,DX
INC    AX
```

试分析上述指令序列执行后 AX、ZF 的内容是什么?

2. 阅读以下程序段:

```
XOR    AX,AX
MOV    AX,6C5AH
MOV    CX,0203H
RCL    AH,CL
XCHG   CH,CL
RCR    AL,CL
```

试分析上述指令序列执行后 AX、CF 的内容是什么?

3. 已知(AX)=0FF70H,(CF)=1,阅读以下程序段:

```
MOV    DX,96
XOR    DH,0FFH
SBB    AX,DX
```

试分析上述指令序列执行后 AX、CF 的内容是什么？

4．阅读以下程序段：

```
MOV     AX,1234H
MOV     BX,AX
NEG     BX
ADD     AX,BX
```

试分析上述指令序列执行后 AX、BX 、CF 的内容是什么？

5．阅读以下程序段：

```
MOV     AX,0034H
MOV     BX,0078H
MOV     CL,08H
ROL     AX,CL
ADD     AX,BX
```

（1）该程序段的功能是什么？

（2）上述指令序列执行后 AX 的内容是什么？

6．阅读以下程序段：

```
MOV     AX,3200H
MOV     BH,AH
MOV     CL,04H
SHL     AH,CL
SHR     BH,CL
OR      AH,BH
```

（1）该程序段的功能是什么？

（2）上述指令序列执行后 AH 的内容是什么？

7．分析下列程序段的功能：

```
MOV     CL,4
SHL     DX,CL
MOV     BL,AH
SHL     AX,CL
SHR     BL,CL
OR      DL,BL
```

8．阅读以下程序段：

```
MOV     AX,0ABCDH
MOV     CL,4
AND     AL,0FH
ADD     AL,80H
SHL     AH,CL
```

试分析上述指令序列执行后 AX 的内容是什么？

五、简答题

1. 什么是寻址方式？简述 8086/8088 的寻址方式。
2. 简述计算机指令的组成及各组成部分的含义。
3. 简述指令根据操作数个数，可以分为哪些类型以及各类型指令的格式。
4. 简述 8086/8088 的指令按照功能可以分为哪些类型。
5. 简述 8086/8088 指令系统中提供了哪些数据传送指令。
6. 简述算术运算类指令对标志寄存器中标志位的影响。
7. 简述逻辑运算类指令对标志寄存器中标志位的影响。
8. 简述 CMP 指令和 SUB 指令的区别。
9. 简述 8086 堆栈的组织形式，以及 PUSH 和 POP 指令如何修改 SP 寄存器内容。
10. 简述 8086/8088 指令系统中提供了哪些标志操作指令。

汇编语言

4.1 汇编语言语句

4.1.1 汇编语言语句分类

语句是汇编语言程序的基本组成单位。在 8086 宏汇编 MASM 中使用的语句有 3 种类型：指令语句、伪指令语句和宏指令语句。其中指令语句和伪指令语句是最常见、最基本的语句。

(1) 指令语句。指令语句就是第 3 章中学习过的 80x86 CPU 指令系统中的各条指令。在汇编源程序时，每条指令语句都要产生相应的机器语言目标代码，对应着机器的一种操作。

(2) 伪指令语句。伪指令语句用于指示汇编语言如何将源程序进行汇编工作，如程序如何分段，有哪些逻辑段，哪些逻辑段是当前段以及内存单元如何分配等。伪指令语句的功能在汇编阶段已经全部完成，所以不产生相应的目标代码。

(3) 宏指令语句。宏指令是编程人员按照一定的规则来编写的可供调用的一种指令。一般来讲，一条宏指令可以包括多条指令或伪指令。

在程序中，往往需要在不同位置重复执行某个由多条指令组成的指令序列，为了使源程序书写精练、可读性好，可以先将这个指令序列定义为一条宏指令。在书写源程序时，凡是出现这个指令序列的位置，都可以用宏指令来代替。在汇编时，汇编程序会按照宏指令的定义，将每个宏指令展开还原成相应的指令序列。

可见，宏指令可以节省源程序的篇幅，使源程序简明扼要。但是使用宏指令并不意味着程序的目标代码文件会缩小，即不能节省内存空间。

关于宏指令的使用，将在 4.6 节再详细介绍。

4.1.2 汇编语言语句格式

汇编语言的语句可以由名字、操作符、操作数和注释四部分组成，一般格式如下：

[名字] 操作符 [操作数] [;注释]

各个组成部分之间以空格分隔，它们的含义如下。

（1）名字。指令语句的名字是标号，必须以冒号"："结束。标号是一条指令的符号地址，代表该指令代码的起始字节单元地址。并不是每条指令都需要标号，只有在循环或分支入口语句前面选用标号，以便给循环或转移指令提供转向地址。伪指令语句中的名字可以是变量名、过程名、段名和符号名等，伪指令语句的名字不可以冒号"："结束。

汇编语言中名字由字母和数字组成，应满足以下规则：

① 由字母、数字和?，·，@，－，$等专有字符组成；

② 数字不能作为第一个字符；

③ 单独的问号"?"不能作为名字；

④ 最大有效长度为 31；

⑤ 保留字不能作为名字使用。

（2）操作符。操作符就是各种指令助记符。它可以是指令、伪指令或宏指令。

（3）操作数。不同的指令、伪指令所需的操作数个数不尽相同，可能是 0 个、1 个或多个。若需多个操作数，各个操作数之间要用逗号"，"或空格分隔。

（4）注释。注释是以分号"；"开始的任意字符串。可以写在一条语句的后面，也可以独占一行。其功能一般是对指令或程序段的功能和意义等加以解释说明，好的注释可以提高程序的可读性和可维护性。汇编时注释不产生目标代码。

4.2　符号定义语句

有时程序中会多次出现同一个表达式，可以用符号定义语句给该表达式定义一个符号，这样既便于引用，又减少了程序修改量，而且还能够提高源程序的可读性。汇编后该符号代表一个确定的值。

4.2.1　等值语句

格式：符号名　EQU　表达式

功能：给表达式或表达式的值赋予一个符号名，定义后，程序中可以用该符号名代表该表达式。

说明：表达式可以是常数、数值表达式、另一个符号名或助记符等。用 EQU 语句定义的符号名在同一个程序中不允许重复定义。

例如：

```
COUNT    EQU    50                ;COUNT 代替常数 50
COUNT    EQU    50 * 25           ;SUM 代替数值表达式 50 * 25
VAL      EQU    TABLE1            ;VAL 代替变量 TABLE1
ADDR     EQU    [BP+SI+100H]      ;ADDR 代替地址表达式 [BP+SI+100H]
A        EQU    AX                ;A 代替寄存器 AX
MOVE     EQU    MOV               ;MOVE 代替指令助记符 MOV
```

4.2.2　等号语句

格式：符号名＝表达式

功能：与等值语句的功能基本相同，不同之处仅在于等号语句中的表达式只能是常数或数值表达式，等值语句中的表达式可以是常数、数值表达式、另一个符号名或助记符等；另外，在同一个程序中等号语句可以对一个符号重复定义，而等值语句不能对同一个符号重复定义。

例如：

```
COUNT1=50                        ;COUNT1 代替常数 50
COUNT1=100 * 20                  ;重新定义 COUNT1
COUNT2    EQU       100          ;COUNT2 代替常数 50
COUNT2    EQU       100 * 30     ;错误,EQU 不能对 COUNT2 重复定义
```

4.2.3　解除定义语句

格式：PURGE　符号名 1,符号名 2,…,符号名 n

功能：解除指定符号的定义。

例如：

```
COUNT     EQU       100          ;COUNT 代替常数 100
PURGE     COUNT                  ;解除对符号 COUNT 的定义
COUNT     EQU       100 * 30     ;重新定义 COUNT
```

4.3　数据定义语句

数据定义伪指令为数据项分配存储单元，用一个符号名与这个存储单元相联系且为这个数据提供一个任选的初始值。也可以只给变量分配存储单元，而不赋予特定的值。

常用的数据定义伪指令有 DB、DW、DD、DQ 和 DT 等。

数据定义伪指令的一般格式为：

[变量名]　数据定义伪指令　初始化参数表

说明：

（1）如果此处给出了“变量名”，也就定义了一个变量。变量名是该数据区的符号地址。在指令中通常利用变量名来引用内存单元。

（2）数据定义伪指令 DB、DW、DD、DQ 和 DT 所分配的内存单元的长度也不同，如表 4-1 所示。

表 4-1　不同伪指令内存分配

伪指令	内存单元类型	单元所占字节数
DB	BYTE(字节型)	1
DW	WORD(字型)	2
DD	DWORD(双字型)	4
DQ	QWORD(4 字型)	8
DT	TBYTE(10 字节型)	10

注意：使用 DT 助记符时，对于十进制操作数，必须给出后缀 D。

（3）初始化参数表可以包含任意多个初始化参数。如果有多个初始化参数时，相互之间应该用逗号","分开。每个参数能够初始化一个内存单元，它们可以是以下 5 种形式。

① ?：仅为变量预留一个存储单元而不对该单元进行初始化。

例如：

```
BUF1    DB   ?
BUF2    DW   56H, 78H, ?, 3456H
```

以上伪指令执行后，存储单元分配情况如图 4-1(a)所示。

② 数字常量及数值表达式：可以是十进制、二进制、十六进制和八进制数字常数，也可以是数值表达式。但注意存入存储单元的数据不能超出其表示范围。例如，对于伪指令 DB，常数或表达式的值不能超出 -128～255。

例如：

```
DATA1   DB   18H,12H
DATA2   DW   18H, 2A45H
DATA3   DD   2F3A124BH
```

以上伪指令执行后，存储单元分配情况如图 4-1(b)所示。

③ 地址表达式：用在 DW 伪指令中，存入字单元的是偏移量部分。用在 DD 伪指令中，双字单元的低字中存放偏移量，高字中存放段基址。

例如：

```
ADDR1   DW   NEXT
ADDR2   DD   NEXT
```

设 NEXT 是标号，代表代码段中偏移 100H 的单元，(CS)=2000H 以上伪指令执行后，存储单元分配情况如图 4-1(c)所示。

④ 字符串：字符串必须用单引号或双引号括起来，其值是字符的 ASCII 值。注意：字符多于两个时，只能使用 DB 定义。

例如：

```
STR1    DB   'ABC'
STR2    DB   'D', 'E', 'F'
```

```
STR3        DW      'GH'
```

以上伪指令执行后,存储单元分配情况如图 4-1(d)所示。

⑤ 重复次数 DUP(初始化参数)：其中的重复次数可以是任何整数,初始化参数可以是①～⑤中的任何一个。其作用是把括号中的初始化参数重复指定次数。

例如：

```
BUF1        DB      2 DUP(02H,13H)
BUF2        DW      01H,2 DUP(16H)
```

以上伪指令执行后,存储单元分配情况如图 4-1(e)所示。

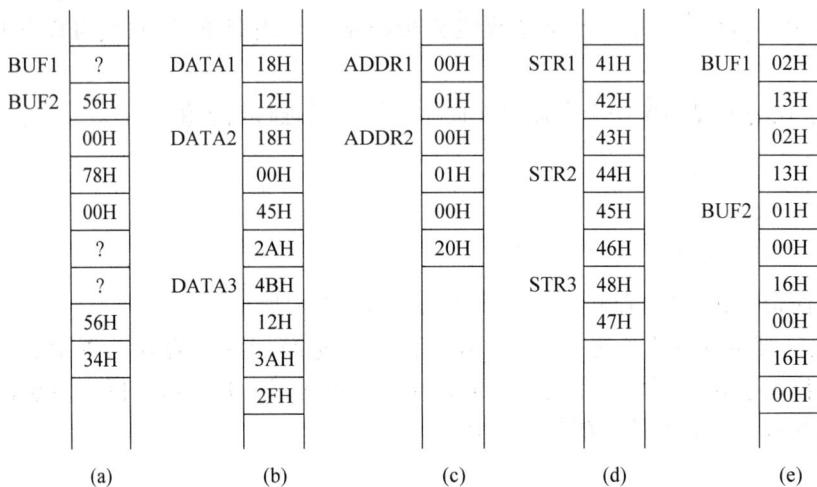

BUF1	?	DATA1	18H	ADDR1	00H	STR1	41H	BUF1	02H
BUF2	56H		12H		01H		42H		13H
	00H	DATA2	18H	ADDR2	00H		43H		02H
	78H		00H		01H	STR2	44H		13H
	00H		45H		00H		45H	BUF2	01H
	?		2AH		20H		46H		00H
	?	DATA3	4BH			STR3	48H		16H
	56H		12H				47H		00H
	34H		3AH						16H
			2FH						00H
(a)		(b)		(c)		(d)		(e)	

图 4-1　存储单元分配情况

4.4　汇编语言数据表示与运算符

4.4.1　常数

所谓常数是这样的数据,在汇编源程序时,它的值就可以完全确定,且在程序运行时,它的值始终固定不变。常数分为数字常数、字符常数和符号常数。

1. 数字常数

在汇编语言程序中,可以有十进制、二进制、十六进制和八进制数字常数。

(1) 十进制数：以字母 D 结尾,由于汇编语言中默认值是十进制数,所以 D 也可以省略不写。有效数字是 0～9,如 2008D,2008。

(2) 二进制数：以字母 B 结尾,有效数字是 0、1,如 10100011B。

(3) 十六进制数：以字母 H 结尾,有效数字是 0～9 和 A(a)～F(f),如 3BC5H、0FFH。需要注意的是,在汇编语言程序中,为了区别由 A(a)～F(f)组成的序列是一个十六进制数还是一个符号,凡是以字母 A(a)~F(f)为起始的十六进制数,必须在前面冠以数字 0。例如,0A3H 表示十六进制常数,而 A3H 表示一个符号。

(4) 八进制数:以字母 O 或 Q 结尾,有效数字是 0~7,如 345Q,123O。

2. 字符常数

在汇编语言程序中,字符常数是用单引号或双引号括起来的一个或多个字符。这些字符以 ASCII 编码形式存储在存储单元中。例如,字符"1"的值是 31H,字符"A"的值是41H,字符串"abcd"的值是 61626364H。

3. 符号常数

在汇编语言程序中,经常用符号定义语句将符号定义为某个常数,然后就可以用该符号来代替这个常数,这样的常数称为符号常数。

例如:

```
NSIZE=20                    ;NSIZE 是符号常数,表示 20
SUM EQU 200 * 10            ;SUM 是符号常数,表示 2000
```

4.4.2　变量

所谓变量是这样的数据,在程序运行中它的值可以改变。变量有 3 种属性:段属性、偏移属性和类型属性。

1. 段属性

段属性定义了变量所在段的段地址,其值必须在一个段寄存器中。变量的段地址通常存放在 DS 或 ES 中,也可以存放在 SS 或 CS 中,但通常存放在 DS 或 ES 中。例如:

```
DATA      SEGMENT
DATA1     DB   12H,34H
DATA2     DW   5678H
DATA      ENDS
```

上述数据段通过指令:

```
MOV       AX,DATA
MOV       DS,AX
```

可以将 DATA1、DATA2 变量所在段的段地址放在了 DS 中。

2. 偏移属性

偏移属性表示变量相距段起始地址的字节数,一般用一个 16 位无符号数表示。例如,上例中的变量 DATA1、DATA2 的偏移地址分别是 0000H 和 0003H。

3. 类型属性

类型属性用来表示变量的字节长度。例如，字节型变量的类型属性值为 1，字型变量的类型属性值为 2，双字型变量的类型值为 4。例如，上例中的变量 DATA1，DATA2 的类型属性分别是 1 和 2。

4.4.3 标号

汇编语言程序中的标号是机器指令存放位置的标识符号，即机器指令存放地址的符号表示，标号可以作为转移指令或重复控制指令的目的操作数，即指令要转向的目的地址。标号一般只在代码段中定义和使用。

标号代表了指令的符号地址，所以标号有 3 个属性。

1. 段属性

段属性定义了标号所在段的段地址，其值通常存放在段寄存器 CS 中。

2. 偏移属性

偏移属性表示定义标号的语句相距其所在段起始地址的字节数。

3. 类型属性

标号的类型有两种：NEAR 类型和 FAR 类型。NEAR 类型的标号只能在定义该标号的段内使用，而 FAR 类型的标号既可在段内使用，也可在段外使用。

4.4.4 表达式

汇编语言的数据除了可以表示成常数或变量等单一的数据形式之外，还可以表示成表达式形式。所谓表达式，即由常数、变量和标号通过某些运算符连接而成，是汇编程序能够理解的、能够计算出结果的式子。所有汇编表达式的数据计算或操作都是在汇编源程序的过程中完成，而非程序运行时完成。80x86 宏汇编语言中使用的表达式，根据其运算结果的类型可以分为数值表达式和地址表达式。数值表达式的运算结果是数值，地址表达式的运算结果是地址。

表达式中的运算符有算术运算符、逻辑运算符、关系运算符、数值返回运算符和属性设定运算符等。

1. 算术运算符

算术运算符包括＋（加）、－（减）、*（乘）、/（除）、MOD（模除）。＋、－、*、/就是最常见的四则运算符，/运算的结果是两个运算数商的整数部分。MOD 是模除运算符，进行整数除法，结果只取余数部分。算术运算符的格式如下：

表达式 1　算术运算符　表达式 2

格式中的表达式和运算结果都是整数。

例如：

MOV	AX,1234H＋40H	;汇编成指令	MOV	AX,1274H
MOV	AX,2008H-400H	;汇编成指令	MOV	AX,1C08
MOV	AX,12H * 4	;汇编成指令	MOV	AX,48H
MOV	AX,2008/400	;汇编成指令	MOV	AX,5H
MOV	AX,2008 MOD 400	;汇编成指令	MOV	AX,8H

算术运算符都可以用于数值表达式。其中的"＋"、"－"还可用于地址表达式。有以下两种使用形式。

1) 地址表达式＋常数。

运算结果为地址，与地址表达式的类型和段基址相同，但它们的偏移地址相差一个常数，此常数称为"位移"。例如，DATA1＋10H 指向 DATA1 向后偏移 10H 个字节的存储单元。

2) 地址表达式－常数。

运算结果为地址，与地址表达式的类型和段基址相同，但它们的偏移地址相差一个"位移"。例如，DATA1－10H 指向 DATA1 向前偏移 10H 个字节的存储单元。

需要注意的是，"地址表达式 1－地址表达式 2"属于数值表达式而不是地址表达式。地址表达式 1 与地址表达式 2 所表示的两个地址必须在同一段中，运算结果是一个常数，表示两地址之间的位移。而两个地址表达式相加，是没有意义的。例如，有数据定义如下：

```
DATA1  DB  12H,34H,56H,78H
DATA2  DB  20  DUP(0)
```

则表达式 DATA2－DATA1 的结果为 4。

2. 逻辑运算符

逻辑运算符包括 AND(与)、OR(或)、NOT(非,也称为取反)和 XOR(异或)。AND、OR、XOR、SHL(左移)和 SHR(右移)运算符的格式如下：

数值表达式 1　逻辑运算符　数值表达式 2

NOT 运算符的格式如下：

NOT　数值表达式

格式中的表达式和运算结果都是整数，SHL 和 SHR 运算中的数值表达式 2 表示移动位数。逻辑运算都是按位进行的。

逻辑运算符仅用于数值表达式。

例如：

```
MOV     AX,1234H AND 00F0H     ;汇编成指令        MOV     AX,30H
MOV     AX, 1234H OR 00F0H     ;汇编成指令        MOV     AX,12F4H
MOV     AX, NOT 1234H          ;汇编成指令        MOV     AX,0EDCBH
MOV     AX, 1234H XOR 00F0H    ;汇编成指令        MOV     AX,8H
MOV     AX, 0011B SHL 2        ;汇编成指令        MOV     AX,0CH
MOV     AX, 0F0H SHR 4         ;汇编成指令        MOV     AX,0FH
```

3. 关系运算符

关系运算符包括 EQ(等于)、NE(不等于)、LT(小于)、LE(小于等于)、GT(大于)、GE(大于等于)。关系运算符的格式如下:

表达式 1　关系运算符　表达式 2

格式中的表达式都是整数。关系运算可以对两个数值表达式或地址表达式的值进行某种关系比较,如果关系成立,结果为逻辑真值,用 0FFFFH 表示,否则结果为逻辑假值,用 0 表示。

关系运算符既可用于比较数值表达式,又可用于比较地址表达式,若比较的是数值表达式,则按照无符号数进行比较;若比较的是同段内的地址表达式,则比较它们的偏移地址。

例如:

```
COUNT=10                      ;定义符号常量的值为 10;
MOV     AX,COUNT EQ 10H       ;汇编成指令        MOV     AX,0
MOV     AX,COUNT NE 10H       ;汇编成指令        MOV     AX,0FFFFH
MOV     AX,COUNT LT 10H       ;汇编成指令        MOV     AX,0FFFFH
MOV     AX,COUNT LE 10H       ;汇编成指令        MOV     AX,0
MOV     AX,COUNT GT 10H       ;汇编成指令        MOV     AX,0FFFFH
MOV     AX,COUNT GE 10H       ;汇编成指令        MOV     AX,0
```

4. 属性返回运算符

属性返回运算符包括类型返回运算符 TYPE、单元数返回运算符 LENGTH、总字节数返回运算符 SIZE、段基址返回运算符 SEG 和偏移量返回运算符 OFFSET。属性运算符的格式如下:

属性返回运算符　地址表达式

属性返回运算符的运算对象必须是由变量名或标号构成的地址表达式,运算的结果是一个纯数值。

(1) 类型返回运算符 TYPE:返回变量或标号类型属性的数值形式,变量或标号的类型和返回值的关系如表 4-2 所示。

表 4-2 TYPE 运算符返回值

	类型属性	运算结果	意　义
变量	BYTE	1	运算结果表示变量的一个数据项所占的字节数。用 DB、DW、DD 定义的数据,对应每个数据项所占的字节数分别是 1,2,4,8,10
	WORD	2	
	DWORD	4	
	QWORD	8	
	TBYTE	10	
标号	NEAR	−1	运算结果并无物理意义,但可以作为对标号类型属性的测试依据
	FAR	−2	

例如,有数据定义如下:

```
DATA    SEGMENT
DAB1    DB      12H,34H,56H,78H,9AH
DAB2    DB      2 DUP(12H),0ABH,0CDH
DAW1    DW      12H,34H,56H,78H,9AH
DAW2    DW      3 DUP(1234H)
DAD1    DD      12H,34H,56H,78H,9AH
DAD2    DD      4 DUP(12345678H)
DATA    ENDS
```

则有:

```
MOV     AX,TYPE DAB1        ;汇编成指令     MOV     AX,1
MOV     AX,TYPE DAB2        ;汇编成指令     MOV     AX,1
MOV     AX,TYPE DAW1        ;汇编成指令     MOV     AX,2
MOV     AX,TYPE DAW2        ;汇编成指令     MOV     AX,2
MOV     AX,TYPE DAD1        ;汇编成指令     MOV     AX,4
MOV     AX,TYPE DAD2        ;汇编成指令     MOV     AX,4
```

(2) 单元数返回运算符 LENGTH:返回变量所占的存储单元个数。该运算返回的结果根据定义该变量的伪指令中的第一个参数的形式来确定。具体为:若第一个参数的形式为重复子句"n DUP(数值表达式)",则 LENGTH 运算的结果为重复因子 n;否则结果为 1。

例如,设数据定义同上例,则有:

```
MOV     AX,LENGTH DAB1      ;汇编成指令     MOV     AX,1
MOV     AX,LENGTH DAB2      ;汇编成指令     MOV     AX,2
MOV     AX,LENGTH DAW1      ;汇编成指令     MOV     AX,1
MOV     AX,LENGTH DAW2      ;汇编成指令     MOV     AX,3
MOV     AX,LENGTH DAD1      ;汇编成指令     MOV     AX,1
MOV     AX,LENGTH DAD2      ;汇编成指令     MOV     AX,4
```

（3）总字节数返回运算符 SIZE：返回变量所占的总字节数。

例如，设数据定义同上例，则有：

MOV	AX,SIZE DAB1	;汇编成指令	MOV	AX,5	
MOV	AX,SIZE DAB2	;汇编成指令	MOV	AX,4	
MOV	AX,SIZE DAW1	;汇编成指令	MOV	AX,10	
MOV	AX,SIZE DAW2	;汇编成指令	MOV	AX,6	
MOV	AX,SIZE DAD1	;汇编成指令	MOV	AX,20	
MOV	AX,SIZE DAD2	;汇编成指令	MOV	AX,16	

可见，运算符 SIZE 是 LENGTH 和 TYPE 两个运算符结果的乘积。

（4）段基址返回运算符 SEG：返回变量或标号所在段的段地址。

（5）偏移量返回运算符 OFFSET：返回变量或标号在段内的偏移地址。

例如：

MOV	AX,SEG DATA1	;将变量 DATA1 所在段的段地址送 AX
MOV	BX,OFFSET DATA1	;将变量 DATA1 的偏移地址送 BX

5. 属性设定运算符

1）段超越前缀运算符":"

段超越前缀运算符用于给变量、标号或地址表达式临时指定一个段属性。段超越前缀运算符使用格式如下：

段寄存器名：地址表达式

或

段名：地址表达式

例如：

MOV	AX,DS:[10H]	;将数据段中偏移量为 10H 的字单元内容送 AX
MOV	ES:[20H],AL	;将 AX 的内容送附加段中偏移量为 20H 的字节单元

2）类型设定运算符 PTR、THIS、SHORT

（1）PTR。

该运算符的功能就是地址表达式所确定的存储单元临时设定为指定类型（BYTE、WORD、DWORD、NEAR 或 FAR）。这种临时设定的类型仅在含有该运算符的语句内有效。PTR 的使用格式如下：

类型　PTR　地址表达式

例如：

MOV	BYTE PTR [100H],0FFH	;将立即数 0FFH 送偏移量为 100H 的字节单元
MOV	WORD PTR [100H],0	;将偏移量为 100H 的字单元清 0

（2）THIS。

该运算符的功能与 PTR 类似，但具体用法不同。THIS 的使用格式如下：

变量名　EQU　THIS　类型

运算的结果是具有指定类型的地址,其段地址和偏移地址取自运算符所在的语句。THIS 运算符常用于给一个变量另取一个不同的名字,同时设定另外一种类型。

例如:

```
DATAW   EQU  THIS WORD
DATAB   DB   5 DUP(0)
```

上例中,DATAW 和 DATAB 具有相同的段地址和偏移地址,但 DATAW 的类型是字,而 DATAB 的类型是字节。

（3）SHORT。

该运算符用于说明其后的标号在短距离(−128～127 之间)内,一般用在向后转移的 JMP 指令中,说明转移的目标地址距离当前 JMP 指令不超过 127B。SHORT 的使用格式如下:

```
JMP SHORT   目标地址
```

例如:

```
JMP   SHORT LAB1
```

指令中的 SHORT 运算符说明标号 LAB1 与本条 JMP 指令的距离不超过 127B。

6. 分离运算符

（1）分离高字节运算符 HIGH。该运算的结果是其后的运算对象的高字节。

（2）分离低字节运算符 LOW。该运算的结果是其后的运算对象的低字节。

例如:

```
MOV    BX,0ABCDH            ;将 0ABCDH 送 BX
MOV    AL,HIGH BX           ;将 BX 内容的高字节送 AL
MOV    AH,LOW BX            ;将 BX 内容的低字节送 AH
MOV    BX,AX                ;将 AX 的内容送 BX
```

以上指令可实现将 BX 内容的高、低字节内容互换。

7. 运算符的优先级别

当汇编源程序时,如果同一个表达式中同时含有两个或两个以上的运算符时,应按照运算符优先级别确定运算的顺序。

表达式的运算规则如下。

（1）先计算圆括号内的运算。如果圆括号有嵌套,按由内到外的顺序计算。

（2）没有圆括号或对于一对圆括号内的运算按照运算符优先级别由高到低的顺序计算。

（3）对于优先级别相同的运算按照由左到右的顺序计算。

运算符的优先级别如表 4-3 所示。

表 4-3　运算符的优先级别

运　算　符	优先级别
LENGTH、SIZE	1
：、PTR、OFFSET、SEG、TYPE、THIS	2
HIGH、LOW	3
＊、/、MOD、SHL、SHR	4
＋、－	5
EQ、NE、LT、LE、GT、GE	6
NOT	7
AND	8
OR、XOR	9
SHORT	10

4.5　其他伪指令语句

在汇编语言中，除前面介绍的数据定义语句、符号定义语句以外，还有其他伪指令语句，如段结构伪指令、过程定义伪指令、模块定义伪指令、80x86 指令集选择伪指令和简化段定义伪指令等。

4.5.1　段结构伪指令

汇编语言程序是按段来组织程序和使用存储器的。段结构伪指令的作用就是在汇编语言程序中定义逻辑段，指明段的名称、范围、定位类型、组合类型和类别等。

段结构伪指令主要包括 SEGMENT、ENDS、ASSUME 和 ORG 等。

完整段定义由 SEGMENT 和 ENDS 这一对伪指令实现。

完整段定义的一般其格式如下：

```
段名　SEGMENT　　　[类型属性列表]
　　　　⋮　　　　　　　　;本段语句序列 (程序或数据)
段名　ENDS
```

其中，SEGMENT 表示逻辑段的开始，ENDS 则表示一个逻辑段的结束。这一对伪指令必须同时出现，缺一不可，并且两个语句中的段名必须一致。

1. 段首伪指令 SEGMENT

该伪指令标志着一个段的开始，并可以给段赋予边界类型、组合类型、使用类型和类别名等属性。其格式如下：

```
段名　SEGMENT　[边界类型] [组合类型] [使用类型] ['类别名']
```

段名由用户指定。需要注意的是,对属性如不指定,则采用默认值;但如指定,一定要按上列次序依次指定。

1) 边界类型

边界类型指明该段装入内存时,对段起始边界的要求。边界类型有下列 4 种。

(1) BYTE(字节边界):表示本段从一个字节的边界开始,即任一地址开始。

(2) WORD(字边界):表示本段从一个偶字节的边界开始。所以段的起始地址一定可以被 2 整除,即用二进制表示,最后一位是 0。

(3) PARA(节边界):表示本段从一个小节的边界开始(一个小节为 16 个字节)。所以段的起始地址一定可以被 16 整除,即用二进制表示,最后 4 位都是 0。

(4) PAGE(页边界):表示本段从一个页的边界开始,存储器从 0 号单元开始,每 256 个字节为一页。所以段的起始地址(即段地址)一定可以被 256 整除,即用二进制表示,最后 8 位都是 0。

以上边界类型表示的段的起始地址为:

(1) BYTE:×××× ×××× ×××× ××××B

(2) WORD:×××× ×××× ×××× ×××0B

(3) PARA:×××× ×××× ×××× 0000B

(4) PAGE:×××× ×××× 0000 0000B

如果省略了边界类型,则 PARA 是默认的边界类型。

2) 组合类型

组合类型用来指示连接程序本段与同段名同类别的其他段合并与否以及合并方式。有下列 5 种选择。

(1) NONE:表示本段与其他段无连接关系,因此它们在逻辑上仍然是分离的,尽管在物理上可能是相邻的。NONE 是默认的组合类型。

(2) PUBLIC:连接程序在满足边界类型的前提下,将本段与其他具有相同段名、且也用 PUBLIC 说明的段放在连续的存储空间中,形成一个新的逻辑段,其长度为各段长度之和。

(3) COMMON:产生一个覆盖段。连接程序将相同段名、相同类别的 COMMON 段重叠放置,共享同一个存储区,覆盖段的长度是各段长度的最大值。

(4) STACK:用于指定一个堆栈段,连接程序对 STACK 段与 PUBLIC 段同样处理。此外,它还要指示装入程序把合并后的段基址送入 SS,并将 SP 设置成堆栈段的长度,于是第一次压入的元素就占据了堆栈段的最后一个字单元。被连接程序中至少有一个 STACK 段,如果有多个,装入程序时,SS 指向第一个所遇到的 STACK 段。

(5) AT 节地址:表示本段可定位在表达式所指定的小节边界上。

3) 类别名

类别名是写在一对单引号中的名字,由用户自己选定。连接程序把组合类型和类别名相同的所有段放置在连续的存储区内。所有无类别名的逻辑段也一起放置在连续的存储区内。

2. 段尾伪指令 ENDS

该伪指令标志着一个段的结束。其格式如下：

```
段名    ENDS
```

其中，段名必须与 SEGMENT 指令中的段名一致。

3. 段寻址伪指令 ASSUME

段寻址伪指令 ASSUME 用来说明各个段寄存器分别装入哪个逻辑段的段起始地址，也就是说，将哪些段设置成当前段。其格式如下：

```
ASSUME   段寄存器名:段名,段寄存器名:段名,…
```

其中，段寄存器名对于 8086/8088 CPU 而言是 CS、DS、ES 和 SS 中的一个；段名是程序中定义过的逻辑段段名。

段寻址伪指令 ASSUME 只是可以说明各个段寄存器和逻辑段的对应关系，但并不能给段寄存器赋予实际的初始值。除了 CS 初始值可以在程序初始化的过程中由汇编程序自动给出之外，DS、ES、SS 等段寄存器的初值一般都要在程序中用 MOV 指令给出。

例如：

```
MOV     AX,DATA
MOV     DS,AX
```

以上指令的功能是将数据段的段地址值装入 DS。

4. ORG 伪指令

ORG 伪指令设置其后的指令或数据的起始地址，即使指令或数据从指定的偏移地址开始存放。其一般格式如下：

```
ORG   表达式
```

其中，表达式的值应在范围 0000H~0FFFFH 之内。

例如：

```
DATA    SEGMENT
ORG     100H                    ;使变量 X 从偏移地址 100H 开始存放
X       DB      12H
Y       DW      5 DUP(?)
        ORG     200H            ;使变量 Z 从偏移地址 200H 开始存放
Z       DD      0A000H
DATA    ENDS
```

5. 地址计数器 $

地址计数器 $ 表示下一个可用单元的地址。

例如：

```
ORG      0050H                    ;使变量 DATA1 从偏移地址 0050H 开始存放
DATA1    DW       1,2,3,4
ORG      $+30H                    ;使变量 DATA2 从偏移地址 0088H 开始存放
DATA2    DB       'ABCD'
```

地址计数器 $ 在实际应用中常用来确定数组中元素的个数。

又如：

```
BUF1     DB       1,2,3,4,5
CNT1     EQU      $-BUF          ;CNT1 的值为数组 BUF1 中数据元素的个数
BUF2     DW       1,2,3,4,5
CNT2     EQU      ($-BUF2)/2     ;CNT2 的值为数组 BUF2 中数据元素的个数
BUF3     DD       1,2,3,4,5
CNT3     EQU      ($-BUF3)/4     ;CNT3 的值为数组 BUF3 中数据元素的个数
```

4.5.2　完整段定义伪指令

完整段定义结构是指在程序中用段定义伪指令，对用到的逻辑段分别加以定义。完整段定义的典型结构如下。

```
数据段名  SEGMENT                 ;数据段开始
          ⋮
数据段名  ENDS                    ;数据段结束
堆栈段名  SEGMENT                 ;堆栈段开始
          ⋮
堆栈段名  ENDS                    ;堆栈段结束
代码段名  SEGMENT                 ;代码段开始
          ASSUME…                ;段地址装填
START:    …
          ⋮
          MOV      AH,4CH
          INT      21H           ;返回 DOS
          ⋮
代码段名  ENDS                    ;代码段结束
          END  START
```

【例 4-1】　求字存储单元中两个数之差，结果存入下一个相邻的字单元中。程序中使用完整段定义结构。

```
NAME     EXAMPLE4-1
;以下为数据段
DATA     SEGMENT
BUF      DW       3483H,4596H
RES      DW       ?
```

```
DATA    ENDS
;以下为堆栈段
STACK   SEGMENT STACK 'STACK'
STA     DW      100 DUP(?)
STACK   ENDS
;以下为代码段
CODE    SEGMENT
        ASSUME  CS:CODE.DS:DATA
START:  MOV     AX,DATA
        MOV     DS,AX
        MOV     AX,BUF
        SUB     AX,BUF+2
        MOV     RES,AX
        MOV     AH,4CH
        INT     21H
CODE    ENDS
        END     START
```

4.5.3　过程定义伪指令

在程序设计中，通常把一些相对独立的语句序列组织成一个过程，供程序调用执行。过程又称为子程序。过程定义伪指令 PROC/ENDP 的格式如下：

```
过程名    PROC    [NEAR|FAR]
          ⋮                       ;指令序列
          RET                     ;返回指令
过程名    ENDP
```

定义一个过程必须在一个逻辑段内，过程名相当于标号，表示本过程的符号地址。过程有 NEAR 和 FAR 两种类型，NEAR 型的过程仅供段内调用，FAR 型的过程可供段间调用。类型默认时，默认值为 NEAR。

在一个过程中，至少要有一条过程返回指令 RET，它可以书写在过程中的任何位置，但过程执行的最后一条指令一定是 RET 指令。

关于子程序的设计方法，将在第 5 章详细介绍。

4.5.4　模块定义伪指令

在编写规模较大的汇编语言源程序时，可以将整个程序划分为几个独立的模块，对各个模块文件分别编写源程序，分别进行编辑、汇编，生成各自的目标程序，最后将这些目标程序连接成一个完整的可执行程序。为了便于进行模块连接和模块间的相互访问，在定义模块时使用 NAME、END 等伪指令。

1. NAME 伪指令

NAME 伪指令用于给源程序汇编以后得到的目标程序指定一个模块名，连接目标程

序时,将使用该模块名表示目标程序。其格式如下:

```
NAME  模块名
```

需要指出的是,在 NAME 伪指令中不允许有标号。如果源程序中没有用 NAME 伪指令指定模块名,则汇编程序将 TITLE 伪指令给出的"标题名"中前 6 个字符作为模块名,如果源程序中既无 NAME 伪指令,又无 TITLE 伪指令,则汇编程序将源程序的文件名作为模块名。

2. TITLE 伪指令

TITLE 伪指令用于给程序指定一个标题,一般不超过 60 个字符,以后的列表文件会在每一页的第一行显示这个标题。其格式如下:

```
TITLE  文本
```

在程序中没有 NAME 伪指令时,用其前 6 个字符作为模块名。

3. END 伪指令

END 伪指令指示用标号指定的地址作为程序执行的启动地址。其格式如下:

```
END [标号]
```

END 伪指令将标号的段地址和偏移地址分别提供给代码段寄存器 CS 和指令计数器 IP。格式中的标号是可选项,当有多个模块连接在一起时,则只有主模块中的 END 伪指令使用标号。

4.5.5 80x86 指令集选择伪指令

指令集选择伪指令用于通知汇编程序,以下程序使用哪一种指令集。选择指令集的指令都以圆点"."作为引导,在程序中使用时必须放在段外,一般放在程序的开始部分,对整个源程序起作用。

(1).8086:选择 8086/8088 指令集,此伪指令可以省略。

(2).286:选择 80286 指令集,不包括特权指令。

(3).286P:选择 80286 保护模式指令集,包括特权指令。

(4).287:选择 80287 数字协处理器指令集。

(5).386:选择 80386 指令集,不包括特权指令。

(6).386P:选择 80386 保护模式指令集,包括特权指令。

(7).387:选择 80387 数字协处理器指令集。

(8).486:选择 80486 指令集,不包括特权指令。

(9).486P:选择 80486 保护模式指令集,包括特权指令。

(10).586:选择 Pentium 指令集,不包括特权指令。

(11).586P:选择 Pentium 保护模式指令集,包括特权指令。

当一个程序未使用 80x86 指令集选择伪指令时,默认使用 8086/8088 指令集。

80x86 指令集向上兼容。例如,在程序中使用了.486 伪指令,则该程序中可以使用 8086/8088、80286、80386 和 80486 指令集中的指令,但是不能使用 80586 指令集中的指令和 80486 指令集中的特权指令。

4.5.6　简化段定义伪指令

简化段定义是在 MASM 5.0 版以后开始提供的。较之完整段定义结构而言,其优点在于程序结构简单,容易使用,并且容易和高级语言连接。但是它并不适合大多数汇编程序。编程人员可以根据实际需要和个人习惯选择完整段定义结构或简化段定义结构。

1. 简化段定义典型结构

简化段定义的典型结构如下:

```
.MODEL SMALL              ;定义内存模式为小模式
.386                      ;选择 386 指令系统集
.DATA                     ;数据段开始
⋮                         ;数据段定义
.STACK     512            ;定义堆栈段及其尺寸为 512 字节
.CODE                     ;代码段开始
.STARTUP                  ;加载后程序入口点
⋮                         ;代码段定义
.EXIT                     ;返回 DOS 或调用程序
.END                      ;程序结束
```

2. 简化段定义伪指令

1) 模式选择伪指令.MODEL

模式选择伪指令.MODEL 用于指明简化段所用存储模式。其格式如下:

```
.MODEL   存储模式
```

常用的存储模式有以下几种。

(1) TINY:指明简化段所用存储模式为微模式,在这种存储模式下,所有数据及代码放入同一个物理段内,整个程序不超过 64KB。程序会产生一个 MS-DOS 的.com 程序。DOS 操作系统支持这种存储模式。

(2) SMALL:指明简化段所用存储模式为小模式,在这种存储模式下,程序中只有一个数据段和一个代码段,分别放置所有的数据和代码。因此,程序中的转移和调用都被认为是 NEAR 型,且 DS 在整个程序运行期间保持不变。MS-DOS 和 Windows 操作系统支持这种存储模式。

(3) MEDIUM:指明简化段所用存储模式为中模式,在这种存储模式下,全部代码可以超过 64KB,可以被放置在多个段中,程序中的转移和调用可以是 NEAR 型或 FAR 型,但所有数据仍要放在一个数据段中,因此,DS 在整个程序运行期间保持不变。MS-

DOS 和 Windows 操作系统支持这种存储模式。

　　(4) COMPACT：指明简化段所用存储模式为压缩模式，在这种存储模式下，全部数据可以超过 64KB，可以被放置在多个段中，但是单个数据项不能超过 64KB。MS-DOS 和 Windows 操作系统支持这种存储模式。

　　(5) LARGE：指明简化段所用存储模式为大模式，在这种存储模式下，代码和数据都可以超过 64KB，可以被放置在多个段中，但是单个数据项不能超过 64KB。MS-DOS 和 Windows 操作系统支持这种存储模式。

　　2) 数据段定义伪指令.DATA

　　数据段定义伪指令.DATA 用于定义一个数据段，其格式如下：

```
.DATA [名字]
```

　　注意：如果有多个数据段，则用名字区别。只有一个数据段时，隐含段名为 @DATA。

　　3) 堆栈段定义伪指令.STACK

　　堆栈段定义伪指令.STACK 用于定义一个堆栈段，并形成 SS 及 SP 的初值，其格式如下：

```
.STACK [长度]
```

其中，长度的默认值为 1024 字节，即 1KB，隐含段名为 @STACK。

　　4) 代码段定义伪指令.CODE

　　代码段定义伪指令.CODE 用于定义一个代码段。其格式如下：

```
.CODE [名字]
```

　　注意：如果有多个代码段，则用名字区别。只有一个代码段时，隐含段名为 @CODE。

　　5) 程序返回伪指令.EXIT

　　程序返回伪指令.EXIT 用于控制程序返回 DOS 操作系统或调用程序。其格式如下：

```
.EXIT
```

　　6) 程序开始伪指令.STARTUP

　　程序开始伪指令.STARTUP 用于指示程序执行的开始位置。其格式如下：

```
.STARTUP
```

　　【例 4-2】 简化段定义结构示例程序，实现两个字型数据相加运算。

```
NAME EXAMPLE4-2
.MODEL SMALL           ;定义内存模式为小模式
.386                   ;选择 386 指令系统集
.DATA                  ;数据段开始
DW1    DW    3483H
```

```
DW2      DW       4596H
SUM      DW       ?
.STACK   200                        ;定义堆栈段及其尺寸为 200 字节
.CODE                               ;代码段开始
.STARTUP                            ;加载后程序入口点
         MOV      AX,DW1
         ADD      AX,DW2
         MOV      SUM,AX
.EXIT                               ;返回 DOS 或调用程序
.END                                ;程序结束
```

4.6　宏　指　令

宏是一种高级汇编语言技术，允许使用宏指令是宏汇编语言的一个最主要的特点。在这种技术中，允许将具有某中功能的语句序列定义成一条宏指令供程序调用，从而避免重复书写相同的语句序列。这样做不仅可以提高编程效率，而且提高了程序的可读性和易修改性。

4.6.1　宏指令定义、调用及展开

1. 宏定义

宏定义 MACRO/ENDM 的格式如下：

```
宏指令名    MACRO    [形参列表]
            ⋮                    ;宏体(指令序列)
            ENDM
```

MACRO 语句表示要开始定义一个宏，宏指令名要遵守汇编语言标识符的命名规则。在整个程序中是唯一的，不能与其他的名字相同。宏体是由指令语句、伪指令语句甚至是宏指令语句组成的。ENDM 语句表示宏定义结束。如果在宏调用时，允许对宏体中的某些部分进行适当修改，在宏定义时，把允许修改的部分用形式参数（简称"形参"）来表示，在宏调用时用实际参数（简称"实参"）来替代相对应的形参，形参之间用逗号分隔。

例如，定义宏指令，将 AX、BX、CX、DX 的内容依次压栈。

```
PUSH4    MACRO
         PUSH     AX
         PUSH     BX
         PUSH     CX
         PUSH     DX
ENDM
```

例如，定义宏指令，对两个存储单元(字节/字)的内容相互交换。

　　两个存储单元的内容不能够直接进行相互交换，可以借助于一个通用寄存器实现。以下宏定义中用形式参数 M1、M2 和 R 分别表示要用两个存储单元和一个寄存器为实际参数。

```
XCHG2M   MACRO   M1,M2,R
         MOV     R,M1
         XCHG    R,M2
         MOV     M1,R
ENDM
```

2. 宏调用

　　宏指令一经定义，就可以在源程序的任何位置上使用宏指令，称为宏调用。宏调用的格式如下：

　　宏指令名　［实参列表］

其中，宏指令名是用宏定义伪指令定义的名字。如果调用的是有参数的宏，则要用实参列表给出相应的实参，实参之间用逗号隔开。实参应与宏定义中的形参顺序一致、类型相同、个数相等。

　　【例 4-3】　下面的程序中调用了宏指令 PUSH4。

```
DATA     SEGMENT
           ⋮
DATA     ENDS
STACK    SEGMENT STACK 'STACK'
STA      DW      100 DUP(?)
STACK    ENDS
CODE     SEGMENT
         ASSUME  CS:CODE.DS:DATA
START:   MOV     AX,DATA
         MOV     DS,AX
           ⋮
         PUSH4                        ;调用宏指令 PUSH4,将 AX、BX、CX、DX 的内容依次压栈
           ⋮
         MOV     AH,4CH
         INT     21H
CODE     ENDS
         END     START
```

　　【例 4-4】　下面的程序中调用了宏指令 XCHG2M。

```
DATA     SEGMENT
DA1      DW      1234H               ;定义字型变量 DA1
DA2      DW      5678H               ;定义字型变量 DA2
           ⋮
```

```
DATA    ENDS
STACK   SEGMENT STACK 'STACK'
STA     DW      100 DUP(?)
STACK   ENDS
CODE    SEGMENT
        ASSUME  CS:CODE.DS:DATA
START:  MOV     AX,DATA
        MOV     DS,AX
        ⋮
        XCHG2M  DA1,DA2,AX          ;调用宏指令 XCHG2M 交换变量 DA1、DA2 的内容
        ⋮
        MOV     AH,4CH
        INT     21H
CODE    ENDS
        END     START
```

3. 宏展开

当源程序被汇编时,宏汇编程序要对每个扫描到的宏调用进行宏展开。所谓宏展开,就是用宏定义中宏体的目标代码去替换宏调用,并用实参替换形参。经宏展开之后,在程序的目标代码中,每个宏调用位置都包含相应宏体的目标代码。而宏调用本身并不产生目标代码,它仅调用宏定义的位置。用列表文件查看源程序时,将看到宏展开所产生的每一条指令前面都有"＋"标记。

例如,宏调用 PUSH4 对应的宏展开为:

```
＋PUSH    AX
＋PUSH    BX
＋PUSH    CX
＋PUSH    DX
```

宏调用 XCHG2M DA1,DA2,AX 对应的宏展开为:

```
＋MOV     AX, DA1
＋XCHG    AX, D2
＋MOV     D1,AX
```

4.6.2　宏操作符

宏汇编语言程序还支持以下几个常用的宏操作符。

1. 连接操作符&

在宏定义中,可以用连接操作符 & 作为形参的前缀或后缀。在宏展开时,连接操作符 & 前后的两个符号连接在一起构成一个新的符号。

例如,定义宏指令,实现将寄存器或存储器操作数进行指定类型、指定次数的移位。

分析：寄存器或存储器操作数由形式参数 RM 表示，移位类型由形式参数 DIRECT 表示，移位次数由形式参数 COUNT 表示。移位类型有算术左移 SAL、算术右移 SAR、逻辑左移 SHL 和逻辑右移 SHR 等，因此移位类型由形式参数 DIRECT 表示，宏定义体中用 S&DIRECT 表示相应的移位指令，调用时只需用 AL、AR、HL 或 HR 做实际参数即可。

```
SHIFT_VAR   MARCO   RM,DIRECT,COUNT
            MOV     CL,COUNT
            S&DIRECT RM,CL
            ENDM
```

则 SHIFT_VAR　　AX,HL,2 的宏展开为：

```
+MOV        CL,2
+SHL        AX,CL
```

再如 SHIFT_VAR　　BX,HR,3 的宏展开为：

```
+MOV        CL,3
+SHR        BX,CL
```

2. 表达式操作符％

表达式操作符％的格式如下：

％表达式

在宏调用时，表达式操作符％强迫后面的表达式立即求值，并把表达式的结果作为实参替换，而不是表达式本身。

例如，设有宏定义，将数值送 CL

```
SHIFT1   MACRO CNT
         MOV CL,CNT
         ENDM
```

设有宏定义，将寄存器的内容进行逻辑移位，寄存器名、移位方向、次数由参数指定

```
SHIFT2   MACRO REG,DIRECT,NUM
         COUNT=NUM
         SHIFT1 %COUNT
         SH&DIRECT REG,CL
         ENDM
```

宏调用，将寄存器 AX 的内容逻辑左移 3 位

```
SHIFT2 AX, L,3
```

宏展开为：

```
+MOV CL,3
+SHL AX,CL
```

3. 文本操作符<>

在宏调用时,若某个实参中包含逗号或空格等间隔符,则必须用文本操作符将该实参括起来,以保证将它作为一个单个的参数而不是多个参数。

例如,设有宏定义:

```
XCHG2M    MACRO M1,M2,R
          MOV     R,M1
          XCHG    R,M2
          MOV     M1,R
ENDM
```

宏调用:

```
XCHG2M <WORD PTR DA1>,<WORD PTR DA2>,BX
```

宏展开:

```
+MOV     BX, WORD PTR DA1
+XCHG    BX, WORD PTR DA2
+MOV     WORD PTR DA1, BX
```

文本操作符还可以用来处理";"和"&"等特殊字符。例如,在宏调用中,<;>中的分号作为一个实参,而不是注解符。

4. 字符操作符!

字符操作符! 的格式如下:

```
!字符
```

字符操作符指示宏汇编程序,把后面的字符当成普通的字符对待,而不使用它的特殊含义。宏调用的实参中若包含一些特殊字符(如宏操作符!、<、>、&、%等),就可以使用字符操作符!。

例如,设有宏定义:

```
PROMPT    MACRO NUM ,TEXT
          PROMP&NUM DB '& TEXT &'
ENDM
```

宏调用:

```
PROMPT    23,<Expression !>255>
```

宏展开:

```
+PROMP    23 DB 'Expression>255'
```

5. 宏注解符;;

宏注解符;;的格式如下:

;;文本

宏注解符说明后面的文本是注解。

注意:宏注解符;;仅出现在宏定义中。

4.6.3　LOCAL 伪指令

宏定义中如果包含标号或变量名,且在同一源程序中被多次调用时,则在宏展开时,就要产生多个相同的变量名或标号,这就违反了汇编程序对名字不能重复定义的规定,从而使程序出错。为避免这类错误,可在宏定义中使用 LOCAL 伪指令,其格式如下:

```
LOCAL    〈局部符号表〉
```

LOCAL 伪指令仅在宏定义中使用,且是宏体中的第一条语句。局部符号表是用逗号分隔的变量名和标号。在宏展开时,对 LOCAL 伪指令指定的变量名和标号自动生成格式为"?? ××××"的符号,其中"××××"部分顺序使用 0000～FFFF 的十六进制数字,以保证汇编时生成名字的唯一性。

例如:用连续相加的办法实现无符号数乘法运算,编制宏定义 MULTIP。

```
MULTIP    MACRO    M1,M2,M3
          LOCAL    LOP,EXIT0
          MOV      DX,M1          ;乘数 1
          MOV      CX,M2          ;乘数 2
          XOR      BX,BX
          XOR      AX,AX
          JCXZ     EXIT0          ;JCXZ 指令是当(CX)=0 时,跳转到 EXIT0 标号执行
LOP:      ADD      BX,DX
          ADC      AX,0
          LOOP     LOP            ;LOOP 将(CX)-1→CX,若(CX)≠0 时,转 LOP 执行
EXIT0:    MOV      M3,BX
          MOV      M3+2,AX
          ENDM
```

设某数据段有如下定义的变量:

```
DA1    DW    1234H,5678H
DA2    DW    120H,210H
DA3    DW    4 DUP(?)
```

在代码段中,如有两次宏调用

```
MULTIP    DA1,DA2,DA3
   ⋮
MULTIP    DA1+2,DA2+2,DA3+4
```

则两次的宏展开如下：

```
+MOV      DX,DA1
+MOV      CX,DA2
+XOR      BX,BX
+XOR      AX,AX
+JCXZ     ??0001
+??0000:  ADD BX,DX
+ADC      AX,0
+LOOP     ??0000
+??0001:  MOV DA3,BX
+MOV      DA3+2,AX
   ⋮
+MOV      DX,DA1+2
+MOV      CX,DA2+2
+XOR      BX,BX
+XOR      AX,AX
+JCXZ     ??0003
+??0002:  ADD BX,DX
ADC       AX,0
LOOP      ??0002
+??0003:  MOV DA3+4,BX
+MOV      DA3+6,AX
   ⋮
```

4.7　重复汇编与条件汇编

4.7.1　重复汇编

当程序中需要重复书写相同或几乎相同的语句时，可以使用重复伪指令定义重复块，以简化程序和减轻程序设计人员的工作量。

重复汇编结构有 3 种，分别使用 REPT、IPR 和 IRPC 伪指令实现。

1. REPT/ ENDM 伪指令

格式：

```
REPT    数值表达式
        ⋮              ;重复块
        ENDM
```

REPT/ENDM 伪指令指示汇编程序重复执行重复块的指令序列,重复次数由数值表达式的值决定。

例如:

```
N=10H
REPT  10
      N=N+1
      DB N
      ENDM
```

其作用相当于:

```
DB  11H,12H,13H,14H,15H,16H,17H,18H,19H,1AH
```

又如:

```
N=1
REPT  9
    M=1
    REPT  9
      DB M*N
      M=M+1
      ENDM
    N=N+1
    ENDM
```

其作用是在连续的 81 个字节单元中存放九九乘法表的数值。

2. IRP/ENDM 伪指令

格式:

```
IRP    形式参数,<实参数>
       ⋮                    ;重复块
       ENDM
```

IRP/ENDM 伪指令指示汇编程序使重复块的内容重复多次,重复次数等于实参数的个数。每次重复都用一个实参数替换形式参数,直到用完为止。注意,格式中的实参数需要用尖括号括起来,可以是有效的符号、字符串、数字或常数。

例如:

```
IRP  REG,<AX,BX,CX,DX>
INC  REG
ENDM
```

其作用相当于:

```
INC  AX
INC  BX
```

```
INC  CX
INC  DX
```

又如：

```
IRP N,<11H,12H,13H,14H,15H,16H,17H,18H,19H,20H>
DB N
ENDM
```

其作用也相当于：

```
DB 11H,12H,13H,14H,15H,16H,17H,18H,19H,20H
```

3. IRPC/ ENDM 伪指令

格式：

```
IRPC    形式参数,串
        ⋮           ;重复块
        ENDM
```

IRPC/ ENDM 伪指令指示汇编程序使重复块的内容重复多次，重复次数等于串中的数字或符号的个数。每次重复都用串中的一个数字或符号替换形式参数，直到用完为止。需要注意的是，如果串中包含空格，必须用尖括号将整个串括起来。

例如：

```
IRPC   REG,ABCD
       INC REG&X
       ENDM
```

其作用相当于：

```
INC  AX
INC  BX
INC  CX
INC  DX
```

又如：

```
IRPC C,<Harbin China>
     DB C
     ENDM
```

其作用相当于：

```
DB  'H','a','r','b','i','n',' ','C','h','i','n','a'
```

4.7.2　条件汇编

所谓条件汇编，就是根据条件来确定是否把一段源代码汇编成对应的目标代码。汇编语言提供了一些条件汇编伪指令,使用它们可以实现条件汇编。

条件汇编伪指令有如下两种格式:

格式一:

```
IFXX    条件
   ⋮                ;语句序列 1
ELSE
   ⋮                ;语句序列 2
ENDIF
```

格式二:

```
IFXX    条件
   ⋮                ;语句序列
ENDIF
```

IFXX 表示不同的条件伪指令,这里的条件必须是汇编时条件,即汇编程序能够判定的条件。对于格式一,如果条件为真,汇编程序汇编 IFXX 和 ELSE 之间的语句序列 1,否则汇编 ELSE 和 ENDIF 之间的语句序列 2;对于格式二,如果条件为真,汇编程序汇编 IFXX 和 ENDIF 指令之间的语句序列,否则不汇编语句序列。

部分条件伪指令及其功能如表 4-4 所示。

表 4-4　条件伪指令

条件伪指令格式	说　　明
IF 数值表达式	数值表达式的值不等于 0,条件为真
IFE 数值表达式	数值表达式的值等于 0,条件为真
IFB <形参名>	仅用于宏定义,若宏调用时没有提供与形参对应的实参,条件为真
IFNB <形参名>	仅用于宏定义,若宏调用时提供了与形参对应的实参,条件为真
IFDEF 符号	若符号在程序中有定义或已用 EXTRN 伪指令说明,条件为真
IFNDEF 符号	若符号在程序中无定义或未用 EXTRN 伪指令说明,条件为真
IFDIF <字符串 1>,<字符串 2>	若字符串 1 和字符串 2 不相等,条件为真
IFDIFI <字符串 1>,<字符串 2>	若字符串 1 和字符串 2 忽略大小写时不相等,条件为真
IFIDN <字符串 1>,<字符串 2>	若字符串 1 和字符串 2 相等,条件为真
IFIDNI <字符串 1>,<字符串 2>	若字符串 1 和字符串 2 忽略大小写时相等,条件为真

例如,下面的程序段实现根据变量的类型(DB、DW 或 DD),分别汇编不同的程序段。

```
INCRE   MACRO SOURCE,DEST
          ;1-TYPE SOURCE 的值等于 0,即代替 SOURCE 的实参为字节型数据,汇编以下程序段
```

```
IFE       1-TYPE SOURCE
INC       SOURCE
MOV       AL, SOURCE
MOV       DEST,AL
ENDIF
;2-TYPE SOURCE 的值等于 0,即代替 SOURCE 的实参为字型数据,汇编以下程序段
IFE       2-TYPE SOURCE
ADD       SOURCE,2
MOV       AX, SOURCE
MOV       DEST,AX
ENDIF
;4-TYPE SOURCE 的值等于 0,即代替 SOURCE 的实参为双字型数据,汇编以下程序段
IFE       4-TYPE SOURCE
ADD       WORD PTR SOURCE,4
ADC       WORD PTR SOURCE+2,0
MOV       AX,WORD PTR SOURCE
MOV       DEST,AX
MOV       AX,WORD PTR SOURCE+2
MOV       DEST+2,AX
ENDIF
ENDM
```

4.8　常用的 DEBUG 命令

DEBUG 是专门为分析、研制和开发汇编语言程序而设计的一种调试工具,它通过单步执行、设置断点等方式为汇编语言程序员提供了非常有效的调试手段。

4.8.1　DEBUG 程序的调用

调用 DEBUG 程序,可以在 DOS 的提示符下输入命令:

DEBUG　[路径\文件名]　[参数 1]　[参数 2]

其中,文件名是被调试的文件名字,参数 1 和参数 2 则为运行被调试文件时所需要的命令参数。如用户输入文件名,则 DEBUG 将指定的文件装入存储器中,用户可对其进行调试。如果未输入文件名,则用户可以用当前存储器的内容工作,或者需要时再用 N 和 L 命令调入被调试程序。

在 DEBUG 程序调入后,根据有无被调试程序及其类型相应设置寄存器组的内容,发出 DEBUG 的提示符"-",此时就可用 DEBUG 命令来调试程序。

(1) 运行 DEBUG 程序时,如果不带被调试程序,则所有段寄存器值相等,都指向当前可用的主存段;除 SP 之外的通用寄存器都设置为 0,而 SP 指示当前堆栈顶在这个段的尾部;IP＝0100H;状态标志都是清 0 状态。

（2）运行 DEBUG 程序时，如果带入的被调试程序扩展名不是.exe，则 BX.CX 包含被调试文件大小的字节数（BX 为高 16 位），其他同不带被调试程序的情况。

（3）运行 DEBUG 程序时，如果带入的被调试程序扩展名是.exe，则需要重新定位。此时，CS：IP 和 SS：SP 根据被调试程序确定，分别指向代码段和堆栈段。DS＝ES 指向当前可用的主存段，BX.CX 包含被调试文件大小的字节数（BX 为高 16 位），其他通用寄存器为 0，状态标志都是清 0 状态。

4.8.2　DEBUG 的主要命令

DEBUG 命令都是用单个字母表示的，其后可跟一个或多个参数：

字母 ［参数］

使用 DEBUG 命令时的注意事项如下。

（1）字母部分大小写。

（2）只使用十六进制数，没有后缀字母。

（3）分隔符（空格或逗号）只在两个数值之间是必须的，命令和参数间可无分隔符。

（4）每个命令只有按了 Enter 键后才有效，可使用 Ctrl＋Break 组合键终止命令的执行。

（5）命令如果不符合 DEBUG 的规则，则将以"ERROR"提示，并用"^"指示错误位置。

DEBUG 命令参数多数是地址和地址范围。其地址书写格式为：

［段地址：］偏移地址

其中的段地址可以用段寄存器名或一个十六进制数表示，偏移地址用数值表示。

例如：

ES:100
12AB:100

如果不输入段地址，则采用默认值，可以是默认段寄存器值。如果没有输入偏移地址，则通常就是当前偏移地址。

地址范围的书写格式为：

［段地址：］起始偏移地址 终止偏移地址

例如：

CS:100 1FF

或

［段地址：］起始偏移地址 L 长度

又如：

CS:100 L100

需要注意的是，终止偏移地址不能具有段地址，必须和起始偏移地址同一个段；DEBUG 命令中输入的数据和显示的数据都是十六进制数据，不用在数据后加字母"H"后缀。

1. 检查和修改寄存器内容命令 R（Register）

格式：-R[寄存器名|F]

功能：显示和修改 CPU 中寄存器的内容，或显示和修改标志位的状态。

（1）显示 CPU 内所有寄存器内容。使用不带参数的-R 命令，可以显示 CPU 内所有寄存器内容，如图 4-2 所示（图 4-2～图 4-10 是 Pentium 4 微型计算机在 Windows XP 操作系统下运行的结果）。

图 4-2　显示 CPU 内所有寄存器内容

（2）显示和修改 CPU 内某个寄存器内容。使用以寄存器名做参数的 R 命令，可以显示该寄存器内容。若在以冒号"："开头后输入十六进制数值（不要加后缀 H），可以将该寄存器的内容修改为该值，如图 4-3 所示，寄存器 AX 内容被修改为 1234H。

图 4-3　修改 AX 寄存器内容实例

（3）显示标志位的状态。使用以 F 做参数的-R 命令，可以显示标志位的状态，如图 4-4 所示。状态标志寄存器中各个状态标志位的状态用符号表示。

图 4-4　显示标志位的状态

各符号的含义如表 4-5 所示。

表 4-5 标志寄存器中各状态标志位状态符号含义

表示符号	含 义	表示符号	含 义
OV	OF＝1	NV	OF＝0
DN	DF＝1	UP	DF＝0
EI	IF＝1	DI	IF＝0
NG	SF＝1	PL	SF＝0
ZR	ZF＝1	NZ	ZF＝0
AC	AF＝1	NA	AF＝0
PE	PF＝1	PO	PF＝0
CY	CF＝1	NC	CF＝0

2. 显示存储单元命令 D（Dump）

格式：-D［地址｜地址范围］

功能：显示指定地址或地址范围内存储单元的内容，如图 4-5 所示，显示段地址为 13E3，偏移为 100H 开始的存储单元内容。

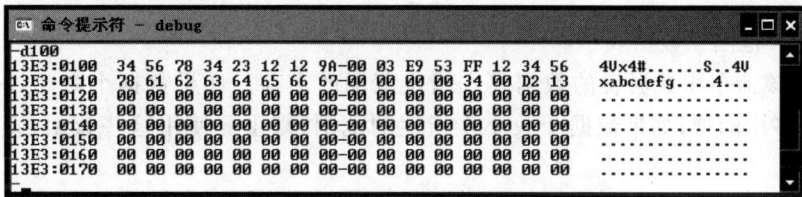

图 4-5 显示内存单元内容实例

（1）不带参数的 D 命令。如果第一次使用，则显示代码段的内容；如果不是第一次使用，将在上一次显示内容的基础上，显示其后 128 个字节单元的内容。

（2）带地址参数的 D 命令。显示指定地址开始的 128 个字节单元的内容，地址中如果省略段前缀，默认的是 DS。例如：

-D 0000

则显示数据段中从 0000H 开始的 128 个字节单元的内容。

再如：

-D ES:100H

则显示附加段中从 100H 开始的 128 个字节单元的内容。

（3）带地址范围参数的 D 命令。显示指定地址范围内存储单元的内容。例如：

-D 0000 002A

显示数据段中从 0000H 到 002AH 内存储单元的内容。

3. 修改存储单元命令 E（Enter）

格式：-E［地址 内容表］

功能：将指定地址的内存储单元修改为内容表的内容，如图 4-6 所示，实现了偏移为 100H 开始的 8 个字节修改并显示。

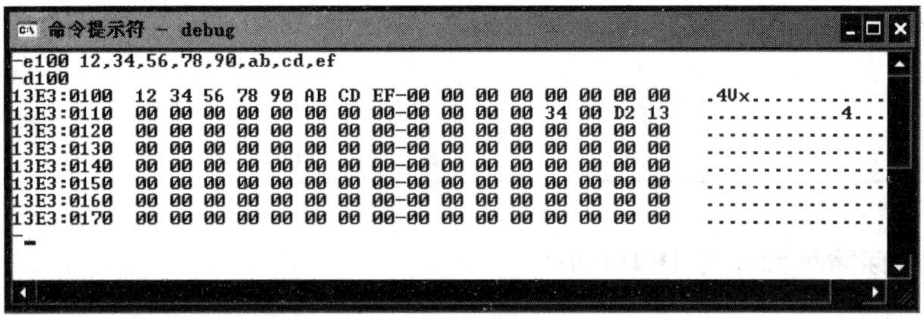

```
命令提示符 - debug
-e100 12,34,56,78,90,ab,cd,ef
-d100
13E3:0100  12 34 56 78 90 AB CD EF-00 00 00 00 00 00 00 00   .4Vx........
13E3:0110  00 00 00 00 00 00 00 00-00 00 00 00 34 00 D2 13   ............4...
13E3:0120  00 00 00 00 00 00 00 00-00 00 00 00 00 00 00 00   ............
13E3:0130  00 00 00 00 00 00 00 00-00 00 00 00 00 00 00 00   ............
13E3:0140  00 00 00 00 00 00 00 00-00 00 00 00 00 00 00 00   ............
13E3:0150  00 00 00 00 00 00 00 00-00 00 00 00 00 00 00 00   ............
13E3:0160  00 00 00 00 00 00 00 00-00 00 00 00 00 00 00 00   ............
13E3:0170  00 00 00 00 00 00 00 00-00 00 00 00 00 00 00 00   ............
-
```

图 4-6　修改内存单元内容实例

4. 填充命令 F（Fill）

格式：F 范围　数据表

功能：该命令用数据表的数据写入指定范围的主存。如果数据个数超过指定的范围，则忽略多出的项；如果数据个数小于指定的范围，则重复使用这些数据，直到填满指定范围。

5. 汇编命令 A（Assemble）

格式：-A［地址］

功能：该命令允许输入汇编语言语句，并能把它们汇编成机器代码，相继地存放在从指定地址开始的存储区中。如果不指定汇编地址，则以 CS：IP 为地址，如图 4-7 所示。

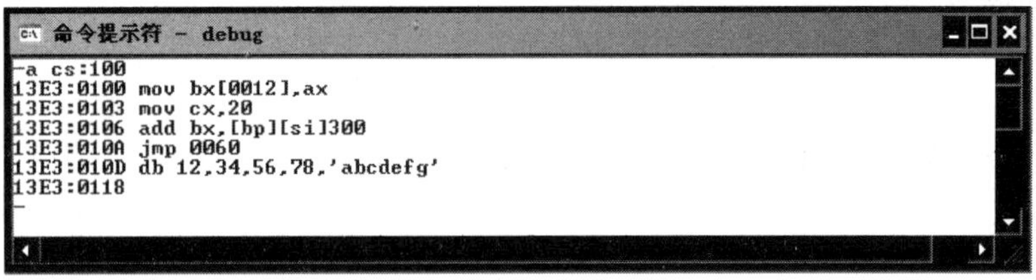

```
命令提示符 - debug
-a cs:100
13E3:0100 mov bx[0012],ax
13E3:0103 mov cx,20
13E3:0106 add bx,[bp][si]300
13E3:010A jmp 0060
13E3:010D db 12,34,56,78,'abcdefg'
13E3:0118
-
```

图 4-7　用汇编命令 A 编写汇编代码实例

6. 反汇编命令 U（Unassemble）

格式：-U［地址］|［地址范围］

功能：将指定地址的机器代码翻译成汇编语言指令显示出来。同时显示地址和代码，如图 4-8 所示。

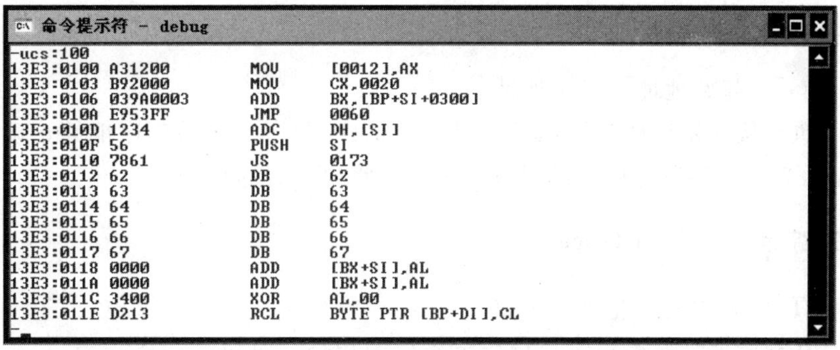

图 4-8　反汇编实例

7．命名命令 N（Name）

格式：-N[驱动器][路径]文件名[.扩展名]

功能：指定要用 L 命令装入内存或用 W 命令写到磁盘的文件的名字，如图 4-9 所示，可把文件 ABC.exe 装入内存储器。

图 4-9　文件命名实例

8．装入命令 L（Load）

格式：-L[地址][驱动器 扇区号 扇区数]

功能：把磁盘上指定文件或指定扇区的内容装入到内存储器从指定地址开始的区域中。如未指定地址，则装入 CS：0100 开始的存储区中。

9．写盘命令 W（Write）

格式 1：W[地址]

功能：格式 1 的 W 命令将指定开始地址的数据写入一个文件（这个文件应该已经用 N 命令命名）；如未指定地址则从 CS：100 开始。要写入文件的字节数应先放入 BX（高字）和 CX（低字）中。如果采用这个 W 命令保存可执行文件，扩展名应是 COM；它不能写入具有 EXE 和 HEX 扩展名的文件。

格式 2：W 地址 驱动器 扇区号 扇区数

功能：格式 2 的 W 命令将指定地址的数据写入指定磁盘的若干扇区（最多 80H）；如果没有给出段地址，则默认是 CS。其他说明同 L 命令。由于格式 2 的 W 命令直接对磁盘写入，没有经过 DOS 文件系统管理，因此一定要特别小心，否则可能无法利用 DOS 文件系统读写。

10. 执行命令 G（Go）

格式：-G[＝起始地址][终止地址]

功能：执行从起始地址开始，到终止地址结束的程序。如果程序能够正确地执行到结束，则显示当前寄存器的执行结果以及下一条将要执行的指令。

11. 跟踪运行命令 T（Trace）

格式：-T[＝起始地址][指令条数]

功能：从起始地址开始跟踪执行指定条数的指令。每执行一条指令，显示所有寄存器内容、状态标志和下一条要执行的指令，如图 4-10 所示，是对图 4-7 汇编指令跟踪。

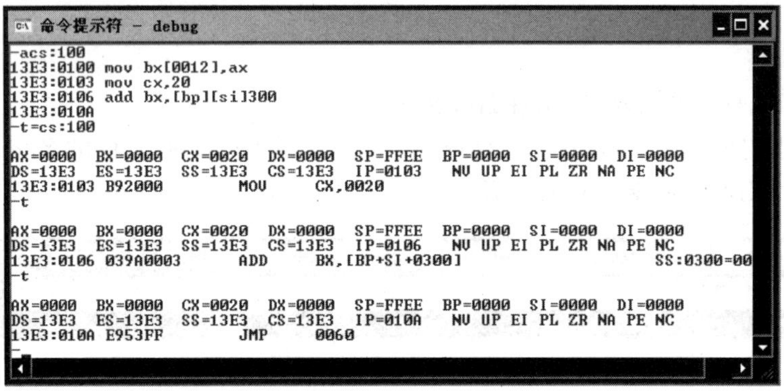

图 4-10　跟踪运行实例

12. 继续命令 P（Proceed）

格式：P[＝地址][数值]

功能：P 命令类似 T 命令，只是不会进入子程序或中断服务程序中。当不需要调试子程序或中断服务程序时，要应用 P 命令，而不是 T 命令。

13. 退出 DEBUG 命令 Q（Quit）

格式：-Q

功能：退出 DEBUG，返回 DOS。

14. 其他命令

DEBUG 还有一些其他命令，具体如下。

1）比较命令 C（Compare）

格式：C　范围　地址

功能：将指定范围的内容与指定地址内容进行比较

2）十六进制数计算命令 H（Hex）

格式：H 数字 1，数字 2

功能：同时计算两个十六进制数字的和与差。

3）输入命令 I(Input)

格式：I 端口地址

功能：从指定 I/O 端口输入一个字节并显示。

4）输出命令 O(Output)

格式：O 端口地址 字节数据

功能：将数据输出到指定的 I/O 端口。

5）传送命令 M(Move)

格式：范围 地址

功能：将指定范围的内容传送到指定地址处。

6）查找命令 S(Search)

格式：S 范围 数据

功能：在指定范围内查找指定的数据。

单元实验 汇编语言程序的调试与运行

实验 1 MASM 使用方法

【实验目的】

掌握汇编语言源程序的编辑、汇编、连接的方法，DEBUG 调试命令及其使用方法。

【实验内容】

编写程序，在显示器上打印"Hello，world!"。

掌握汇编语言源程序编辑、汇编、连接的方法，DEBUG 调试命令及其使用方法。

1. 编辑源程序

汇编语言源程序：用汇编语句编写的解决应用问题的程序。

汇编程序：将汇编语言源程序翻译成机器语言程序的系统。

汇编：将汇编语言程序翻译成机器语言程序的过程。

在编辑汇编语言源程序时，对计算机硬件工作环境无特殊要求，对软件工作环境要求也很简单，只需用建立 ASCII 码文本文件的软件即可。

（1）编辑软件。全屏编辑软件：EDIT.COM、WORD、记事本等。

当输入、建立和修改源程序时，可任选一种编辑软件，不要用格式控制符，要求编辑完成的文件扩展名一定是.asm。

（2）汇编程序。使用宏汇编 MASM.exe。

（3）连接程序。用连接程序 LINK.exe 产生机器代码程序(.obj)文件连接成可执行程序.exe。

（4）辅助工具程序（.exe）。进行汇编语言程序调试和文件格式转换的程序：DEBUG.com 动态调试程序。

2. 汇编源程序

用编辑软件建立的源程序.asm 文件，必须经过汇编才能产生.obj 文件。为此，需输入：

```
C:>MASM<源文件名>
```

或

```
C:>MASM
```

按前一种格式输入，屏幕上显示：

```
Microsoft (R) MASM Compatibility Driver
Copyright (C) Microsoft Corp 1993. All rights reserved.
Invoking: ML.EXE /I. /Zm /c /Ta tst.ASM
Microsoft (R) Macro Assembler Version 6.11
Copyright (C) Microsoft Corp 1981-1993. All rights reserved.
```

3. 连接目标程序

汇编后生成的.obj 文件，其所有目标代码的地址都是浮动的偏移地址，机器不能直接运行。必须用连接程序（LINK.exe）对其进行连接装配定位，产生.exe 可执行文件，方可运行。

在系统提示符下输入：

```
LINK<目标程序文件名>或 LINK
```

屏幕上出现以下提示信息：

```
Microsoft (R) Segmented Executable Linker Version 5.31.009 Jul 13 1992
Copyright (C) Microsoft Corp 1984-1992. All rights reserved.
Run File [<file>.exe]]:
List File [nul.map]:
Libraries [.lib]:
Definitions File [nul.def]:
```

连接后，可生成.exe。

4. 运行程序

经过汇编、连接后生成的.exe 文件，可在 DOS 系统直接运行，只要输入相应的文件名即可，如 C:\MASM><文件名>。

DOS 的 COMMAND.COM 模块将该程序装配到内存，并设置和分配启动地址。也可在 DEBUG 调试程序下运行。

【实验参考程序】

```
        STACK SEGMENT STACK                                      ;定义堆栈段
                DW 512 DUP(?)                                    ;堆栈段的大小是 1024 字节(512 字)空间
        STACK ENDS                                               ;堆栈段定义结束
        DATA SEGMENT                                             ;定义数据段
        STRING DB 'Hello, world!',0DH,0AH,'$'                    ;在数据段定义要显示的字符串
        DATA ENDS                                                ;数据段定义结束
        CODE SEGMENT 'CODE'                                      ;定义代码段
        ASSUME          CS:CODE, DS:DATA, SS:STACK      ;确定 CS/DS/SS 指向的逻辑段
        START: MOV AX, DATA                                     ;设置数据段的段地址
                MOV             DS, AX
                MOV             DX, OFFSET STRING        ;利用 DOS 功能调用显示信息
                MOV             AH,9
                INT             21H
                MOV             AX, 4C00H                ;利用系统功能调用返回 DOS
                INT             21H
        CODE    ENDS                                             ;代码段结束
                END             START    ;汇编结束,同时表明程序起始点为标号 start 处的指令
```

实验 2   DEBUG 命令

【实验目的】

DEBUG 调试命令及其使用方法

【实验内容】

编写程序,完成将 AX 中的十六进制数(123D)拆为 3 个 BCD 码,并存入 RESULT 开始的 3 个单元,再汇编、连接。

掌握 DEBUG 调试命令及其使用方法。

1. DEBUG 程序使用

在 DOS 提示符下输入命令:

C>DEBUG [盘符:][路径][文件名.exe][参数 1][参数 2]

这时屏幕上出现 DEBUG 的提示符"-",表示系统在 DEBUG 管理之下,此时可以用 DEBUG 进行程序调试。若所有选项省略,仅把 DEBUG 装入内存,可对当前内存中的内容进行调试,或者再用 N 和 L 命令,从指定盘上装入要调试的程序;若命令行中有文件名,则 DOS 把 DEBUG 程序调入内存后,再由 DEBUG 将指定的文件名装入内存。

2. DEBUG 的常用命令使用

(1)利用汇编命令 A,对目标程序的修改。

（2）利用反汇编命令 U 将指定范围的内存单元中的目标代码转换成汇编指令。

（3）利用显示、修改寄存器命令 R：若给出寄存器名，则显示该寄存器的内容并可进行修改。

（4）利用显示存储单元命令 D 功能显示结果。

（5）使用修改存储单元命令 E 修改从起始地址开始的多个存储单元内容，即用内容表指定的内容来代替存储单元当前内容。

（6）使用运行命令 G 来运行程序。

（7）使用跟踪命令 T 来跟踪程序。

（8）使用指定文件命令 N 指定即将调入内存或从内存写入磁盘的文件名。

（9）使用装入命令 L 将指定扇区的内容装入到指定起始地址的存储区中。

（10）使用写磁盘命令 W 把指定地址开始的内容数据写到磁盘上指定的扇区中。

（11）使用退出命令 Q 退出 DEBUG，返回到操作系统。

【实验参考程序】

```
DATA        SEGMENT
RESULT      DB 3 DUP(?)
DATA        ENDS
STACK       SEGMENT STACK'STACK'
STA         DB      20 DUP(?)
TOP         EQU     LENGTH STA
STACK       ENDS
CODE        SEGMENT
            ASSUME  CS:CODE , DS:DATA , SS:STACK , ES:DATA
START:      MOV     AX, DATA
            MOV     DS, AX
            MOV     AX, STACK
            MOV     SS, AX
            MOV     AX, TOP
            MOV     SP, AX
            MOV     AX, 123
            MOV     CL, 100
            DIV     CL
            MOV     RESULT, AL
            MOV     AL, AH
            MOV     AH, 0
            MOV     CL, 10
            DIV     CL
            MOV     RESULT+1, AL
            MOV     RESULT+2, AH
            MOV     AH,4CH
            INT     21H
CODE        ENDS
            END     START
```

单元测试 4

一、选择题

1. 变量是存储单元的（　　）。
   A. 符号地址　　　　B. 段地址　　　　C. 偏移地址　　　　D. 常数

2. 段名是（　　）。
   A. 符号地址　　　　B. 标号　　　　C. 变量　　　　D. 段地址

3. 不能表示存储单元逻辑地址的是（　　）。
   A. 变量名　　　　B. 标号名　　　　C. 段名　　　　D. 符号常数

4. 在存储器中定义 30 个字长的数据缓冲区的伪指令是（　　）。
   A. BUFF EQU 30　　　　　　　　　B. BUFF DW 30 DUP(?)
   C. BUFF DW 30　　　　　　　　　D. BUFF DB 30 DUP(?)

5. 下列操作中允许使用段超越前缀的是（　　）。
   A. 取指令　　　　　　　　　　　　B. 存目的串
   C. 以 BP 为基址存取操作操作　　　D. 堆栈操作

6. 设有如下指令序列：

   ```
   VARY1        EQU    BYTE PTR VARY2
   VARY2        DW     0ABCDH
                ...
                SHL    VARY1,1
                SHR    VARY2,1
   ```

   上述指令执行后，VARY2 字存储单元内容是（　　）。
   A. 0ABCDH　　　B. 0BCDEH　　　C. 55CDH　　　D. 0AB55H

7. 汇编语言语句格式中，根据对符号名的规定，请指出错误的解释（　　）。
   A. 名字的第一个字符只可是大小写英文字母及?、@、_等
   B. 名字的第一个字符可以是数字
   C. 名字的有效长度≤31 个字符
   D. 名字的最后一个字符可以是数字

8. 下列语句中能实现留空 8 个字节单元的语句是（　　）。
   A. DATA1　DT ?　　　　　　　　B. DATA2 DW 　?
   C. DATA3　DD ?　　　　　　　　D. DATA4 DQ 　?

9. BUFF DW 10H DUP(3 DUP (2,50)3,4 ,5)

   上述语句汇编后，为变量 BUFF 分配的存储单元字节数是（　　）。
   A. 90H　　　　B. 100H　　　　C. 50H　　　　D. 120H

10. 在汇编语言源程序的开发过程中使用宏功能的顺序是（　　）。

      A. 宏定义、宏调用　　　　　　　　　　B. 宏定义、宏展开

      C. 宏定义、宏调用　　　　　　　　　　D. 宏定义、宏展开、宏调用

11. 在汇编语言源程序中，每个语句可以由四项组成，如语句要完成一定功能，那么该语句不可省略的项是(　　)。

      A. 名字　　　　　B. 操作码　　　　　C. 操作数　　　　　D. 注释

12. 在汇编语言源程序中，对 END 语句的叙述正确的是(　　)。

      A. END 语句是一可执行语句

      B. END 语句表示程序执行到此结束

      C. END 语句表示源程序到此结束

      D. END 语句在汇编后产生机器代码

13. 设数据段中有：

```
DATA1    DB    10H,00H
DATA2    DW    20H,30H
```

在下面指令中，使用变量有错误的是(　　)。

      A. MOV　DATA1+1,AX

      B. MOV　BYTE PTR　DATA2,AL

      C. ARRD　DW　TATA1

      D. MOV　WORD　PTR　DATA+1,AX

14. 下面对伪指令的说法正确的是(　　)。

      A. 汇编程序将伪指令翻译成机器代码

      B. 伪指令在执行时完成其功能

      C. 伪指令的功能是指引导汇编程序在汇编过程中所完成的操作

      D. 当汇编结束后，目标程序中仍保留伪指令

15. 设定义 BUF DW 50 DUP(0)，则指令"MOV DX,SIZE BUFF"的等效指令是(　　)。

      A. MOV　DX,50　　　　　　　　　　B. MOV　DX,100

      C. MOV　DX,200　　　　　　　　　　D. MOV　DX,50 DUP(0)

16.
```
NUMBER   EQU   81H
DATA     DB 49H
         ...
XOR      DATA,NUMBER
```

上述语句执行后 DATA 中的内容是(　　)。

      A. 81H　　　　　B. 49H　　　　　C. C8H　　　　　D. 89H

17. 与数据定义伪指令 DA DW 0123 等效的语句是(　　)。

      A. MOV　WORD　PTR DA,'123H'

      B. MOV　DA,123

      C. MOV　BYTE PTR DA,0123H

     D. MOV　DA,'123H'

18. 如数据段段名为 DATA,它的起始地址为 2000H：1000H,程序中给数据段寄存器 DS 赋值正确的方法是(　　)。

    A. MOV　DS,2000H   B. MOV　DS,DATA
    C. ASSUME DS：DATA   D. MOV　AX,DATA
                                      MOV　DS,AX

19. 设有以下指令序列：

```
DY1    DW    12H,34H,56H,78H,9AH
DY2    DW    $—DY1
       …
       MOV   CX,DY2
```

试问上述指令序列执行后,CX 的内容是(　　)。

    A. 10H   B. 04H   C.12H   D. 08H

20. 设有以下指令序列：

```
       ORG   0120H
VARA   DW    10H,15H,$+24H
       …
       MOV   AH,BYTE PTR VARA+4
```

执行上述程序后 AH 中的内容是(　　)。

    A. 14H   B. 48H   C. 20H   D. 24H

二、填空题

1. 存放一条指令的存储单元的符号地址称为_____。

2. 存放数据的存储单元的符号地址称为_____。

3. 变量和标号都具有 3 种属性,即_____、_____、_____。

4. 变量的类型属性是指该变量对应存储单元的_____,常用的变量类型有_____、_____、_____等。

5. 在数据段定义一个字符串,一般采用的伪指令是_____。

6. 标号有两种类型,分别是可供段内引用的标号和段间引用的标号,它们的属性分别是_____和_____。

7. 在程序中不产生任何机器代码,仅用以指示、引导汇编的语句称为_____。

8. 使用宏指令的意义在于,用一条宏指令来代替_____,从而简化源程序的书写。

9. 在指令中,若源操作数是符号常数或段名,则将其看作_____;若是变量或标号,则将其看作_____。

10. 在源程序中定义一个逻辑段,使用_____语句表示段的开始,使用_____语句表示段的结束。

11. 在源程序的最后总要设置一条伪指令_____,以示源程序到此结束,停止汇编。

12. 变量或标号的段属性是指定义变量/标号语句的_____，变量或标号的偏移属性是指定义变量/标号段的段首单元到达定义变量/标号语句的_____。

13. 宏是源程序中一段具有独立功能的程序段，它只需要在程序中定义_____次，就可以调用_____次。

14. 在指令语句和伪指令语句中常用符号_____表示地址计数器的当前值。

15. 在源程序中，用以说明（确定）逻辑段与段寄存器之间关系的伪指令是_____，其书写格式为_____。

16. 在程序里可用两种符号定义伪指令，即_____或_____来定义一个符号，若定义一个符号常数 CONT 为 10，则可用_____语句或_____语句来定义。

17. 数据定义伪指令"DW 2 DUP(2,3 DUP(1,0))"定义了_____个字数据，它们的排列顺序是_____，共占用_____个字节单元。

18. 如某过程与调用的主程序处在同一代码段，这样的过程属性是_____，与程序处于不同的代码段，则该过程的属性是_____。

19. 数据定义语句

```
BUFF1   DW  ?
BUFF2   EQU BYTE PTR BUFF1
```

当汇编后，PTR 类型操作符使 BUFF2 的段属性与 BUFF1 _____，偏移属性与 BUFF1 _____、类型属性与 BUFF1 _____。

20. 在数据段或代码段中，常用伪指令"ORG n"来定义本段的偏移地址初值，该初值的范围是_____。

三、判断题

1. 伪指令语句的功能在汇编阶段已经全部完成，所以不产生相应的目标代码。

（　　）

2. 标号是一条指令的符号地址，每条指令前都需要标号。　　　　　　　　（　　）

3. 所有汇编表达式的数据计算或操作都需要是在程序运行时完成。　　　　（　　）

4. 关系运算符既可用于比较数值表达式，又可用于比较地址表达式。　　　（　　）

5. PTR 运算符可以修改变量或标号的类型。　　　　　　　　　　　　　　（　　）

6. 等号语句和等值语句都不能对同一个符号重复定义。　　　　　　　　　（　　）

7. 使用宏指令，可以避免重复书写相同的语句序列，并减少目标代码长度。（　　）

8. 调用有参数的宏，实参应与宏定义中的形参顺序一致、类型相同、个数相等。

（　　）

9. LOCAL 伪指令保证汇编时生成名字的唯一性。　　　　　　　　　　　　（　　）

10. 所谓条件汇编，就是根据条件来确定是否执行某个目标程序段。　　　　（　　）

四、程序分析题

1. 有程序代码段如下：

```
DATA1     DB      23H,22H,34H,64H…
BUFF      DB      50 DUP(?)
NUM       EQU     BUFF-DA1
          …
          LEA     BX, DATA1
          LEA     SI, BUFF
          MOV     AL,2
          XLAT
          MOV     [SI],AL
```

分析上述程序代码段执行后,实现什么功能?

2. 有程序代码段如下:

```
DATA1     DW      3000H,?
          …
          MOV     BX,210H
          LEA     DI, DATA1
          ADD     BX,[DI]
          MOV     AX,BX
          MOV     [DI+2],BX
          SUB     AX,1000H
          MOV     DATA1,AX
```

分析上述程序段执行后 AX、BX 寄存器和 DATA1、DATA1＋2 单元的内容分别是什么?

3. 有程序代码段如下:

```
DATA1     =       10
          MOV     AX,DATA1
DATA1     =       2 * DATA1
          MOV     DX,DATA1
          XCHG    DX,AX
          SUB     AX,DX
```

分析上述程序代码段执行后, DX、AX 寄存器的内容是什么?

4. 有程序代码段如下:

```
ADDR1     DD      10001234H,20005678H
          …
          ORG     200H
DATA1     DW      ADDR1
          …
          LEA     BX, DATA1
          LDS     SI, ADDR1
          LES     DI, ADDR1
```

分析上述程序代码段执行后，BX、DS、ES、SI、DI 寄存器的内容分别是什么？

5. 有程序代码段如下：

```
CN1     EQU     2000H
CN2     EQU     -2
        MOV     AX,CN2
        MOV     BX,CN1
        MOV     DS:[2000H],AX
        INC     WORD PTR[BX]
        INC     AX
```

分析上述程序代码段执行后，AX、BX 寄存器和(DS：2000H)单元的内容分别是什么？

6. 有程序代码段如下：

```
DATA    SEGMENT
        ORG     200
NUM1    DW      15   DUP(?)
NUM2    =       $
        ORG     $+10
...
        ORG     OFFSET  NUM1+100
NUM3    DB      NUM2     DUP(1,0,-1)
```

试问上述程序：

(1) NUM3 的偏移地址是多少？

(2) 为变量 NUM3 分配了多少个字节单元？

7. 有程序代码段如下：

```
        ORG     200H
DATA1   DW      3456H,1000H
DATA2   DW      1045H,2000H
        ...
        MOV     BX,OFFSET DATA1
        LEA     SI,DATA2
        MOV     AX,2[BX]
        ADD     AX,2[SI]
        MOV     DATA2,AX
```

分析上述程序代码段执行后，DATA1、DAT2+1 单元和 BX、SI 寄存器的内容分别是什么？

8. 有程序代码段如下：

```
        ORG     100H
DATA1   DW      1234H,5678H
        LEA     BX, DATA1
```

```
MOV     AX,[BX]
MOV     CX,2[BX]
PUSH    AX
PUSH    CX
POP     AX
POP     CX
```

分析上述程序代码段执行后，AX、BX、CX 的内容分别是什么？

9. 有程序代码段如下：

```
        ORG     1000H
DATA1   DD      12345678H,0ABH,0CDH
ADDR    DW      DATA1,DATA1+4
        LEA     BX,DATA1
        MOV     AX,OFFSET  ADDR
        MOV     SI,ADDR
        MOV     CX,[SI]
        MOV     DX,[SI+2]
        INC     BYTE PTR[SI+2]
```

分析上述程序代码段执行后，BX、AX、CX、DX、SI、(SI＋2)的内容分别是什么？

10. 有程序代码段如下：

```
DATA    SEGMENT
X1      EQU     90
Y1      =20 * 5
DA1     DB      X1 EQ Y1,X1 NE Y1
DA2     DW      X1 LE Y1
DATA    ENDS
        ...
        MOV     AX,WORD  PTR  DA1
        MOV     BX, DA2
        MOV     DX,DA2-DA1
```

分析上述程序代码段执行后，AX、BX、DX 的内容分别是什么？

五、简答题

1. 简述汇编语言中名字的命名规则。

2. 汇编语言语句如何分类？简要说明每类语句的格式和作用。

3. 举例说明等值语句和等号语句的区别。

4. 汇编语言表达式分为几类？分别可以使用哪些操作符？

5. 标号和变量具有哪 3 种属性？各属性的作用是什么？

6. 指出 80x86 汇编语言程序中段的类型有几种,各段如何定义？段定义中的参数各起什么作用？

   7. 什么是宏指令语句？使用宏指令语句的意义是什么？如何使用？

   8. 条件汇编技术和重复汇编技术分别适用于什么情况？

   9. 怎样在机器上建立、编辑、汇编、连接、运行和调试一个汇编语言源程序。

   10. 简述常用的 DEBUG 调试命令及其使用方法。

第5章

汇编语言程序设计基本技术

5.1 顺序程序设计

顺序结构是最基本的程序结构。顺序结构程序在设计上比较简单,它按指令书写的先后次序执行一系列操作,程序流程中无分支、无循环,这种程序也称为直线程序。其结构如图 5-1 所示。

【例 5-1】 对于 3 个 8 位无符号数 81H、52H 和 15H,编写 $R = 81H * 52H + 15H$ 的程序。

分析:可以在数据段中定义一个字节型变量,依次存放 3 个 8 位无符号数 81H、52H 和 15H,前两个无符号数的乘积为 16 位数,因此第三个数在与其相加之前要扩展成 16 位数。程序流程图如图 5-2 所示。

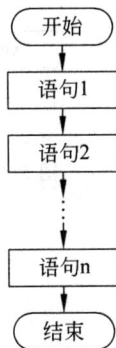

图 5-1 顺序程序结构

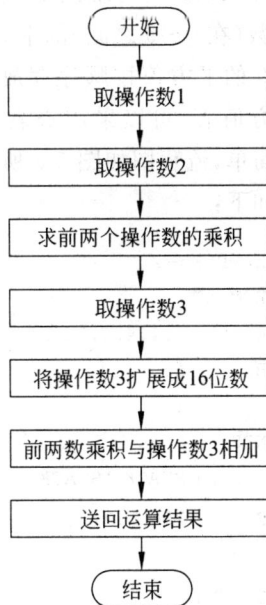

图 5-2 例 5-1 程序流程图

程序代码如下：

```
DATA      SEGMENT
NUM       DB      81H,52H,15H
RESULT    DW      ?
DATA      ENDS
CODE      SEGMENT
          ASSUME  CS:CODE,DS:DATA
START:    MOV     AX,DATA
          MOV     DS,AX
          LEA     SI,NUM              ;将 NUM 偏移地址装入 SI
          LEA     DI,RESULT           ;将 RESULT 偏移地址装入 DI
          MOV     AL,[SI]             ;将第一个数存入 AL
          MOV     BL,[SI+1]           ;将第二个数存入 BL
          MUL     BL                  ;两数相乘,结果存入 AX
          MOV     BL,[SI+2]           ;将第三个数存入 BL
          MOV     BH,0                ;将 BH 清 0
          ADD     AX,BX               ;前两个数的乘积与第三个数相加
          MOV     [DI],AX             ;存回结果
          MOV     AH,4CH
          INT     21H
CODE      ENDS
          END     START
```

【例 5-2】 以 BUF 为首址的 10 个字节单元中按顺序存放着 0～9 的平方值表。查表求 X 单元中数(在 0～9 之间)的平方值并送回 Y 单元。

分析：0～9 的平方值按顺序存放在连续的内存单元中，即被组织成平方值表，可以采用查表指令来实现程序功能。程序流程比较简单，流程图如图 5-3 所示。

程序代码如下：

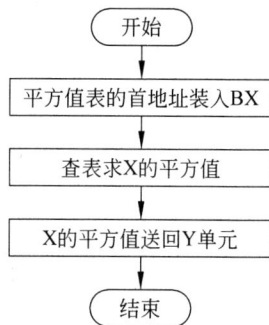

图 5-3　例 5-2 程序流程图

```
NAME      EXAMPLE5-2
DATA      SEGMENT
BUF       DB      0,1,4,9,16,25,36,49,64,81
X         DB      6
Y         DB      ?
DATA      ENDS
STACK     SEGMENT STACK 'STACK'
          DB      100 DUP(?)
STACK     ENDS
CODE      SEGMENT
          ASSUME  CS:CODE,DS:DATA,SS:STACK
START:    MOV     AX,DATA
          MOV     DS,AX
```

```
        LEA     BX, BUF              ;将平方值表的首地址装入 BX
        MOV     AL,X
        XLAT                         ;查表求 X 的平方值
        MOV     Y,AL                 ;将 X 的平方值送回 Y 单元
        MOV     AH,4CH
        INT     21H
CODE    ENDS
        END     START
```

【例 5-3】 把存储单元 NUM1 和 NUM2 中的两个压缩 BCD 数相加,结果存入存储单元 SUM。

分析:把存储单元 NUM1 和 NUM2 中的两个压缩 BCD 数相加,流程图如图 5-4 所示。

程序代码如下:

```
NAME    EXAMPLE5-3
DATA    SEGMENT
NUM1    DB      34H
NUM2    DB      52H
SUM     DB      2 DUP(?)
DATA    ENDS
CODE    SEGMENT
        ASSUME  CS:CODE.DS:DATA
START:  MOV     AX,DATA
        MOV     DS,AX
        MOV     AL, NUM1             ;将 NUM1 单元的内容存入 AL
        ADD     AL, NUM2             ;将 NUM2 单元的内容加到 AL 上
        DAA                          ;将 AL 中的加和调整为压缩 BCD 码
        MOV     SUM,AL               ;将 AL 的内容存入 SUM 单元
        LAHF                         ;将 FLAG 低字节送入 AH
        AND     AH,01H               ;将相加后产生的进位放在 AH 中
        MOV     SUM+1,AH             ;将相加后产生的进位存入 SUM+1 单元
        MOV     AH,4CH
        INT     21H
CODE    ENDS
        END     START
```

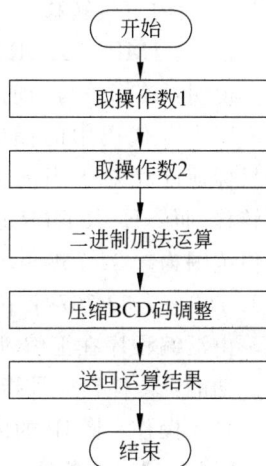

图 5-4　例 5-3 程序流程图

5.2　分支程序设计

在实际应用中,往往希望程序能够对自身执行情况进行自动判断,根据判断的结果控制程序选择不同的程序段执行,这时可以使用分支结构的程序来实现。在 80x86 系列微机中,转移指令是一组可以在程序执行过程中,根据不同情况进行程序转移的控制类指令,是实现分支程序设计的基础。所以要编写分支程序,必须先学习各种转移指令。

5.2.1　转移指令

转移指令可分为无条件转移指令和条件转移指令。

1. 无条件转移指令

无条件转移指令的功能是使程序无条件地转移到指定的目标地址处。无条件转移指令执行后，程序将从目标地址处的指令开始继续执行。

1）段内直接转移

格式：JMP［SHORT｜NEAR PTR］标号

说明：该标号与当前无条件转移指令处于同一个代码段中。格式中的 SHORT 运算符表明指令代码中的操作数是 8 位偏移量，用补码表示。取值范围为－128～＋127，即目标地址相对于当前无条件转移指令的偏移量在－128～＋127 字节范围内，称为短转移。而 NEAR PTR 运算符表明指令代码中的操作数是 16 位偏移量，用补码表示。取值范围为－32 768～＋32 767，即目标地址相对于当前无条件转移指令的偏移量在－32 768～＋32 767 字节范围内，称为近转移。SHORT 和 NEAR PTR 都可以省略不写。由汇编程序在汇编过程中自行计算得出是 8 位偏移量或 16 位偏移量。

功能：转移到标号指定的代码处执行。

具体操作：将 IP 的内容修改为标号的偏移地址，CS 的内容不变。

【例 5-4】 无条件段内直接转移示例。

```
CODE    SEGMENT
        JMP     SHORT  LAB1
        ⋮
LAB1:   MOV     AH,20H
        ⋮
CODE    ENDS
```

上例中，JMP 指令与 LAB1 标号在同一个代码段中，且两者距离在 127 字节之内，属于段内直接短转移。

2）段内间接转移

格式：JMP 存储单元地址

说明：该存储单元与当前无条件转移指令处于同一个代码段中。

功能：转移到指定的存储单元地址所在处的代码执行。

具体操作：将 IP 的内容修改为存储单元的偏移地址，CS 的内容不变。

【例 5-5】 无条件段内间接转移示例。

```
CODE    SEGMENT
        ⋮
        JMP WORD PTR[BX]
        ⋮
CODE    ENDS
```

上例中，JMP 指令与 WORD PTR[BX]所指的单元在同一个代码段中，属于段内间接转移，需修改 IP 的值。

3）段间直接转移

格式：JMP　FAR　PTR 标号

说明：该标号与当前无条件转移指令处于不同的代码段。

功能：转移到标号指定的代码处执行。

具体操作：将 IP 的内容修改为标号的偏移地址，将 CS 的内容修改为标号所在段的段地址。

【例 5-6】　无条件段间直接转移示例。

```
CODE1    SEGMENT
          ⋮
         JMP      SHORT LAB1
          ⋮
CODE1    ENDS
CODE2    SEGMENT
          ⋮
LAB1:    ADD      AL,1
          ⋮
CODE2    ENDS
```

上例中，JMP 指令与 LAB1 分别在代码段 CODE1、CODE2 中，属于段间直接转移，需同时修改 IP 和 CS 的值。

4）段间间接转移

格式：JMP　DWORD　PTR 存储单元地址

功能：转移到指定的存储单元地址所在处的代码执行。

具体操作：将 IP 的内容修改为存储单元的偏移地址，将 CS 的内容修改为存储单元地址所在段的段地址。

【例 5-7】　无条件段间间接转移示例。

```
CODE    SEGMENT
         ⋮
        JMP DWORD PTR[BX]
         ⋮
CODE    ENDS
```

上例中，JMP 指令与 WORD PTR[BX]所指的单元不在同一个代码段中，属于段间间接转移，需同时修改 IP 和 CS 的值。

2. 条件转移指令

条件转移指令以某些标志位的值或标志位的逻辑运算结果为依据，满足条件，程序转移至指定目标；不满足条件，程序顺序执行。需要注意的是，条件转移的目标地址偏移量在−128～＋127 字节的范围之内。

条件转移指令的一般格式如下：

```
JXX    目标地址
```

其中 XX 由 1～3 个字母组成，表示转移条件。如果条件成立，则程序转移到指定的目标地址，否则顺序向下执行。条件转移指令将前面的指令已设置的标志位状态作为条件。

下面分类讨论条件转移指令。

（1）检测单个标志位实现转移的条件转移指令，如表 5-1 所示。这组指令是根据一个标志位的状态来决定是否转移。

表 5-1　检测单个标志位的条件转移指令

指令名称	测试条件	说　　明
JC	CF＝1	有进位/有借位转移
JNC	CF＝0	无进位/无借位转移
JO	OF＝1	有溢出转移
JNO	OF＝0	无溢出转移
JP/JPE	PF＝1	有偶数个 1 转移
JNP/JPO	PF＝0	有奇数个 1 转移
JS	SF＝1	负数转移
JNS	SF＝0	正数转移
JZ/JE	ZF＝1	结果为 0/相等转移
JNZ/JNE	ZF＝0	结果不为 0/不相等转移

【例 5-8】　检测单个标志位 CF 的条件转移指令示例。

设 AH＝40H

```
        SHL     AH,1      ;AH左移1位,最高位移入CF
        JNC     LAB2      ;若CF=1,则顺序执行LAB1处的指令,否则转向LAB2
LAB1:   ...
          ⋮
LAB2:   ...
          ⋮
```

（2）根据两个无符号数的比较结果实现转移的条件转移指令，如表 5-2 所示。

表 5-2　无符号数比较条件转移指令

指令名称	测 试 条 件	说　　明
JA/JNBE	CF＝0 AND ZF＝0	大于/不小于等于转移
JAE/JNB	CF＝0 OR ZF＝1	不小于/大于等于转移
JB/JNAE	CF＝1 AND ZF＝0	小于/不大于等于转移
JBE/JNA	CF＝1 OR ZF＝1	不大于/小于等于转移

【例 5-9】　根据两个无符号数的比较结果实现转移的条件转移指令示例。

设 AH＝88H

```
CMP    AH,80H    ;AH 的内容与 80H 比较
JB     LAB2      ;若 AH 中的无符号数大于等于 80H,则顺序执行 LAB1 处的指令;
                 ;否则转向 LAB2
LAB1: …
      ⋮
LAB2: …
      ⋮
```

（3）根据两个有符号数的比较结果实现转移的条件转移指令，如表 5-3 所示。

表 5-3　有符号数比较条件转移指令

指令名称	测 试 条 件	说　明
JG/JNLE	SF＝OF AND ZF＝0	大于/不小于等于转移
JGE/JNL	SF＝OF OR ZF＝1	不小于/大于等于转移
JL/JNGE	SF≠OF AND ZF＝0	小于/不大于等于转移
JLE/JNG	SF≠OF OR ZF＝1	不大于/小于等于转移

【例 5-10】　根据两个有符号数的比较结果实现转移的条件转移指令示例。

设 AH＝88H

```
CMP    AH,80H    ;AH 的内容与 80H 比较
JL     LAB2      ;若 AH 中的有符号数大于等于有符号数 80H,
                 ;则顺序执行 LAB1 处的指令;否则转向 LAB2
LAB1: …
      ⋮
LAB2: …
      ⋮
```

5.2.2　双分支结构程序设计

双分支结构有两种典型结构，一种结构是根据某一条件成立与否选择两个程序段之一执行；另一种结构是根据某一条件成立与否确定是否执行某个程序段。两种典型双分支结构如图 5-5 所示。

双分支结构程序设计比较简单，在 8086/8088 汇编语言中，编写分支程序一般利用比较指令或其他能够对标志寄存器中的标志位状态有影响的指令，根据运算结果置有关标志位的状态，再利用条件转移指令检查标志位的状态，鉴别某种条件是否成立或者某种情况是否出现，以决定所要执行的分支。

【例 5-11】　编写程序，实现字符比较，若 CH1、CH2 两单元存放的字符相同时，在 RESULT 单元存字符"Y"；否则在 RESULT 单元存字符"N"。

分析：要实现字符比较，可以先置结果为"Y"，利用比较指令 CMP 两个字符进行比较，之后，再利用 JE 指令控制当 ZF＝0（即两个字符不同）时，置结果为"N"。程序流程图

如图 5-6 所示。

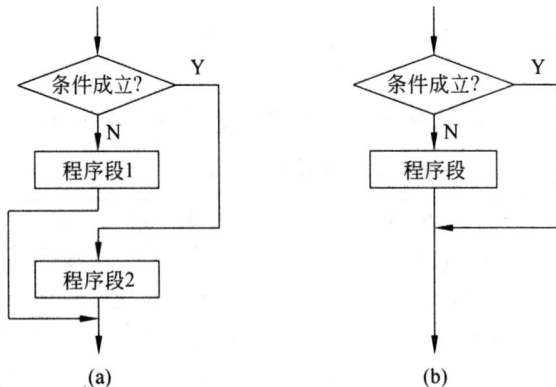

图 5-5 双分支典型结构

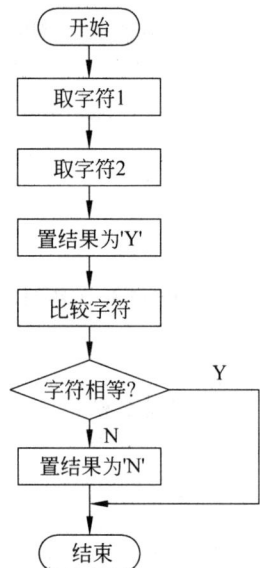

图 5-6 例 5-11 程序流程图

程序代码如下：

```
NAME      EXAMPLE5-11
DATA      SEGMENT
CHR1      DB        'A'
CHR2      DB        'B'
RESULT    DB        ?
DATA      ENDS
CODE      SEGMENT
          ASSUME    CS:CODE,DS:DATA
START:    MOV       AX,DATA
          MOV       DS,AX
          MOV       AL, CHR1          ;将字符'A'送 AL
          MOV       BL, CHR2          ;将字符'B'送 BL
          MOV       RESULT,'Y'        ;将'Y'送 RESULT 单元
          CMP       AL,BL             ;比较 AL 和 BL 中的字符
          JE        NEXT              ;若字符相同,转 NEXT
          MOV       RESULT,'N'        ;若不同,将'N'送 RESULT 单元
NEXT:     MOV       AH,4CH
          INT       21H
CODE      ENDS
          END       START
```

【例 5-12】 设字节存储单元 NUM1 和 NUM2 中各有一无符号数,编写程序将其中较大者送回 NUM1 单元。

分析：要找到两个无符号数中的较大数，可以在比较之后用 JNC 指令考查标志位 CF 的状态，若 CF＝0，则表明 NUM1 中原来的数较大，可直接结束处理；否则，NUM2 中的数较大，将 NUM2 内容传送到 NUM1 之后结束处理。程序流程图如图 5-7 所示。

程序代码如下：

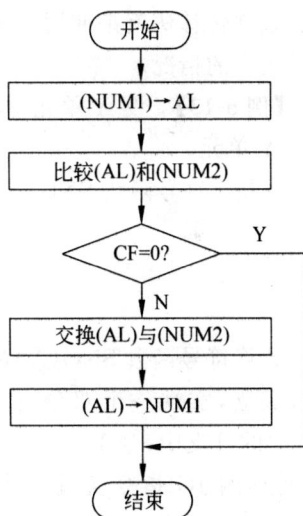

图 5-7　例 5-12 程序流程图

```
NAME      EXAMPLE5-12
DATA      SEGMENT
NUM1      DB        0A9H
NUM2      DB        0B3H
DATA      ENDS
CODE      SEGMENT
          ASSUME    CS:CODE,DS:DATA
START:    MOV       AX,DATA
          MOV       DS,AX
          MOV       AL,NUM1      ;(NUM1)→AL
          CMP       AL,NUM2      ;比较(AL)与(NUM2)
          JNC       NEXT         ;CF=0,转移到 NEXT 处
          XCHG      AL,NUM2      ;交换(AL)与(NUM2)
          MOV       NUM1,AL      ;将(AL)→NUM1
NEXT:     MOV       AH,4CH
          INT       21H
CODE      ENDS
          END       START
```

5.2.3　多分支结构程序设计

多分支程序有两个以上的分支。多分支结构要求考查多个条件，当某个条件成立时，执行其对应分支中的程序段。多分支结构的程序设计比较复杂，常用的实现方法有条件转移法、地址表法和转移表法。其结构如图 5-8 所示。

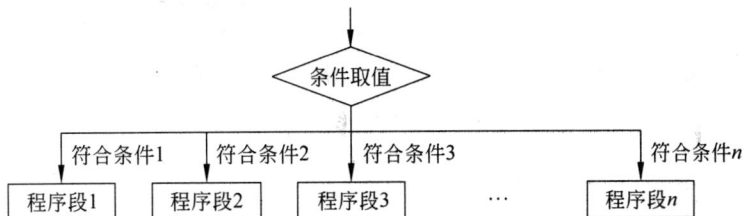

图 5-8　多分支结构示意图

1. 条件转移法

使用一个条件转移指令可以实现一个双分支，使用多个条件转移指令可以实现多分

支。条件转移法就是使用多个条件转移指令来实现多分支结构的方法。一般适用于分支数较少的情况。

【例 5-13】 设 X 单元中存有一个 8 位有符号整数，计算符号函数 SNG(X) 的值，结果送 Y 单元。

分析：符号函数 SNG(X) 的计算公式为：

$$SNG(X)=\begin{cases} 1 & \text{当 } X>0 \text{ 时} \\ 0 & \text{当 } X=0 \text{ 时} \\ -1 & \text{当 } X<0 \text{ 时} \end{cases}$$

计算符号函数 SNG(X) 的值，可以对 X 和 0 进行比较，再利用 JGE 指令根据 $X \geqslant 0$ 是否成立，实现一个双分支，在 $X \geqslant 0$ 不成立（即 $X<0$）的分支中，令 $Y=-1$；在 $X \geqslant 0$ 成立的分支中，再利用 JG 指令实现一个双分支，若 $X>0$ 成立，令 $Y=1$；若 $X=0$ 成立，令 $Y=0$。程序流程图如图 5-9 所示。

程序代码如下：

```
NAME        EXAMPLE5-13
DATA        SEGMENT
X           DB      0B9H
Y           DB      ?
DATA        ENDS
CODE        SEGMENT
            ASSUME  CS:CODE,DS:DATA
START:      MOV     AX,DATA
            MOV     DS,AX
            CMP     X,0             ;比较 X 与 0
            JGE     NEXT1           ;若 X≥0 时,转 NEXT1
            MOV     Y,-1            ;若 X<0 时,则-1→Y
            JMP     EXIT
NEXT1:      JG      NEXT2           ;若 X>0 时,转 NEXT2
            MOV     Y,0             ;若 X=0 时,则 0→Y
            JMP     EXIT
NEXT2:      MOV     Y,1             ;若 X>0 时,则 1→Y
EXIT:       MOV     AH,4CH
            INT     21H
CODE        ENDS
            END     START
```

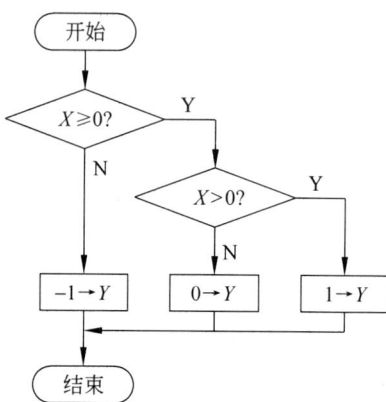

图 5-9　例 5-13 程序流程图

2. 地址表法

利用地址表法实现多分支程序设计的思想是，在数据段中利用 DW 指令将 n 个分支入口处的偏移地址按照顺序放在一段连续的存储区中，构成地址表。设地址表的首地址

为 BASE,则第 i 个分支的入口处的偏移地址为:

表地址=i * 2+BASE

当程序需要转向第 i 个分支时,只需将 $2*i$ 送 BX,并执行指令

```
JMP   BASE[BX]
```

即可实现。

地址表结构如图 5-10 所示。

【例 5-14】 设 NUM 单元中存放一个字节数据,用地址表法编写程序实现从低到高逐位检测该数据,找出第一个非 0 的位数。检测时,为 0 则继续检测,为 1 则转移到对应的处理程序段显示相应的位数。

程序代码如下:

```
NAME      EXAMPLE5-14
DATA      SEGMENT
NUM       DB      78H
ADTAB     DW      AD0,AD1,AD 2,AD3,AD4,AD5,AD6,AD7
                                  ;各分支程序段入口地址形成地址表
DATA      ENDS
CODE      SEGMENT
          ASSUME  CS:CODE,DS:DATA
START:    MOV     AX,DATA
          MOV     DS,AX
          MOV     AL,NUM          ;字节数据存入寄存器 AL
          MOV     DL,'?'
          CMP     AL,0            ;检测字节数据是否为 0
          JZ      DISP            ;若数据为 0,转 DISP
          MOV     BX,0            ;将寄存器 BX 初始化为 0
AGAIN:    SHR     AL,1            ;AL 内的数据右移 1 位,最低位移入 CF
          JC      NEXT            ;若 CF=1,转 NEXT
          INC     BX              ;BX 加 1
          JMP     AGAIN           ;转 AGAIN
NEXT:     SHL     BX,1            ;BX 的内容乘 2
          JMP     ADTAB[BX]       ;计算分支程序段的入口地址,并跳转
AD0:      MOV     DL,'0'          ;第一个非 0 的位数是 0,送入 DL
          JMP     DISP            ;转 DISP
AD1:      MOV     DL,'1'          ;第一个非 0 的位数是 1,送入 DL
          JMP     DISP            ;转 DISP
AD2:      MOV     DL,'2'          ;第一个非 0 的位数是 2,送入 DL
          JMP     DISP            ;转 DISP
AD3:      MOV     DL,'3'          ;第一个非 0 的位数是 3,送入 DL
          JMP     DISP            ;转 DISP
```

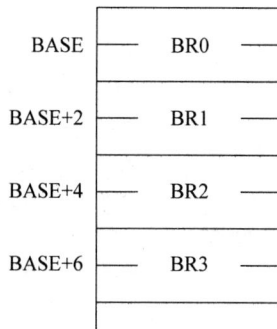

图右侧:

```
BASE     —  BR0
BASE+2   —  BR1
BASE+4   —  BR2
BASE+6   —  BR3
```

图 5-10　地址表示意图

```
AD4:    MOV     DL,'4'          ;第一个非 0 的位数是 4,送入 DL
        JMP     DISP            ;转 DISP
AD5:    MOV     DL,'5'          ;第一个非 0 的位数是 5,送入 DL
        JMP     DISP            ;转 DISP
AD6:    MOV     DL,'6'          ;第一个非 0 的位数是 6,送入 DL
        JMP     DISP            ;转 DISP
AD7:    MOV     DL,'7'          ;第一个非 0 的位数是 7,送入 DL
DISP:   MOV     AH,2            ;将系统调用子程序编号 2 送 AH
        INT     21H             ;2 号功能调用,显示 DL 中的字符
        MOV     AH,4CH
        INT     21H
CODE    ENDS
        END     START
```

3. 转移表法

利用转移表法实现多分支程序设计的思想是,在代码段中把转移到 n 个分支程序段的转移指令 JMP SHORT BRi$(i=0,1,2,3,\cdots,n-1)$依次存放在一起,形成转移表。转移表首地址用标号 BASE 表示,把各转移指令在表中的位置,即离 BASE 的偏移量作为转移条件,偏移量加上表首地址 BASE 作为转移地址,转到表的相应位置,执行相应的无条件转移指令。

以段内短转移为例,一条段内短转移指令占两个字节,则用于转向第 i 个分支的段内短转移指令 JMP SHORT BRi 在代码段中的偏移地址为:

表地址=i * 2+BASE

当程序需要转向第 i 个分支时,只需将 i * 2+BASE 送 BX,并执行指令

```
JMP  BX
```

即可实现

```
JMP  SHORT  BRi
```

指令,进而转向 BRi 分支。

转移表结构如图 5-11 所示。

【例 5-15】 根据输入值(0~4)的不同,执行不同的操作,用转移表法编写程序。

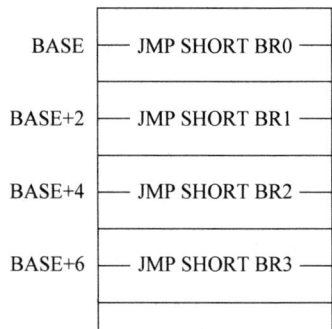

图 5-11 转移表示意图

```
NAME    EXAMPLE5-15
CODE    SEGMENT
        ASSUME  CS:CODE
START:  LEA     BX,TAB          ;转移表 TAB 的偏移地址装入 BX
        MOV     AH,1
        INT     21H             ;从键盘输入一个字符,其 ASCII 码送 AL,并回显
        SUB     AL,30H          ;将 AL 中的字符'0'~'4'转换成数字 0~4
```

```
             MOV      AH,0              ;将 AH 清 0
             ADD      AX,AX            ;AX 的内容乘以 2
             ADD      BX,AX            ;计算应执行的转移指令的表地址,结果存 BX
             JMP      BX               ;无条件跳转到 BX 指示的表地址
TAB:         JMP      SHORT MODE0      ;转移表
             JMP      SHORT MODE1
             JMP      SHORT MODE2
             JMP      SHORT MODE3
             JMP      SHORT MODE4
MODE0:       MOV      DL,30H           ;将字符'0'的 ASCII 码 30H 送 DL
             JMP      EXIT             ;无条件跳转到 EXIT
MODE1:       MOV      DL,31H           ;将字符'1'的 ASCII 码 31H 送 DL
             JMP      EXIT             ;无条件跳转到 EXIT
MODE2:       MOV      DL,32H           ;将字符'2'的 ASCII 码 32H 送 DL
             JMP      EXIT             ;无条件跳转到 EXIT
MODE3:       MOV      DL,33H           ;将字符'3'的 ASCII 码 33H 送 DL
             JMP      EXIT             ;无条件跳转到 EXIT
MODE4:       MOV      DL,34H           ;将字符'4'的 ASCII 码 34H 送 DL
EXIT:        MOV      AH,2
             INT      21H              ;DOS 功能调用,显示 DL 中的字符
             MOV      AH,4CH
             INT      21H
CODE         ENDS
             END      START
```

5.3 循环程序设计

5.3.1 循环控制指令

循环控制指令可以控制程序中的语句序列循环执行。对于 80x86 系列,所有循环指令的循环入口地址都只能在当前 IP 值的 $-128 \sim +127$ 范围之内,即位移量只能是 8 位的,只能使用段内短转移格式。循环控制指令都隐含使用 CX 作为循环计数器。在循环之前,将循环次数送入 CX,在循环过程中,对 CX 进行递减的逆向计数。

1. LOOP 指令

格式：LOOP   目标地址

功能：首先进行循环次数计数,即执行(CX)$-1 \rightarrow$CX。然后判断循环是否结束,若(CX)$\neq 0$,则转向目标地址继续执行循环体;否则循环结束,顺序执行下一条指令。

2. LOOPE/LOOPZ 指令

格式：LOOPE/LOOPZ   目标地址

功能：首先进行循环次数计数，即执行(CX)−1→CX。然后判断循环是否结束，若(CX)≠0 且 ZF＝1,则转向目标地址继续执行循环体;否则循环结束,顺序执行下一条指令。

3. LOOPNE/LOOPNZ 指令

格式：LOOPE/LOOPZ　目标地址

功能：首先进行循环次数计数，即执行(CX)−1→CX。然后判断循环是否结束，若(CX)≠0 且 ZF＝0,则转向目标地址继续执行循环体;否则循环结束,顺序执行下一条指令。

4. JCXZ 指令

格式：JCXZ　目标地址

功能：测试寄存器 CX 现有内容,如(CX)＝0,转移到目标处,否则顺序执行。

5.3.2　串操作指令

所谓串,是指存储器中一序列字节或字单元。指令系统提供的串操作指令可以用来对这一序列字节或字单元的内容进行某种操作。

串操作指令有其独有的寻址方式。源操作数地址由 DS：[SI]表示,目的操作数地址由 ES：[DI]表示。这里的 DS 也可以由其他段寄存器代替,但 ES 不能由其他段寄存器代替。每次执行串操作指令除了对操作数进行相应的操作外,同时自动修改变址寄存器 SI 和 DI 的内容,使它们指向下一个字节或字单元。修改变址寄存器的规则是：如果方向标志位 DF＝0,则根据串的类型是字节串还是字串,将变址寄存器分别加 1 或加 2;如果方向标志位 DF＝1,则对于字节串或字串,变址寄存器分别减 1 或减 2。

为便于对串中多个单元进行操作,指令系统还提供了重复前缀,重复次数由 CX 的内容确定。

1. 重复前缀

1) 重复前缀 REP

格式：REP　串操作指令

功能：重复执行串操作指令,直到(CX)＝0 为止。其执行过程如图 5-12 所示。

2) 零条件重复前缀 REPZ/REPE

格式：REPZ/REPE　串操作指令

功能：重复执行串操作指令,直到(CX)＝0 或者 ZF＝0 为止。其执行过程如图 5-13 所示。

3) 非零条件重复前缀 REPNZ/REPNE

格式：REPNZ/REPNE　串操作指令

功能：重复执行串操作指令,直到(CX)＝0 或者

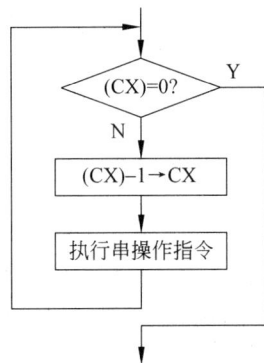

图 5-12　带重复前缀的串操作指令执行过程

ZF＝1 为止。其执行过程如图 5-14 所示。

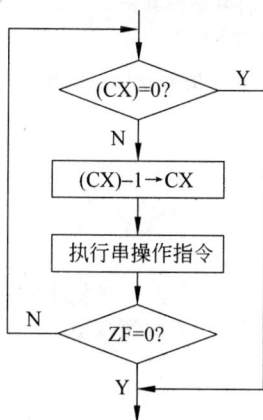

图 5-13　带零条件重复前缀的串操作
指令执行过程

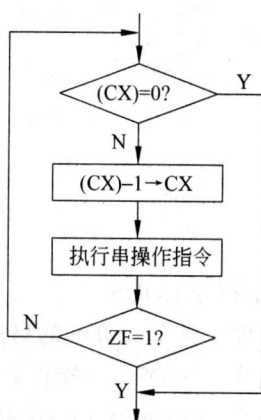

图 5-14　带非零条件重复前缀的串操
作指令执行过程

2. 串操作指令

1）串传送指令 MOVS

格式：串传送指令 MOVS 的格式有显式和隐式两种。

（1）显式：MOVS　目的操作数,源操作数

（2）隐式：MOVSB/ MOVSW

功能：将 DS:[SI]所指的字节或字单元内容传送至 ES:[DI]所指的字节或字单元,同时根据 DF 的内容修改变址寄存器 SI 和 DI 的内容。其中显式格式中虽然有目的操作数和源操作数,但它们只是提供给汇编程序类型检查用,并不改变寻址方式,隐式格式如用 MOVSB,则传送字节数据,如用 MOVSW,则传送字数据。

对标志位的影响：无。

【例 5-16】　已知在数据段从 STR1 单元开始存放了一个字符串,编写程序实现将字符串传送到从 STR2 单元开始的数据区中。要求用串操作指令实现。

```
NAME       EXAMPLE5-16
DATA       SEGMENT
STR1       DB        'This is an example program.'
CNT        EQU       $-STR1
STR2       DB        CNT DUP(?)
DATA       ENDS
CODE       SEGMENT
           ASSUME    CS:CODE, DS:DATA
START:     MOV       AX,DATA
           MOV       DS,AX           ;初始化 DS
           MOV       ES,AX           ;初始化 ES
           MOV       CX,CNT          ;字符串长度送 CX
```

```
          LEA     SI,STR1              ;SI 指向源串起始单元
          LEA     DI,STR2              ;DI 指向目的串起始单元
          CLD                          ;DF 清 0
          REP     MOVSB                ;重复执行串传送指令 MOVSB,次数由 CX 内容确定
          MOV     AH,4CH
          INT     21H                  ;返回 DOS
CODE      ENDS
          END     START
```

2）取串指令 LODS

格式：取串指令 LODS 的格式有显式和隐式两种。

（1）显式：LODS　源操作数

（2）隐式：LODSB/ LODSW

功能：将 DS：[SI]所指的字节或字单元内容传送至寄存器 AL 或 AX,同时根据 DF 的内容修改变址寄存器 SI 的内容。其中显式格式中虽然有源操作数,但它只是提供给汇编程序类型检查用,并不改变寻址方式,隐式格式如用 LODSB,则传送字节数据至 AL,如用 LODSW,则传送字数据至 AX。

对标志位的影响：无。

LODS 指令一般不和重复前缀配合使用。例如：

```
STD
LODSW
```

在上例中,执行一次 LODSW 指令相当于执行下面三条指令：

```
MOV     AX,WORD PTR [SI]
DEC     SI
DEC     SI
```

3）存串指令 STOS

格式：存串指令 STOS 的格式有显式和隐式两种。

（1）显式：STOS　目的操作数

（2）隐式：STOSB/ STOSW

功能：将寄存器 AL 或 AX 的内容传送至 ES：[DI]所指的字节或字单元,同时根据 DF 的内容修改变址寄存器 DI 的内容。其中显式格式中虽然有目的操作数,但它只是提供给汇编程序类型检查用,并不改变寻址方式,隐式格式如用 STOSB,则将 AL 的内容传送字节单元,如用 STOSW,则将 AX 的内容传送至字单元。

对标志位的影响：无。

STOS 指令和重复前缀配合使用,可以将数据区中某一存储区中放入相同的内容。例如：

【例 5-17】　编写程序实现将存储器中从 BUF 单元开始的 50 个字节单元内容置为全 1(0FFH)。要求使用串操作指令实现。

```
NAME      EXAMPLE5-17
DATA      SEGMENT
BUF       DB        50 DUP(?)
DATA      ENDS
CODE      SEGMENT
          ASSUME    CS:CODE, DS:DATA
START:    MOV       AX,DATA
          MOV       DS,AX              ;初始化 DS
          MOV       ES,AX              ;初始化 ES
          MOV       CX,50              ;字符串长度送 CX
          LEA       DI,BUF             ;DI 指向目的串起始单元
          CLD                          ;DF 清 0
          MOV       AL,0FFH            ;数值全 1(0FFH)送 AL
          REP       STOSB              ;重复执行存串指令 STOS,次数由 CX 内容确定
          MOV       AH,4CH
          INT       21H                ;返回 DOS
CODE      ENDS
          END       START
```

4) 串比较指令 CMPS

格式：串比较指令 CMPS 的格式有显式和隐式两种。

(1) 显式：CMPS　目的操作数,源操作数

(2) 隐式：CMPSB/ CMPSW

功能：用 DS：「SI」所指的字节或字单元内容减去 ES：[DI] 所指的字节或字单元内容，并且根据指令执行结果设置标志位，然后根据 DF 的内容修改变址寄存器 SI 和 DI 的内容。

对标志位的影响：ZF、SF、CF、OF、AF 和 PF。

【例 5-18】　已知在数据段中有两个字符串 STR1 和 STR2,编写程序实现两个字符串的比较,若两字符串相等,则将"Y"送 RESULT 单元,否则,将"N"送 RESULT 单元。要求使用串操作指令实现。

```
NAME      EXAMPLE5-18
DATA      SEGMENT
STR1      DB        'This is an example program.'
CNT       EQU       $-STR1
STR2      DB        'This is not an example program.'
RESULT    DB        ?
DATA      ENDS
CODE      SEGMENT
          ASSUME    CS:CODE, DS:DATA
START:    MOV       AX,DATA
          MOV       DS,AX              ;初始化 DS
          MOV       ES,AX              ;初始化 ES
```

```
        MOV     CX,CNT              ;字符串长度送 CX
        LEA     SI,STR1             ;SI 指向源串起始单元
        LEA     DI,STR2             ;DI 指向目的串起始单元
        CLD                         ;DF 清 0
        MOV     RESULT,'Y'          ;将'Y'送 RESULT 单元
        REPZ    CMPSB               ;重复执行串比较指令 CMPS
        JZ      NEXT                ;字符串相等,转 NEXT
        MOV     RESULT,'N'          ;字符串不相等,将'N'送 RESULT 单元
NEXT:   MOV     AH,4CH
        INT     21H                 ;返回 DOS
CODE    ENDS
        END     START
```

5）串扫描指令 SCAS

格式：串扫描指令 SCAS 的格式有显式和隐式两种。

（1）显式：SCAS　目的操作数

（2）隐式：SCASB/ SCASW

功能：用累加器 AL 或 AX 的内容减去 ES：[DI] 所指的字节或字单元内容,并且根据指令执行结果设置标志位,然后根据 DF 的内容修改变址寄存器 DI 的内容。

对标志位的影响：ZF、SF、CF、OF、AF 和 PF。

【例 5-19】　已知在数据段中有字符串 STR1,编写程序实现若 STR1 中存在字符'Z',则将"Y"送 RESULT 单元,否则,将"N"送 RESULT 单元。要求使用串操作指令实现。

```
NAME        EXAMPLE5-19
DATA        SEGMENT
STR1    DB      'ASAFDDSDGZDFGHFHF'
CNT     EQU     $-STR1
RESULT  DB      ?
DATA        ENDS
CODE        SEGMENT
        ASSUME  CS:CODE, DS:DATA
START:  MOV     AX,DATA
        MOV     DS,AX
        MOV     ES,AX               ;初始化 DS、ES
        MOV     CX,CNT              ;字符串长度送 CX
        LEA     DI,STR1             ;SI 指向串起始单元
        MOV     AL,'Z'              ;搜索对象'Z'送 AL
        CLD                         ;DF 清 0
        MOV     RESULT,'Y'          ;将'Y'送 RESULT 单元
        REPNZ   SCASB               ;重复执行串扫描指令 SCAS
        JZ      NEXT                ;字符串中存在字符'Z',转 NEXT
        MOV     RESULT,'N'          ;字符串中不存在字符'Z',将'N'送 RESULT 单元
```

```
NEXT:      MOV     AH,4CH
           INT     21H              ;返回 DOS
CODE       ENDS
           END     START
```

5.3.3　循环程序结构

循环程序有两种基本的结构形式："先循环后判断"和"先判断后循环"。两种结构形式最大的不同之处就是："先循环后判断"形式至少要执行一次循环;而"先判断后循环"形式能够实现循环次数为零的循环,如图 5-15 所示。

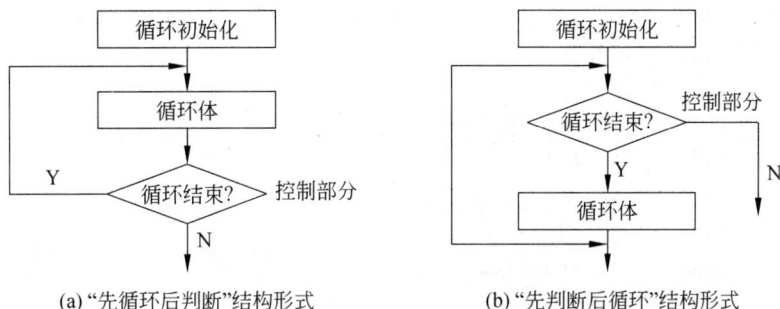

(a) "先循环后判断"结构形式　　　(b) "先判断后循环"结构形式

图 5-15　循环程序结构框图

循环序无论采用哪种结构形式,其程序结构通常都包括循环初始化部分、循环体部分和循环控制部分。

(1) 循环初始化部分:设置循环参数的初始值。包括循环次数的初始值、地址指针的初始值和其他循环参数的初始值等。循环初始化部分在整个循环程序中只执行一遍,但是它决定了循环的起始点。

(2) 循环体部分:这是循环工作的主体部分。循环体中的语句序列主要实现需要重复执行的操作和运算,以及对循环参数的修改。循环参数主要是地址指针、循环计数器和其他循环参数。这些参数通常要按照某种规律进行修改,如±1、±2 等。

(3) 循环控制部分:判断循环条件是否成立,循环条件成立,转移到目标地址重复执行循环体,否则循环结束,顺序执行下一条语句。

【例 5-20】　在以 BUF 为首地址的字节单元中存放了 N 个无符号数,找出其中最大数送入 MAX 字单元。

```
NAME       EXAMPLE5-20
DATA       SEGMENT
BUF        DB      13,72,23,100,123,178,190,13,67,34,24
N          EQU     $-BUF
MAX        DB      ?
DATA       ENDS
CODE       SEGMENT
           ASSUME  CS:CODE, DS:DATA
```

```
START:      MOV       AX,DATA
            MOV       DS,AX
;以下为循环初始化部分
            MOV       CX,N-1
            MOV       BX,OFFSET BUF
            MOV       AL,[BX]
;以下为循环体部分
LOOP1:      INC       BX
            CMP       AL,[BX]
            JAE       NEXT
            MOV       AL,[BX]
NEXT:       DEC       CX
;下一条语句为循环控制部分
            JNZ       LOOP1
            MOV       MAX,AL
            MOV       AH,4CH
            INT       21H
CODE        ENDS
            END       START
```

5.3.4　循环控制方法

循环的控制方法很多，比较常用的方法有计数控制和条件控制。

1. 用计数控制循环

用计数控制循环的使用条件是循环程序初始化时，必须能够确定循环的次数，可以是一个常量或有确定值的变量或表达式，也可以是前面运算或操作的结果。用计数控制循环一般使用 CX 作为循环计数器，每循环一次，CX 计数一次，直到计数器达到预定值，循环结束。

用计数控制循环又分正计数法和倒计数法。正计数法先将循环计数器清 0，每循环一次，CX 加 1，然后将 CX 的内容与预定循环次数进行比较，若 CX 的内容达到预定循环次数，循环结束，否则，转移到循环体的开始处继续执行循环；倒计数法先将循环计数器置为预定循环次数，每循环一次，CX 减 1，然后检查 CX 的内容是否为 0，若 CX 的内容为 0，循环结束，否则，转移到循环体的开始处继续执行循环。

1）正计数法程序设计举例

【例 5-21】　已知 BUF 单元开始存放一个字节型数据块，编写程序统计数据块中正数和负数的个数，用正计数法控制循环。

分析：要实现用正计数法控制循环统计数据块中正数和负数的个数。首先将循环计数器 CX 清 0；取数据块中的第一个值，对该值和 0 进行比较，若其值大于等于 0，转到一个分支，将正数个数加 1；否则，将负数个数加 1。每次比较并执行完相应分支之后，将循环计数器 CX 加 1，比较循环计数器 CX 的内容和数据块长度，若 CX 小于数据块长度，则转循环起始位置,取数据块中的下一个数据,继续比较。否则,循环结束。程序流程图如图 5-16 所示。

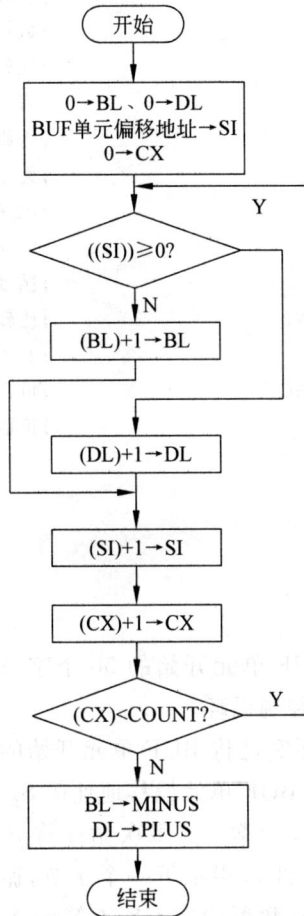

图 5-16　例 5-21 程序流程图

程序代码如下:

```
NAME      EXAMPLE5-21
DATA      SEGMENT
BUF       DB        -12,125,3,-48,64,20,-31    ;数据块
COUNT     EQU       $-BUF                       ;COUNT 为数据块的长度
PLUS      DB        ?                           ;存放正数个数
MINUS     DB        ?                           ;存放负数个数
DATA      ENDS
CODE      SEGMENT
          ASSUME    CS:CODE, DS:DATA
START:    MOV       AX,DATA
          MOV       DS,AX
          MOV       BL,0                        ;暂存负数个数
```

```
        MOV     DL,0                ;暂存正数个数
        MOV     SI,OFFSET BUF       ;BUF 单元偏移地址送 SI
        MOV     CX,0                ;循环计数器 CX 清 0
LOOP1:  MOV     AL,[SI]             ;数据块中的一个值送 AL
        CMP     AL,0                ;比较 (AL) 和 0 的大小
        JGE     NEXT0               ;若 (AL)≥0,NEXT0
        INC     BL                  ;否则,BL 中负数个数加 1
        JMP     NEXT1               ;无条件跳转到 NEXT1
NEXT0:  INC     DL                  ;DL 中的正数个数加 1
NEXT1:  INC     SI                  ;SI 加 1,指示下一个数据
        INC     CX                  ;循环计数器 CX 加 1
        CMP     CX,COUNT            ;比较 (CX) 和 COUNT
        JL      LOOP1               ;(CX)<COUNT,转 LOOP1
        MOV     MINUS,BL            ;负数个数送 MINUS 单元
        MOV     PLUS,DL             ;正数个数送 PLUS 单元
        MOV     AH,4CH
        INT     21H
CODE    ENDS
        END     START
```

2）倒计数法程序设计举例

【例 5-22】　编写程序将 BUF 单元开始的 50 个字节存储单元全部清 0,用倒计数法控制循环。

分析：用倒计数法控制循环实现将 BUF 单元开始的 50 个字节存储单元全部清 0,将 BUF 单元偏移地址送 SI,将循环计数器 CX 置为存储单元个数 50,每次循环将 SI 指示的 1 字节数据清 0,SI 内容加 1,指示下一个字节,循环计数器 CX 的内容减 1,循环计数器内容 CX 不等于 0,继续循环,否则,结束循环。程序流程图如图 5-17 所示。

程序代码如下：

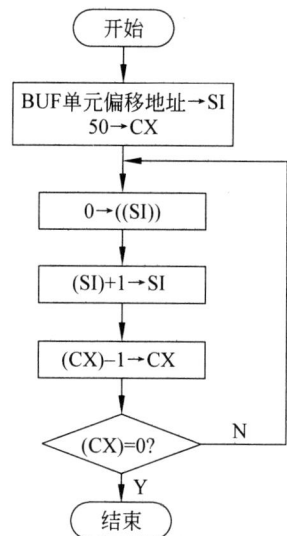

图 5-17　例 5-22 程序流程图

```
NAME    EXAMPLE5-22
DATA    SEGMENT
BUF     DB      50      DUP (?)     ;50 个字节存储单元
DATA    ENDS
CODE    SEGMENT
        ASSUME  CS: CODE, DS: DATA
START:  MOV     AX, DATA
        MOV     DS, AX
        MOV     SI, OFFSET BUF
        MOV     CX, 50              ;循环次数 50 送 CX
LOOP1:  MOV     BYTE PTR [SI], 0
        INC     SI
```

```
        LOOP     LOOP1                    ;(CX)≠0,转 LOOP1
        MOV      AH, 4CH
        INT      21H
CODE    ENDS
        END      START
```

2. 按条件控制循环

有许多问题虽然需要编制循环程序来求解。但是其循环次数事先无法确定,不过其循环次数与问题中的某些条件有关,这些条件在程序中是可以检测到的,这时可以采用条件控制循环。

【**例 5-23**】　编制程序产生 200 以内的斐波那契数列,并将数列的个数存放在 LEN 字节单元中。用条件控制法实现。

分析:要实现产生 200 以内的斐波那契数列,无法预先知道循环的次数,但是可以确定循环结束的条件,即当某次循环所产生的斐波那契数大于或等于 200 时,结束循环。否则,继续执行循环。程序流程图如图 5-18 所示。

程序代码如下:

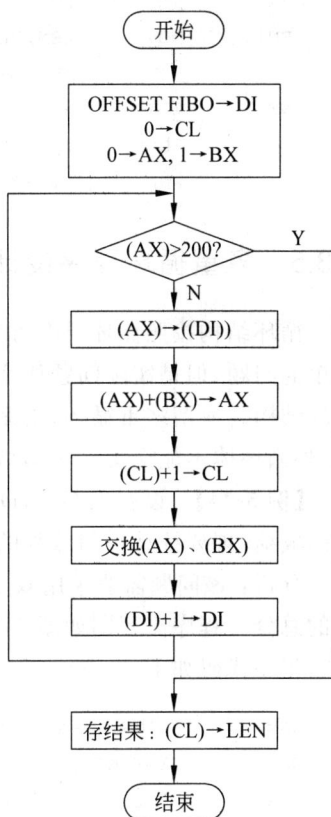

图 5-18　例 5-23 程序流程图

```
NAME    EXAMPLE5-23
DATA    SEGMENT
FIBO    DB       50H  DUP(0)            ;存放数列数据
LEN     DB       ?                      ;存放数列数据个数

DATA    ENDS
CODE    SEGMENT
        ASSUME   CS:CODE , DS:DATA
START:  MOV      AX,DATA
        MOV      DS,AX
        MOV      DI,OFFSET FIBO
        XOR      CL,CL                  ;置数列数据个数为 0
        MOV      AX,0
        MOV      BX,1
LOP:    MOV      [DI],AX
        CMP      AX,200
        JAE      LEN1
        ADD      AX,BX                  ;产生一个数列数据
        XCHG     AX,BX
        INC      CL                     ;数列数据个数计数
```

```
                ADD      DI,TYPE     FIBO
                JMP      LOP
       LEN1:    MOV      LEN,CL                    ;存产生数列数据个数
                MOV      AH,4CH
       INT      21H
       CODE     ENDS
                END      START
```

5.3.5　多重循环程序设计

循环结构按照循环层次可以分为单重循环和多重循环，单重循环结构能够解决比较简单的问题，但是实际问题往往很复杂，使用单重循环可能无法解决，此时就要采用多重循环结构。所谓多重循环，指循环体内还有循环，也就是循环嵌套。对于多重循环结构，内、外循环体不能交叉。转移指令只能从循环结构内转出或可在同层循环内转移。

【例 5-24】　设在以 GRADE 为首址的字节单元中依次存放着某个班级 50 名学生的五门成绩，现要统计每门课程的平均成绩，并将其存放在 AVEBUF 开始的字节单元。

分析：该问题需要采用双重循环结构实现，外循环控制课程门数，内循环计算五门课程的总分。程序流程图如图 5-19 所示。

程序代码如下：

```
       NAME     EXAMPLE5-24
       DATA     SEGMENT
       GRADE    DB       84,92,78,49,85,           ;第一名学生五门课成绩
                         83,72,78,85,95            ;第二名学生五门课成绩
                         ...
       AVEBUF   DB  5 DUP(?)
       DATA     ENDS
       CODE     SEGMENT
                ASSUME   CS:CODE,DS:DATA
       START:   MOV      AX,DATA
                MOV      DS,AX
                MOV      BX, OFFSET GRADE
                MOV      DI,OFFSET AVEBUF
                MOV      SI,BX
                MOV      CX,5                      ;外循环计数
       LOP1:    MOV      BX,SI
                SUB      BX,5
                PUSH     CX
                MOV      AX,0
                MOV      CX,50                     ;内循环计数
       LOP2:    ADD      BX,5
                ADD      AX,[BX]
                LOOP     LOP2
```

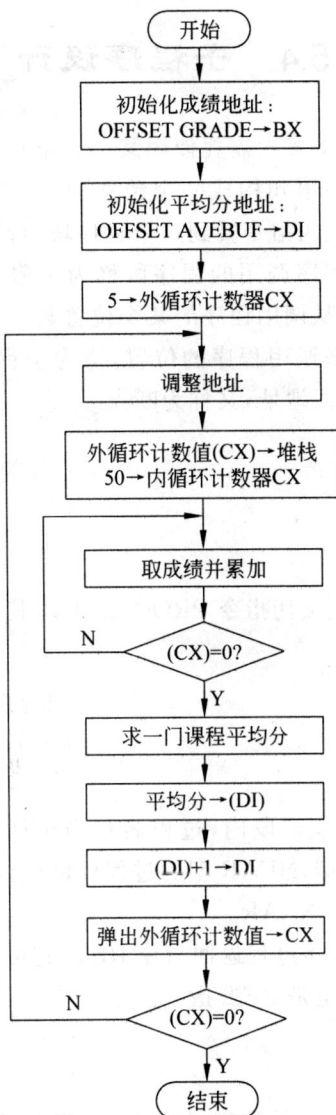

图 5-19 例 5-24 程序流程图

```
        MOV     DL,50
        DIV     DL                          ;求平均分
        MOV     [DI],AL                     ;存回平均分
        INC     SI
        INC     DI
        POP     CX
        LOOP    LOP1
        MOV     AH,4CH
        INT     21H
CODE    ENDS
        END     START
```

5.4　子程序设计

如果一个程序的不同位置上多次需要使用某一给定功能的指令序列,通常可以将这一指令序列,再加上一些必要的语句构成一个独立的程序段。在程序的某个位置上,如需执行这一指令序列时,就用调用指令转到这个程序段,待执行完毕后,再返回到原来的程序,继续执行。这个可以被程序调用的程序段称为子程序,也称为过程。而调用它的程序称为主程序或调用程序。从调用程序的某个位置转移到子程序称为子程序调用,而子程序执行完毕,重新回到原来调用程序的位置,称为子程序返回。在主程序中调用指令的下一条指令的地址称为返回地址,又称为断点。

5.4.1　子程序定义

1. 子程序定义伪指令

定义子程序,使用子程序定义伪指令 PROC/ENDP,其格式如下:

```
子程序名    PROC   NEAR|FAR
            ⋮                        ;指令序列
            RET                      ;返回指令
子程序名    ENDP
```

定义一个过程必须在一个逻辑段内,过程名相当于标号,表示本过程的符号地址。过程有 NEAR 和 FAR 两种类型,NEAR 型的过程仅供段内调用,FAR 型的过程可供段间调用。类型默认时,默认值为 NEAR。

在一个过程中,至少要有一条过程返回指令 RET,它可以书写在过程中的任何位置,但过程执行的最后一条指令一定是 RET 指令。

2. 子程序的结构

编写一个子程序,不仅要给出子程序的定义,而且要给出详细的子程序说明,以便调用。

子程序说明部分一般应包括子程序名、子程序功能描述、入口参数说明、出口参数说明以及寄存器占用情况说明等内容。子程序的定义部分主要完成现场的保护和恢复子程序功能。定义部分的结构如下:

```
子程序名    PROC   NEAR|FAR
            保护主程序现场
            根据入口参数进行处理
            产生出口参数
            恢复主程序现场
            RET
子程序名    ENDP
```

5.4.2　子程序的调用和返回

子程序的调用分为段内调用和段间调用。主程序调用同一代码段中定义的属性为 NEAR 的子程序,称为段内调用,调用指令执行时,只需改变 IP 的值,CS 的值保持不变;主程序调用同一代码段或其他代码段中定义的属性为 FAR 的子程序,称为段间调用,调用指令执行时,既要改变 IP 的值,也要改变 CS 的值。

调用位置的指定方法有直接和间接两种。直接调用就是在调用指令中直接给出子程序名称,即子程序第一条指令的符号地址;而间接调用在调用指令中使用寄存器名或存储器地址间接给出子程序入口地址。

1. 子程序调用指令 CALL

1) 段内直接调用

格式：CALL [NEAR PTR] 子程序名

执行操作：SP←(SP)−2

　　　　　(SP)←(IP)

　　　　　IP←(IP)+16 位偏移量

格式中的子程序名代表子程序第一条指令的符号地址,NEAR PTR 可以省略。段内直接调用首先将当前指令指针 IP 的内容压栈,以保留返回地址,然后将子程序名汇编成 16 位的偏移量,与当前 IP 内容相加作为新的 IP 内容,形成子程序入口地址。

【例 5-25】 段内直接调用示例。

```
NAME      EXAMPLE5-25
CODE      SEGMENT
            ⋮
          CALL    SUB1
            ⋮
SUB1:     PROC    NEAR
            ⋮
          RET
SUB1      ENDP
CODE      ENDS
```

设调用指令的地址为 2000H ：0100H,而子程序 SUB1 的入口地址为 2000H：0200H,则该调用指令执行后,(IP)=0200H,(CS)=2000H,CS 的内容不变。

2) 段内间接调用

格式：CALL　寄存器名/WORD PTR　存储单元地址

执行操作：SP←(SP)−2

　　　　　(SP)←(IP)

　　　　　IP←(EA)

段内间接调用和段内直接调用的执行步骤大致相同,主要区别是子程序入口地址的寻址方式不同。指令执行后，把 16 位通用寄存器或字存储单元的内容送入 IP，作为子程序入口地址。

例如：

```
CALL BX
CALL WORD PTR [SI]
```

上例中第一条调用指令中，子程序的入口地址采用寄存器寻址，设段内调用指令的地址为 2000H：0100H，(BX)＝0200H，则该调用指令执行后，(IP)＝0200H，(CS)＝2000H，CS 的内容不变。

第二条调用指令中，子程序的入口地址采用存储器寻址，设段内调用指令的地址为 2000H：0100H，(SI)＝200H，(20200H)＝200H，则该调用指令执行后，(IP)＝0200H，(CS)＝2000H，CS 的内容不变。

主程序和子程序处不在同一代码段，既改变 IP 值也改变 CS 值。

3）段间直接调用

格式：CALL FAR PTR 子程序名

执行操作：SP←SP－2
　　　　　　(SP)←CS
　　　　　　SP←SP－2
　　　　　　SP←IP
　　　　　　IP←子程序偏移地址
　　　　　　CS←子程序段地址

【例 5-26】　段间直接调用示例。

```
;以下定义代码段 CODE1,在其中调用子程序 SUB1
CODE1      SEGMENT
             ⋮
           CALL     FAR PTR SUB1
             ⋮
CODE1      ENDS
;以下定义代码段 CODE2,在其中定义子程序 SUB1
CODE2      SEGMENT
             ⋮
SUB1       PROC     NEAR
             ⋮
           RET
SUB1       ENDP
             ⋮
CODE2      ENDS
```

设段间调用指令的地址为 2000H：0100H，而子程序 SUB1 的入口地址为 4000H：0200H，则该调用指令执行后，(IP)＝0200H，(CS)＝4000H。

4）段间间接调用

格式：CALL DWORD PTR 存储单元地址

执行操作：

$$SP \leftarrow SP - 2$$
$$(SP) \leftarrow CS$$
$$SP \leftarrow SP - 2$$
$$(SP) \leftarrow IP$$
$$IP \leftarrow (EA)$$
$$CS \leftarrow (EA + 2)$$

段内间接调用指令首先将当前 IP 和 CS 的内容压栈，然后把操作数指定的双字存储单元的低两字节内容送入 IP，高两字节内容送入 CS，分别作为子程序入口地址的偏移地址和段地址。

例如：

```
CALL DWORD PTR [BX]
```

设段间调用指令的地址为 3000H：0400H，指令执行前，(BX)＝0200H，(CS)＝3000H，(30200H)＝0100H，(30202H)＝2000H。则该调用指令执行后，(IP)＝0100H，(CS)＝2000H。

2. 返回指令

格式：RET ［N］

功能：实现子程序执行完后返回主程序的指令。从堆栈的栈顶弹出数据作为返回地址。格式中还可以使用参数 N，N 是立即数，其功能是弹出返回地址后将 SP 再增加 N，以去掉堆栈中 N 个字节的无用数据，N 一般为偶数。

子程序返回分为段内返回和段间返回两种。具有 NEAR 属性的子程序中的 RET 指令是段内返回，具有 FAR 属性的子程序中的 RET 指令是段间返回。段内返回和段间返回所执行的操作是不同的。

1）段内返回

执行操作：从栈顶弹出一个字数据送入 IP。

$$IP \leftarrow (SP)$$
$$SP \leftarrow SP + 2$$

2）段间返回

执行操作：从栈顶弹出两个字数据分别送入 IP 和 CS。

$$IP \leftarrow (SP)$$
$$SP \leftarrow SP + 2$$
$$CS \leftarrow (SP)$$
$$SP \leftarrow SP + 2$$

3. 现场保护和现场恢复

在子程序调用前后，子程序中所用到的寄存器内容可能会发生改变，即子程序调用前的现场可能会在子程序执行过程中被破坏，因此，在子程序的功能实现前把将要用到的寄存器中的原有内容保存起来。待子程序的功能实现后，再将数据取出再送回原来的寄存器中。分别称为现场保护和现场恢复。

现场保护和现场恢复一般借助于堆栈完成，通过将寄存器内容压入堆栈进行现场保护，通过将堆栈内容弹出到寄存器中实现现场恢复。需要注意的是：寄存器进栈顺序应与出栈顺序正好相反。

现场保护和现场恢复可以在调用程序中进行，也可以在子程序中进行。

1）在调用程序中进行现场保护和现场恢复

具体方法为：在调用指令 CALL 之前保护现场，而在调用指令之后恢复现场。

【例 5-27】　假设在子程序 SUB1 中用到寄存器 AX、BX、CX 和 DX，在调用程序中进行现场保护和现场恢复。

```
CODE        SEGMENT
            ⋮
            PUSH    AX          ;本语句及以下 3 条语句进行现场保护
            PUSH    BX
            PUSH    CX
            PUSH    DX
            CALL    SUB1        ;调用子程序 SUB1
            POP     DX          ;本语句及以下 3 条语句进行现场恢复
            POP     CX
            POP     BX
            POP     AX
            ⋮
CODE        ENDS
```

2）在子程序中进行现场保护和现场恢复

具体方法为：在子程序开始处保护现场，而在返回指令 RET 之前恢复现场。这种方法较为常用。

【例 5-28】　假设在子程序 SUB1 中用到寄存器 AX、BX、CX 和 DX，在子程序中进行现场保护和现场恢复。

```
SUB1        PROC
            PUSH    AX          ;本语句及以下 3 条语句进行现场保护
            PUSH    BX
            PUSH    CX
            PUSH    DX
            ⋮                   ;实现子程序功能
            POP     DX          ;本语句及以下 3 条语句进行现场恢复
            POP     CX
            POP     BX
            POP     AX
            RET                 ;返回调用程序
```

```
SUB1        ENDP
```

4. 子程序的设计举例

【例 5-29】　编写子程序,用辗转相除法求两个数的最大公约数。

```
;子程序名:GCD
;功      能:求两个正整数的最大公约数;
;入口参数:AX 和 BX 中存放两个正整数;
;出口参数:CX 中存放求得的最大公约数;
;寄存器占用:使用 AX、BX、CX、DX 寄存器,CX 中内容被改变,
;AX、BX、DX 中的内容保持不变
GCD      PROC     NEAR
         PUSH     AX                      ;保护现场
         PUSH     BX
         PUSH     DX
AGAIN:   XOR      DX,DX                   ;AX 值扩展到 DX:AX 中
         DIV      BX                      ;商存入 AX,余数存入 DX
         AND      DX,DX
         JZ       EXIT                    ;余数为 0 转 EXIT
         MOV      AX,BX                   ;余数不为 0 更新被除数
         MOV      BX,DX                   ;更新除数
         JMP      AGAIN                   ;继续循环
EXIT:    MOV      CX,BX                   ;最大公约数存入 CX
         POP      DX                      ;恢复现场
         POP      BX
         POP      AX
         RET                              ;返回主程序
GCD      ENDP
```

5.4.3　子程序的参数传递

调用子程序时,调用程序经常需要传递一些参数给子程序,称为入口参数;子程序运行结束后,也经常需要返回一些信息给调用程序,称为出口参数。这种调用程序与子程序之间的信息传递称为参数传递。参数的传递方式有以下几种。

1. 通过寄存器传递参数

调用前,调用程序把入口参数存放在约定的寄存器中,子程序执行时,通过约定的寄存器中取得入口参数;返回时,子程序把出口参数存放在约定的寄存器中,调用程序通过约定的寄存器中取得出口参数。

【例 5-30】　以 BCD 为首地址的内存中存放着若干单元的用 BCD 码表示的十进制数,每一个单元中存放两位 BCD 码,要求把它们分别转换为 ASCII 码,存放在 ASC 为首地址的单元中,并且要求边转换边显示这些 ASCII 码。

```
NAME      EXAMPLE5-30
DATA      SEGMENT
BCD       DB        73H,94H,56H, 63H,45H,12H,24H,96H,87H,71H
COUNT     EQU       $-BCD
ASC       DB        20 DUP(?)
DATA      ENDS
STACK     SEGMENT PARA STACK  STACK'
STAPN     DB        100 DUP(?)
TOP       EQU       LENGTH STAPN
STACK     ENDS
CODE      SEGMENT
          ASSUME    CS:CODE, DS:DATA,SS:STACK
START:    MOV       AX,DATA
          MOV       DS,AX
          MOV       ES,AX
          MOV       AX,STACK
          MOV       SS,AX
          MOV       AX,TOP
          MOV       SP,AX
          MOV       SI,OFFSET BCD        ;BCD 码的内存区首地址
          MOV       DI,OFFSET ASC        ;ASCII 码的内存区首地址
          MOV       CX,COUNT             ;组合 BCD 码个数
          CLD                            ;DF=0,按地址递增方式
LP:       LODSB                          ;取一个组合 BCD 码
          MOV       BL,AL                ;暂存
          AND       AL,0FH               ;屏蔽高 4 位
          OR        AL,30H               ;BCD 码低位转换为 ASCII 码
          MOV       DL,AL                ;存入 DL
          STOSB                          ;存入 ASCII 码存储区
          CALL      DISP                 ;调用显示子程序
          MOV       AL,BL                ;取回 BCD 码
          PUSH      CX                   ;保存计数值
          MOV       CL,4
          SHR       AL,CL                ;取 BCD 码高 4 位
          OR        AL,30H               ;BCD 码高位转为 ASC 码
          MOV       DL,AL                ;存入 DL
          STOSB                          ;存入 ASCII 码存储区
          CALL      DISP                 ;调用显示子程序
          POP       CX                   ;弹出计数值
          LOOP      LP                   ;计数不为 0 则继续
          MOV       AH,4CH               ;为 0 则返回 DOS
          INT       21H
;子程序名:DISP
;功能:显示 ASCII 码字符
```

```
;入口参数:ASCII 码在 DL 中
DISP       PROC                                    ;子程序定义开始
           MOV      AH,2                           ;显示 ASCII 码
           INT      21H
           MOV      DL,' '
           MOV      AH,2
           INT      21H
           RET                                     ;返回主程序
DISP       ENDP
CODE       ENDS
           END      START
```

2. 通过变量传递参数

如果子程序和调用程序在同一源文件(同一程序模块)中,则双方均可直接访问模块中的变量,从而实现参数传递。

【例 5-31】 计算 $f = \sqrt{x} + \sqrt{y}$

分析:可以将子程序和调用程序安排在同一源文件中,双方均可通过数据段中的 BUF 单元传递入口参数,通过 RT 单元传递出口参数,从而实现参数传递。

程序代码如下:

```
NAME       EXAMPLE5-31
DATA       SEGMENT
X          DW       9
Y          DW       16
F          DW       ?
BUF        DW       ?                              ;入口参数单元
RT         DW       ?                              ;出口参数单元
DATA       ENDS
CODE       SEGMENT
           ASSUME   CS:CODE, DS:DATA
START:     MOV      AX,DATA
           MOV      DS,AX
           MOV      AX,X
           MOV      BUF,AX                         ;入口参数送 BUF 单元
           CALL     ROOT                           ;调用 ROOT 子程序求√x
           MOV      CX, RT                         ;ROOT 子程序出口参数在 RT 单元,送 CX
           MOV      AX,Y
           MOV      BUF,AX                         ;入口参数送 BUF 单元
           CALL     ROOT                           ;调用 ROOT 子程序求√y
           MOV      AX, RT                         ;ROOT 子程序出口参数在 RT 单元,送 AX
           ADD      AX,CX                          ;计算√x+ √y
           MOV      F,AX                           ;结果存回 F 单元
```

```
                 MOV       AH,4CH
                 INT       21H
        ROOT     PROC      NEAR
                 MOV       DX,BUF                       ;ROOT 子程序到 BUF 单元取入口参数
                 XOR       AX,AX
                 AND       DX,DX
                 JZ        SQR2
        SQR1:    MOV       BX,AX                        ;循环结构计算入口参数的平方根
                 SHL       BX,1
                 INC       BX
                 SUB       DX,BX
                 JC        SQR2
                 INC       AX
                 JMP       SQR1
        SQR2:    MOV       RT,AX                        ;入口参数的平方根送 RT 单元
                 RET
        ROOT     ENDP
        CODE     ENDS
                 END       START
```

3. 通过堆栈传递参数（或参数地址）

子程序调用前，调用程序中把参数（或参数地址）依次压入堆栈，构成一个堆栈参数表，然后进行子程序调用，子程序从堆栈中取出各个参数（或通过取出的参数地址取到参数）。必须注意，子程序返回时，应使用 RET n 指令调整 SP 指针，其中 n 是堆栈参数表的大小，以便删除堆栈参数表，使得子程序返回后，堆栈恢复到原始状态。

【例 5-32】 利用堆栈传递参数，实现对两个已定义数组分别求和。

```
        NAME     EXAMPLE5-32
        DATA     SEGMENT
        ARRAYA   DB        06H,23H,0AH,2FH,1EH           ;定义数组 1
        SUMA     DW        ?
        ARRAYB   DB        0BH,21H,11H,3AH,4EH,10H       ;定义数组 2
        SUMB     DW        ?
        DATA     ENDS
        CODE     SEGMENT
                 ASSUME    CS:CODE, DS:DATA
        START:   MOV       AX,DATA
                 MOV       DS,AX
                 MOV       AX,SUMA-ARRAYA
                 PUSH      AX                            ;SUM 过程的入口参数 1 进堆栈
                 MOV       AX,OFFSET ARRAYA
                 PUSH      AX                            ;SUM 过程的入口参数 2 进堆栈
                 CALL      SUM
```

```
          MOV      AX,SUMB-ARRAYB
          PUSH     AX
          MOV      AX,OFFSET ARRAYB
          PUSH     AX
          CALL     SUM
          MOV      AH,4CH
          INT      21H
SUM       PROC     NEAR
          PUSH     AX
          PUSH     BX
          PUSH     CX
          PUSH     BP
          MOV      BP,SP
          PUSHF
          MOV      CX,[BP+16]          ;数组长度由堆栈→CX
          MOV      BX,[BP+14]          ;数组存放的地址偏移量由堆栈→BX
          MOV      AX,0
LOP1:     ADD      AL,[BX]
          ADC      AH,0
          INC      BX
          LOOP     LOP1
          MOV      [BX],AX             ;AX→数组之和
          POPF                         ;恢复现场
          POP      BP
          POP      CX
          POP      BX
          POP      AX
          RET      4                   ;返回主程序并废除参数 1 和参数 2
SUM       ENDP
CODE      ENDS
          END      START
```

本程序执行过程中,堆栈的变化情况如图 5-20 所示。

5.4.4　子程序嵌套与递归

1. 子程序的嵌套调用

所谓子程序的嵌套调用,就是允许一个子程序作为调用程序去调用另一个子程序。由此可见,调用程序和子程序的概念是相对的。

【例 5-33】　子程序嵌套调用示例。

```
;以下定义子程序 SUB1,其中调用了子程序 SUB2
SUB1      PROC
            ⋮
```

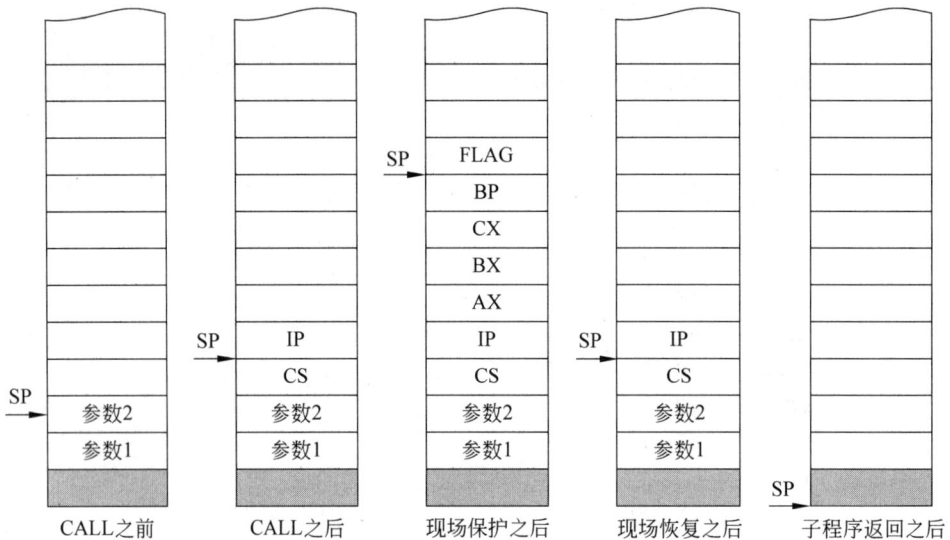

图 5-20　堆栈变化情况示意图

```
            CALL      SUB2
              ⋮
            RET
SUB1        ENDP
;以下定义子程序 SUB2,其中调用了子程序 SUB3
SUB2        PROC
              ⋮
            CALL      SUB3
              ⋮
            RET
SUB2        ENDP
;以下定义子程序 SUB3
SUB3        PROC
              ⋮
            RET
SUB3        ENDP
```

在以上程序段中,定义了 3 个子程序 SUB1、SUB2 和 SUB3,其中 SUB2 相对于 SUB1 而言是子程序,相对有于 SUB3 而言,则是调用程序。

2. 子程序的递归调用

所谓子程序的递归调用,就是允许子程序作为调用程序调用它本身。子程序递归调用是子程序嵌套调用的一种特殊形式。递归是一种极为有用的程序设计技术,对于许多问题,利用递归算法往往能够设计出效率很高的程序。

【例 5-34】　子程序递归调用示例。

```
SUB1    PROC
        ⋮
        CALL    SUB1
        ⋮
        RET
SUB1 ENDP
```

编写递归子程序时,必须要合理地设置递归结束条件,在每次递归调用中都要对该条件进行判断,一旦递归结束条件成立则结束递归调用。

【例 5-35】 编写程序,计算 N 的阶乘。

分析:N 的阶乘的递归定义如下:

$$0! = 1$$
$$N! = N(N-1)!(N>0)$$

用递归子程序实现 $N!$,每次使用的参数都不相同,所以将每次调用的参数、寄存器内容以及所有的中间结果都存放在堆栈中。程序流程图如图 5-21 所示。

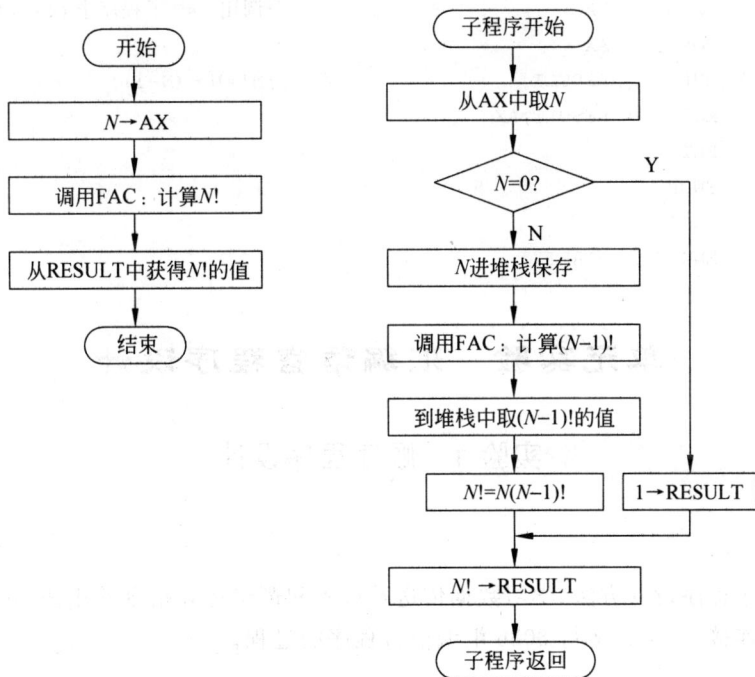

图 5-21　例 5-35 程序流程图

程序代码如下:

```
NAME    EXAMPLE5-35
DATA    SEGMENT
N       DW      4
RESULT  DW      ?
DATA    ENDS
```

```
CODE        SEGMENT
            ASSUME    CS:CODE,DS:DATA
START:      MOV       AX,DATA
            MOV       DS,AX
            MOV       AX,N                    ;N通过 AX 传递到子程序
            CALL      FAC                     ;调用 FAC 子程序求 N!
            MOV       AX, RESULT
            MOV       AH,4CH
            INT       21H
FAC         PROC      NEAR
            CMP       AX,0
            JNE       CONT
            MOV       RESULT,1                ;0!=1
            JMP       RETRN
CONT:       PUSH      AX
            DEC       AX
            CALL      FAC                     ;调用 FAC 子程序求 (N-1)!
RETRN:      POP       AX
            MUL       RESULT                  ;N!=N * (N-1)!
            MOV       RESULT,AX
            RET
FAC         ENDP
CODE        ENDS
            END       START
```

单元实验　汇编语言程序设计

实验 1　顺序程序设计

【实验目的】

掌握顺序程序设计方法，学习数据传送及算术和逻辑运算指令的用法，熟悉在 PC 上建立、汇编、连接、调试和运行 8086 汇编语言程序的过程。

【实验内容】

1. 实验准备

编写程序：有两个两字节无符号数分别放在存储单元 A、B 起始的缓冲区中，求两数的和，结果放在 A 起始的缓冲区。

2. 操作步骤

（1）输入源程序。

（2）汇编、连接程序，生成 .exe 文件，执行文件。

（3）使用 debug，检查结果。

【实验参考程序】

```
DATA      SEGMENT
A         DW        145
B         DW        67
DATA      ENDS
CODE      SEGMENT
          ASSUME    CS:CODE, DS:DATA
START:    MOV       AX,DATA
          MOV       DS,AX
          MOV       AX,A
          ADD       AX,B
          MOV       A,AX
          MOV       AH,4CH
          INT       21H
CODE      ENDS
          END       START
```

实验 2 分支程序设计

【实验目的】

掌握分支程序的结构，分支程序的设计，调试方法。

【实验内容】

1. 实验准备

（1）编写程序：在 X、Y 和 Z 单元分别放有一个无符号字节型数，编程序将其中最大数存入 MAX 单元。

（2）编写程序：要求同上，只是比较的数为有符号数。

2. 操作步骤

（1）输入源程序。

（2）汇编、连接程序，生成 .exe 文件，执行文件。

（3）使用 debug，检查结果。

【实验参考程序】

（1）

```
DATA      SEGMENT
```

```
X          DB         45
Y          DB         67
Z          DB         245
MAX        DB         ?
DATA       ENDS
CODE       SEGMENT
           ASSUME     CS:CODE, DS:DATA
START:     MOV        AX,DATA
           MOV        DS,AX
           MOV        AL,X
           CMP        AL,Y
           JA         NEXT1
           MOV        AL,Y
NEXT1:     CMP        AL,Z
           JA         NEXT2
           MOV        AL,Z
NEXT2:     MOV        MAX,AL
           MOV        AH,4CH
           INT        21H
CODE       ENDS
           END        START
```

(2)

```
DATA       SEGMENT
X          DB         - 45
Y          DB         - 67
Z          DB         245
MAX        DB         ?
DATA       ENDS
CODE       SEGMENT
           ASSUME     CS:CODE, DS:DATA
START:     MOV        AX,DATA
           MOV        DS,AX
           MOV        AL,X
           CMP        AL,Y
           JG         NEXT1
           MOV        AL,Y
NEXT1:     CMP        AL,Z
           JG         NEXT2
           MOV        AL,Z
NEXT2:     MOV        MAX,AL
           MOV        AH,4CH
           INT        21H
CODE       ENDS
```

```
        END     START
```

实验 3　循环程序设计(一)

【实验目的】

掌握循环程序的结构,循环程序的设计,调试方法。

【实验内容】

1. 实验准备

编写程序:编制程序计算 $S=1+2+3+4+\cdots+N+\cdots$ 直到累加和大于 5000 为止。累加和送 SUM 单元,统计被累加的自然数的个数送 CNT 单元。

2. 操作步骤

(1) 输入源程序。
(2) 汇编、连接程序,生成 .exe 文件,执行文件。
(3) 使用 debug,检查结果。

【实验参考程序】

```
DATA    SEGMENT
SUM     DW      ?
CNT     DW      ?
DATA    ENDS
CODE    SEGMENT
        ASSUME  CS:CODE, DS:DATA
START:  MOV     AX,DATA
        MOV     DS,AX
        MOV     AX,0
        MOV     BX,0
LOP1:   INC     BX
        ADD     AX,BX
        CMP     AX,5000
        JBE     LOP1
        MOV     SUM,AX
        MOV     CNT,BX
        MOV     AH,4CH
        INT     21H
CODE    ENDS
        END     START
```

实验 4　循环程序设计（二）

【实验目的】

掌握循环程序的结构，循环程序的设计，调试方法。

【实验内容】

1. 实验准备

编制程序：对 20 个有符号数冒泡排序。

2. 操作步骤

（1）输入源程序。

（2）汇编、连接程序，生成 .exe 文件，执行文件。

（3）使用 debug，检查结果。

【实验参考程序】

```
DATA      SEGMENT
NUM       DB       23,-34,67,78,-89,…
CNT       EQU      $-NUM
DATA      ENDS
CODE      SEGMENT
          ASSUME   CS:CODE, DS:DATA
START:    MOV      AX,DATA
          MOV      DS,AX
          MOV      CX,CNT-1
LOP1:     MOV      SI,0
          PUSH     CX
          MOV      DL,1
LOP2:     MOV      AL,NUM[SI]
          CMP      AL,NUM[SI+1]
          JLE      NEXT
          XCHG     AL,NUM[SI+1]
          MOV      NUM[SI],AL
          MOV      DL,0
NEXT:     INC      SI
          LOOP     LOP2
          POP      CX
          DEC      CX
          CMP      DL,0
          JZ       LOP1
          MOV      AH,4CH
```

```
                INT      21H
CODE    ENDS
                END      START
```

实验5 子程序设计

【实验目的】

学习子程序的定义和调用方法,掌握子程序、子程序的嵌套、递归子程序的结构,掌握子程序设计、编制及调试。

【实验内容】

1. 实验准备

编写程序:设有若干个字节数据存放在以 BUF 为首地址的内存单元中,编程求这些数的累加和。要求子程序实现。

2. 操作步骤

(1) 输入源程序。
(2) 汇编、连接程序,生成 .exe 文件,执行文件。
(3) 使用 debug,检查结果。

【实验参考程序】

```
DATA    SEGMENT
ARRA    DB       15,-45,69,45,-30,…
CNT     EQU      $-ARRA
DATA    ENDS
CODE    SEGMENT
        ASSUME   CS:CODE, DS:DATA
START:  MOV      AX,DATA
        MOV      DS,AX
        MOV      AX,STACK
        MOV      SS,AX
        MOV      SP,TOP
        MOV      SI,OFFSET ARRA
        PUSH     SI
        MOV      AX,CNT
        PUSH     AX
        CALL     SUM
        MOV      AH,4CH
        INT      21H
SUM     PROC     NEAR
```

```
            PUSH    AX
            PUSH    BX
            PUSH    CX
            PUSH    BP
            PUSHF
            MOV     BP,SP
            MOV     BX,[BP+14]
            MOV     CX,[BP+12]
            MOV     AX,0
LOP1:       ADD     AL,[BX]
            ADC     AH,0
            INC     BX
            LOOP    LOP1
            MOV     [BX],AX
            POPF
            POP     BP
            POP     CX
            POP     BX
            POP     AX
            RET
SUM         ENDP
CODE        ENDS
            END     START
```

单元测试 5

一、选择题

1. 在顺序结构的流程图中,不包含有(　　)。

　　A. 开始框　　　　　B. 结束框　　　　　C. 判断框　　　　　D. 处理框

2. 一般用条件转移指令来实现程序的(　　)结构。

　　A. 顺序　　　　　　B. 分支　　　　　　C. 循环　　　　　　D. 模块化

3. 实现有符号数"大于等于"转移的伪指令是(　　)。

　　A. JGE 和 JNL　　B. JBE 与 JNA　　C. JAE 与 JNB　　D. JG 和 JNLE

4. 下面的程序段中,当满足条件转到 NEXT 标号执行时,BL 中的值可能是(　　)。

```
    CMP  BL,0FCH
    JNL  NEXT
NEXT:…
```

　　A. 8CH　　　　　　B. 0FFH　　　　　　C. 0F0H　　　　　　D. 05H

5. 下列程序段,完成的操作是(　　)。

```
    CMP  AH,BH
```

```
        JG    NEXT2
NEXT1: …
NEXT2: …
```

    A. 当(AH)＞(BH)时转 NEXT2,否则转 NEXT1

    B. 当(AH)≥(BH)时转 NEXT2,否则转 NEXT1

    C. 当(AH)≤(BH)时转 NEXT2,否则转 NEXT1

    D. 当(AH)＜(BH)时转 NEXT2,否则转 NEXT1

6. 循环程序的基本结构形式不包括(　　)。

    A. 循环初始化部分　　　　　　　B. 设置段寄存器部分

    C. 循环体部分　　　　　　　　　D. 循环控制部分

7. 能够对标志寄存器中的标志位产生影响的指令是(　　)。

    A. JMP　NEXT　　　　　　　　B. LOOP　LAB1

    C. NOT　X　　　　　　　　　　D. NEG　DATA1

8. 对标志寄存器中的标志位不会产生影响的指令是(　　)。

    A. CMP　AX,01 H　　　　　　　B. TEST　AX,1000H

    C. JC　NEXT　　　　　　　　　D. MUL　AX

9. 指令 LOOPNE LOP 的循环条件是(　　)。

    A. (ZF)＝0,(CX)＝0　　　　　　B. (ZF)＝0,(CX)≠0

    C. (ZF)＝1,(CX)＝0　　　　　　D. (ZF)＝1,(CX)≠0

10. (CF)＝1 时,能使程序转移到目标地址的条件转移指令是(　　)。

    A. JNC　　　　　B. JC　　　　　C. JZ　　　　　D. JS

11. 执行 JMP SHORT LAB1 指令,该指令的位移量范围在(　　)之内。

    A. −128～+127　　　　　　　　B. 0～255

    C. −126～+128　　　　　　　　D. −127～+127

12. AL、BL 中都是无符号数,若(AL)＞(BL)时,转到 NEXT 处。在 CMP AL, BL 指令后应选用的指令是(　　)。

    A. JNBE　NEXT　　　　　　　　B. JNLE　NEXT

    C. JBE　NEXT　　　　　　　　　D. JLE　NEXT

13. 串操作指令的目的操作数地址由(　　)提供。

    A. SS：[BP]　　　　　　　　　　B. DS：[SI]

    C. ES：[DI]　　　　　　　　　　D. CS：[IP]

14. 循环控制指令中,除了可以隐含使用 CX 寄存器之外,有的指令还把标志位(　　)的状态也作为控制条件。

    A. CF　　　　　　B. ZF　　　　　C. SF　　　　　　D. OF

15. 在多重循环程序中,每次通过外层循环再进入内层循环时,其初始条件(　　)。

    A. 必须置1　　　　　　　　　　B. 不需考虑

    C. 必须重新设置　　　　　　　　D. 必须置0

16. 执行指令 CALL　FAR　PTR　SUB1 之后,在堆栈区域中应(　　)。

A. 弹出两个字节的内容　　　　　　B. 弹出 4 个字节的内容

C. 压入两个字节的内容　　　　　　D. 压入 4 个字节的内容

17. 指令 CALL　DWORD　PTR　VALUE 属于（　　）寻址方式。

A. 段内直接调用　　　　　　　　　B. 段内间接调用

C. 段间直接调用　　　　　　　　　D. 段间间接调用

18. 以下串操作指令中，一般情况下不和重复前缀配合使用的是（　　）。

A. STOS　　　　B. CMPS　　　　C. LODS　　　　D. MOVS

19. 在下列叙述中，属于子程序的递归调用的情况是（　　）。

A. 主程序调用子程序

B. 子程序 SUB1 调用子程序 SUB2

C. 子程序 SUB2 调用子程序 SUB2

D. 子程序 SUB2 调用子程序 SUB3

20. 在下列叙述中，不正确的一项是（　　）。

A. 一个子程序中允许使用多条 RET 指令

B. 一个子程序中至少包含一条 RET 指令

C. 一个子程序中只能使用一条 RET 指令

D. 以过程形式表示的代码段一定有 RET 指令存在

二、填空题

1. 用来实现当 ZF＝1 时，转移到标号 LAB1 的条件转移指令是_____。用来实现当 ZF＝0 时，转移到标号 LAB1 的条件转移指令是_____。

2. 用来实现当 OF＝1 时，转移到标号 LAB1 的条件转移指令是_____。用来实现当 OF＝0 时，转移到标号 LAB1 的条件转移指令是_____。

3. 用来实现当 CF＝0 且 ZF＝0 时，转移到标号 LAB1 的条件转移指令是_____。

4. 逻辑分解法实现多分支结构，首先要设置_____，该方法是采用一连串的_____来实现。

5. 条件转移指令分为_____和_____两大类。

6. 采用地址表法实现多分支结构，每个程序段的入口地址为_____。

7. 采用地址表和转移表实现多分支结构的方法很相似，但二者的存放位置有区别，地址表一般存放在_____中，转移表一般存放在_____中。

8. 用前缀 REP 重复执行串操作指令，结束条件是_____。用前缀 REPZ 或 REPE 重复执行串操作指令，结束条件是_____。用前缀 REPNZ 或 REPNE 重复执行串操作指令，结束条件是_____。

9. 循环结构程序主要由_____、_____和_____三部分组成。

10. 用循环控制指令 LOOP 实现循环时，循环条件是_____；用循环控制指令 LOOPE 或 LOOPZ 实现循环时，循环条件是_____；用循环控制指令 LOOPE 或 LOOPZ 实现循环时，循环条件是_____。

11. LODS 指令的功能是将 DS：[SI]所指的字节或字单元内容传送至寄存器

_____或_____,同时根据 DF 的内容修改变址寄存器_____的内容。

12. 用正计数法控制循环,需要将计数器的初始值设置成_____,每执行一次循环体计数器就_____,然后与循环次数比较,判断循环过程是否结束。

13. 用倒计数法控制循环,需要将计数器的初始值设置成_____,每执行一次循环体计数器就_____,然后与循环次数比较,判断循环过程是否结束。

14. LOOP LOP 指令的功能相当于两条指令,它们是_____和_____。

15. 在汇编语言程序设计中,子程序是以_____形式表示的。

16. 用过程形式定义的子程序有两种可能的属性,他们是_____和_____。

17. 在汇编语言程序中,一个子程序调用另一个子程序称为_____,一个子程序直接或间接调用该子程序本身称为_____。

18. 在调用程序调用子程序前后,要分别进行现场保护和现场恢复,一般借助于_____实现。

19. 若两条指令 CMP　AX,BX 和 JA　LAB1 执行以后,程序转移到 LAB1 标号处,则说明(AX)_____(BX)。

20. 调用程序与子程序之间的参数传递,可以通过_____、_____、_____传递。

三、判断题

1. JMP 指令能够使程序无条件地转移到指定的目标地址处继续执行。　(　　)
2. 段内转移的目标地址一定与当前无条件转移指令处于同一个代码段中。(　　)
3. 执行所有转移指令时,都需要同时修改 IP 和 CS 的值。　(　　)
4. 条件转移指令与目标地址的距离必须在＋127 或－128 字节的范围之内。(　　)
5. 对于多重循环结构,转移指令只能从循环结构内转出或可在同层循环内转移。(　　)
6. 在一个过程中,至少要有一条过程返回指令 RET,并且 RET 指令只能书写在过程的最后。　(　　)
7. 现场保护和现场恢复一般借助于堆栈完成,寄存器进栈顺序应与出栈顺序一致。(　　)
8. 现场保护和现场恢复可以在调用程序中进行,也可以在子程序中进行。(　　)
9. 在循环结构中,每执行一次循环,都要依次执行其中的循环初始化、循环体和循环控制部分。(　　)
10. 编写递归子程序时,必须要合理地设置递归结束条件,在每次递归调用中都要对该条件进行判断,一旦递归结束条件成立则结束递归调用。(　　)

四、程序分析题

1. 有程序段如下:

```
DATA      SEGMENT
ARRAY     DW        1223H,1276H,45H,567H,456H,67H,677H
```

```
COUNT       EQU         ($-ARRAY)/2
DA1         DB          ?
DA2         DB          ?
DATA        ENDS
            ...
            LEA         SI,ARRAY
            MOV         CX,COUNT
NEXT1:      MOV         AX,[SI]
            TEST        AX,0001H
            JZ          NEXT2
            INC         BL
            JMP         NEXT3
NEXT2:      INC         BH
NEXT3:      ADD         SI,2
            DEC         CX
            JNZ         NEXT1
            MOV         DA1,BL
            MOV         DA2,BH
```

试问：(1) 该程序完成的功能是什么？

(2) 程序执行后，DA1 和 DA2 单元的内容分别是什么？

2. 有程序段如下：

```
DATA        SEGMENT
ARRAY       DB          0A2H,92H,45H,86H,45H,67H,77H,54H,89H,23H
COUNT       EQU         $-ARRAY
DA1         DB          ?
DA2         DB          ?
DATA        ENDS
            ...
            MOV         BX,OFFSET ARRAY
            MOV         CX,COUNT
NEXT1:      MOV         AL,[BX]
            CMP         AL,0
            JGE         NEXT2
            INC         DL
            JMP         NEXT3
NEXT2:      INC         DH
NEXT3:      INC         BX
            DEC         CX
            JNZ         NEXT1
            MOV         DA1,DL
            MOV         DA2,DH
```

试问：(1) 该程序完成的功能是什么？

(2) 程序执行后,DA1 和 DA2 单元的内容分别是什么?

3. 有程序段如下:

```
DATA      SEGMENT
DA1       DB        90H
DA2       DB        100
DA3       DB        ?
DA4       DB        ?
DATA      ENDS
          ...
          MOV       AL,DA1
          ADD       AL,DA2
          JO        NEXT1
          MOV       DA3,AL
          MOV       DA4,0
          JMP       NEXT2
NEXT1:    MOV       DA4,1
NEXT2:    ...
```

试问:(1) 该程序完成的功能是什么?

(2) 程序执行后,DA3 和 DA4 单元的内容分别是什么?

4. 有程序段如下:

```
DATA      SEGMENT
DA1       DB        65H
DA2       DB        90H
DA3       DB        56H
RESULT    DB        ?
DATA      ENDS
          ...
          MOV       AL,DA1
          MOV       BL,DA2
          MOV       CL,DA3
          CMP       AL,BL
          JGE       NEXT1
          XCHG      AL,BL
NEXT1:    CMP       AL,CL
          JGE       NEXT2
          XCHG      AL,CL
NEXT2:    MOV       RESULT,AL
```

试问:(1) 该程序完成的功能是什么?

(2) 程序执行后,RESULT 单元的内容是什么?

5. 有程序段如下:

```
DATA      SEGMENT
ARRAY     DB       81,86,69,73,54,81,47,61,97,61
N         EQU      $-ARRAY
CONT      DB       0
          ...
          MOV      BX,0
          MOV      CX,N
LOP:      CMP      ARRAY[BX],60
          JB       NEXT
          CMP      ARRAY[BX],70
          JAE      NEXT
          INC      CONT
NEXT:     INC      BX
          LOOP     LOP
```

试问：（1）该程序完成的功能是什么？

　　　　（2）程序段执行后，CONT 单元的内容是什么？

6. 有程序段如下：

```
          MOV      BX,OFFSET  BUFF
          XOR      AX,AX
          MOV      CX,64H
NEXT:     MOV      [BX],AL
          INC      BX
          LOOP     NEXT
```

试问该程序完成的功能是什么？

7. 有程序段如下：

```
BUFF      DB       10 DUP(?)
COUNT     EQU      $—BUFF
          ...
          LEA      DI,BUFF
          MOV      AL,COUNT
          MOV      CX,COUNT
          CLD
          REP      STOSB
```

试问程序段执行后自 BUFF 开始相应存储单元的内容是什么？

8. 有程序段如下：

```
          XOR      BX,BX
          MOV      DX,0
          MOV      CX,10
LOP:      INC      BX
          MOV      AX,BX
```

```
        MUL      BL
        ADD      ADD DX,AX
        LOOP     LOP
```

试问该程序完成的功能是什么？

9. 有程序段如下：

```
        XOR      BX,BX
        MOV      AX,1234H
LAB1:   CMP      AX,0
        JZ       NEXT
        SHL      AX,1
        JNC      LAB1
        INC      BL
        JMP      LAB1
NEXT:   …
```

试问该程序完成的功能是什么？

10. 有程序段如下：

```
        MOV      AX,1234H
        MOV      BX,4323H
        MOV      CX04H
        CALL     SUB1
        …
SUB1    PROC     NEAR
LOP:    SHL      AL,1
        RCL      AH,1
        SHR      BH,1
        RCR      BL,1
        LOOP     LOP
        RET
        …
```

试问该程序完成的功能是什么？

五、简答题

1. 什么叫分支结构程序？
2. 双分支程序有哪两种结构形式，试画出它们的结构框图。
3. 什么叫循环结构程序？
4. 实现多分支结构有哪几种方法？简述它们的基本设计思想。
5. 循环程序有哪两种结构形式？试画出它们的结构框图。
6. 在程序设计中，解决哪类问题需要采用循环结构？
7. 循环程序由哪几部分构成？简述每一部分的功能？

8. 在设计循环程序中,控制循环的方法一般有哪几种?

9. 指出 CALL 指令与 JMP 指令的异同。

10. 简述子程序与宏指令的区别。

六、程序设计题

1. 设字节变量 X 和 Y 中存放着两个无符号数,编写程序比较二者之间的大小。若 $(X) \geqslant (Y)$,则输出显示字符"X";若 $(X) < (Y)$,则输出显示字符"Y"。

2. 设字节变量 X 和 Y 中存放的均是带有符号字节数,试编写程序实现 $|X| + |Y|$ 结果送 AL 的计算。

3. 设在寄存器 AX、BX、CX 中存放的是 16 位无符号数,试编写程序段,找出 3 个数值居中的一个,并将其存入 RESULT 字单元中。

4. 在以字节变量 ARRAY 为首地址的内存区域存储了一组有符号数,试编写程序将数组所有正数相加,并将和送入 SUM 字单元。

5. 在以字变量 ARRAY 为首地址的存储区域存放了一组有符号数,编写程序将其中所有负数取出,依次存放在以 BUFF 为首地址的数据缓冲区。

6. 设某班级 50 名学生某门课程的考试成绩都已存放自 XX 单元开始的内存区中,试编制一程序查找最高分和最低分。

7. 设某单位有职工 4500 人,设 AGE 表格里面存放了所有职工的年龄,试编写一程序设计统计该单位超过 55 岁的人数,并将统计结果存放在 SUM 单元。

8. 某班级的男生和女生在字符串中分别用"M"和"W"表示,并存储在以 STRING 为首地址的区域,试编写一程序统计该班的男生和女生的人数,要求统计结果存放在 MAN 和 WOMAN 单元中。

9. 试编写一程序段,在以 Character 为首地址的 26 个字节单元中依次存放字符'A'、'B'、'C'、…、'Z'。

10. 在以 Character 为首地址的内存区域,存放了一个含有大小写字母的字符串,试编写一程序将该串中大写字母全部改写成小写字母。

11. 在 TABLE 为首址处存放了一个班级 50 名同学的英语考试成绩,试编写程序将不及格的成绩送入以 BUFF 为首地址的数据表中,并统计不及格的人数送入 SUM 单元。

12. 已知在内存中有一张关于学生学号和成绩的表 TAB,每个学生占有 3 个字节空间,第一字节存放成绩,第二字节、第三字节存放学号。试编写程序将成绩不及格学生的学号送到 BUFF 表中保存。

13. 在以 STING 为首地址的内存区域中,存放了长度为 100 个字符的字符串,试编写一程序要求将其中全部字符设置成偶校验(所谓对字符进行偶校检设置,就是判断该字符的 ASCII 码是否由偶数个"1"组成,若是偶数则该字符代码不变,若是奇数代码的最高位补上"1",保证有偶数个"1")。

14. 编写确定一个进制数 $X(2 \leqslant X \leqslant 200)$ 是否是素数(质数)的程序。

15. 编写程序,将两个双字变量相加,结果存入另一个双字变量中。

16. 在 ARRAY 开始的内存单元中,存放着一组字节型有符号数,编写程序统计出其中的正数、负数和零的个数。

第6章

系统功能调用

本章之前的程序都是在数据区定义数据项,或者在指令操作数字段给定立即数。然而,大多程序都要求从外设输入数据,例如键盘、磁盘、鼠标或调制解调器,并且提供有效的格式输出到屏幕、打印机或磁盘上。

本章将针对 DOS 系统功能和 BIOS 功能进行详细的叙述。

6.1　系统功能调用概述

DOS(磁盘操作系统)设置了一些功能调用模块,完成对磁盘、文件、设备、内存、键盘等的管理。对用户来说,这些功能模块就是几十个独立的中断服务程序,这些程序的入口地址已由系统置入中断矢量表中,在汇编语言源程序中可用软中断指令直接调用。这样,用户就不必深入了解有关设备的电路和接口,只需遵照 DOS 规定的调用原则即可使用。对某些设备的操作,既能使用 DOS 中断又能使用 BIOS 中断,但有些功能两者不能替代。

BIOS(基本的输入输出系统)为用户程序和系统程序提供主要外设的控制功能,包括引导装入及对键盘、磁盘、系统加电、显示器、打印机、异步串行通信口等硬件控制。

在 MS-DOS 下,使用硬件的基本方法一般有以下 3 种。

1. 直接访问硬件

通过编写使用 IN 和 OUT 指令程序来实现。编写出的程序运行速度快,但是要求编程者对所使用硬件的控制非常熟悉,用 IN 和 OUT 指令编写出的程序相当繁杂,使调试程序增加了困难,甚至可能会影响整个系统的运行,而且程序的可移植性相当差。

2. 使用 BIOS 功能调用

通过调用 BIOS 系统功能实现,提高了编制程序的可移植性、完成设备一级的控制、具有其他的实用服务功能、避免和外设直接打交道、降低编程者对硬件了解程度、简化使用 PC 硬件资源的程序、具有兼容性、BIOS 直接和外设通信。

3. 使用 DOS 功能调用

通过调用 DOS 系统功能实现,DOS 调用需要的入口/出口参数较 BIOS 简单、不需要编程者对硬件有更多的了解、可以充分利用操作系统提供的所有功能、编制的程序可移植性也较高；但 DOS 完成的功能没有 BIOS 丰富、DOS 调用的执行效率也比 BIOS 低。

一般情况下尽可能使用 DOS 中断，必要时再使用 BIOS 中断，BIOS 更接近硬件。

在 8086/8088 指令系统中，有一种软中断指令 INT N。每执行一条软中断指令，就调用一个相应的中断服务程序。当 $N=5\sim1FH$ 时，调用 BIOS 中的服务程序，一般称为系统中断调用；当 $N=20\sim3FH$ 时，调用 DOS 中的服务程序，称为功能调用。其中，INT 21H 是一个具有调用多种功能的服务程序的软中断指令，故称其为 DOS 系统功能调用。

DOS 系统和 BIOS 为用户提供了一系列功能调用，大致可分为设备管理、文件管理和进程管理等几类。

1）调用 BIOS 和 DOS 功能的准备

AH——子功能号。

DL——驱动器号。

DH——磁头号。

CH——磁道号。

CL——扇区号。

AL——扇区数。

ES：BX——数据缓冲区地址。

2）调用 DOS 中断程序的基本过程

（1）子功能号送入 AH 寄存器。

（2）按照要求设置好所有入口参数。

（3）发送 INT N 软中断指令。

【例 6-1】 用 09H 号功能调用，显示输出指定的字符串。

```
        CODE        SEGMENT
        ASSUME      CS:CODE,DS:CODE
        ORG         100H                    ;设置偏移地址
START:  PUSH        CS
        POP         DS                      ;代码段段地址送 DS
        LEA         DX,STRING               ;DX 字符串的首地址
        MOV         AH,09H                  ;09H 号功能调用
        INT         21H
        MOV         AH,4CH                  ;4CH 号功能调用,终止程序返回 DOS
        INT         21H
        STRING      DB 'Welcome To Study HUIBIAN!','$'
        CODE        ENDS
        END         START
```

6.2　DOS 系统功能调用

6.2.1　常用 DOS 系统功能调用

1. DOS 功能调用概述

DOS 内包含了许多涉及设备驱动和文件管理方面的子程序,DOS 的各种命令就是通过调用这些子程序实现的。为了方便使用,把这些子程序编写成相对独立的程序模块,并且给每一个模块编上相应的号。利用汇编语言可以方便地调用这些子程序。调用这些子程序可减少对系统硬件环境的考虑和依赖,从而一方面可大大精简应用程序的编写,另一方面可使程序有良好的通用性。这些编了号的、可由程序员调用的子程序就称为 DOS 功能调用或系统调用。一般认为 DOS 的各种命令是操作员与 DOS 的接口,而功能调用则是程序员与 DOS 的接口。

DOS 功能的调用主要包括下面 3 个方面的子程序。

(1) 基本 I/O 子程序。

(2) 文件管理子程序。

(3) 其他(包括内存管理、置取时间、置取中断向量、终止程序等)。

2. 调用方法

DOS 功能模块位于 BIOS 的上层,它对硬件的依赖相对更少,DOS 功能既可用于操作系统管理,又可用于汇编程序的设计。DOS 功能模块入口地址放在中断向量表中,占有 20H~3FH 中断类型号,通过软中断指令(INT N)进行调用,其中,22H、23H、24H 为 DOS 专用中断,20H、21H、25H、26H、27H、2FH 为用户可调用中断。DOS 系统功能调用的方法一般可分为以下几步。

(1) 根据所需的功能调用设置入口参数的,但大部分功能调用需要入口参数,在调用前应按要求准备好入口参数。

(2) 把功能调用号送 AH 寄存器。

(3) 发软中断指令"INT 21H"。

(4) 可根据有关功能调用的说明取得出口参数。大部分功能调用都有出口参数,部分功能调用没有出口参数。

程序员不必关心子程序在何处,也不必关心它是如何实现其功能的。例如,调用 2 号功能调用,使喇叭发出"嘟"的一声。2 号功能调用的功能是在屏幕上显示一个字符,入口参数是 DL 寄存器为要显示的字符的 ASCII 码。当要显示的字符的 ASCII 码为 07H 时,并不在屏幕上显示字符,而是发出"嘟"的一声。程序片段如下:

```
MOV    DL,07H                      ;设置入口参数
MOV    AH,2H                       ;置功能调用号
INT    21H                         ;实施调用
```

有的功能很特殊，调用它后不再返回。例如，4CH 号功能调用，其功能就是结束程序的运行而返回 DOS。已经在多个程序中使用这个功能调用。4CH 号功能调用有一个存放在 AL 寄存器中的入口参数，该入口参数是程序的结束码，其值的大小不影响程序的结束。例如：

```
MOV    AL,0                    ;置退出码
MOV    AH,4CH                  ;设置功能调用号
INT    21H                     ;实施调用
```

有些功能调用不需要入口参数，如 1 号功能调用是接收键盘输入，其出口参数是所输入字符的 ASCII 码，保存在 AL 寄存器中。程序片段如下：

```
MOV    AH,1H                   ;设置功能调用号
INT    21H                     ;实施调用
MOV    DL,AL                   ;取出口参数
```

3. DOS 功能调用分类

DOS 的功能调用随使用的 DOS 版本不同，提供的功能调用种类略有差异，但都是向上兼容的。DOS 2.00 版本提供的功能调用编号是 0～57H。按其功能分成下面六组（编号为十六进制）。

（1）字符 I/O 管理。01H～0CH，管理显示器、键盘、打印机及异步通信接口的字符输入/输出。

（2）初级文件管理。0DH～24H，27H～29H，管理磁盘，包括打开/关闭文件、查找目录、删除文件、建立文件、重新命名文件、顺序读/写文件、随机读/写文件等功能。这一类文件管理在进行文件建立、打开、读/写、关闭、删除等操作时，需要首先建立文件控制块 FCB(File Control Block)。

（3）高级文件管理。高级文件管理直接通过文件代号（又称为文件句柄）进行访问。

39H～3BH，47H，管理目录，包括建立子目录、修改当前目录、删除目录、取当前目录等功能。3CH～46H，管理文件，包括建立、打开、关闭文件，从文件或设备读/写数据，在指定的目录里删除文件、修改文件属性等。

（4）内存管理。48H～4AH，管理内存，包括分配内存，释放已分配的内存，执行程序等。

（5）作业管理。主要是装入程序、查找匹配文件、终止当前进程和返回调用进程等。

00H，退出用户程序并返回操作系统。

26H，建立一个程序段。

31H，终止用户程序并驻留在内存。

4BH，装入一个程序。

4CH，终止当前程序并返回操作系统。

4DH，取子进程的返回代码。

（6）其他资源管理。

25H、35H，置中断向量和取中断向量。

2AH、2BH，取日期和设置日期。

2CH、2DH，取时间和设置时间。

30H、38H，取 DOS 版本号及国别信息。

0～2E 是传统的功能调用，即 DOS 1.00 版本已经提供的功能调用，2FH～57H 是 DOS 2.00 版本新增加的一些功能调用。新增加的功能调用与传统的功能调用有一些在功能上是相同的，但是新增加的功能调用定义的接口较简单，使用起来方便，因此建议在编程中尽量使用新增加的功能调用。

4. 常用 DOS 系统功能调用

下面来介绍几个常用的 DOS 功能调用。

1）01H——键盘输入并回显

01H 功能是一个不需要入口参数的功能调用。执行 01H 功能调用时系统扫描键盘并等待输入一个字符。当扫描到键盘有键按下时，首先检测是否是 Ctrl＋Break 组合键，若是则退出本次功能调用；否则将字符的键值（ASCII 码）送入寄存器 AH 中，并在屏幕上显示该字符。

格式：

```
MOV    AH,1
INT    21H
```

功能：从键盘输入字符的 ASCII 码送入寄存器 AH 中，并送显示器显示。

2）02H——显示输出

02H 功能是一个不需要出口参数的功能调用，其功能是向输出设备输出一个字符码。它的入口参数是输出字符的 ASCII 码，且要将该参数送入寄存器 DL。

格式：

```
MOV    DL,待显示字符的 ASCII 码
MOV    AH,2
INT    21H
```

功能：将 DL 寄存器中的字符送显示器显示，如果 DL 中为 Ctrl＋Break 组合键的 ASCII 码，则退出。

【例 6-2】 要显示输出一个字符"H"。

```
MOV    DL,'H'
MOV    AH,2
INT    21H
```

调用结果是将 DL 寄存器中字符"H"通过输出设备输出。

3）03H——异步通信输入

03H 功能是系统将从异步通信口输入一个字符，并送入 AL 寄存器中。其出口参数是从串口输入的数据，放入寄存器 AL。DOS 系统初始化 03H 端口的标准是字长 8 位、2400 波特、一个停止位、没有奇偶校验位。

4）04H——异步通信输出

04H 功能是系统将从异步通信口输出一个字符，其入口参数是输出字符的 ASCII 码，入口参数需送入寄存器 DL 中。

【例 6-3】　将 DL 寄存器中的字符"H"通过异步通信口串行输出。

```
MOV    DL,'H'
MOV    AH,4
INT    21H
```

执行结果将 DL 寄存器中的字符"H"通过异步通信口串行输出。此功能与 BIOS 的 INT 14H 相同，但是在 BIOS 的 14H 功能可以对串行通信口任意初始化，而 03H 和 04H 功能的默认端口是 1 号通信端口。

5）05H——打印机输出

05H 功能是输出一个字符到打印机，其入口参数是输出字符的 ASCII 码，入口参数需送入寄存器 DL 中，默认使用 1 号并行打印接口的打印机进行输出。

格式：

```
MOV    DL, 待打印字符的 ASCII 码
MOV    AH,5
INT    21H
```

功能：将 DL 寄存器中的字符送打印机打印。

【例 6-4】　输出字符"&"到打印机

```
MOV    DL,'&'
MOV    AH,5
INT    21H
```

6）06H——直接控制台输入/输出字符

06H 功能是从键盘输入一个字符，或输出一个字符到屏幕，有以下两种入口参数。

（1）DL＝0FFH，表示是从键盘输入字符。

ZF＝0，将字符的 ASCII 码送入寄存器 AL。

ZF＝1，寄存器 AL 中不是输入字符 ASCII 码。

（2）DL≠0FFH，表示输出一个字符到屏幕。此时 DL 寄存器中内容就是输出字符的 ASCII 码。

06H 功能调用与 01H 和 02H 功能调用不同之处在于不检查 Ctrl＋Break 组合键值。

【例 6-5】　直接控制台输入输出字符"H"。

```
MOV    DL,0FFH
```

```
MOV     AH,6
INT     21H
MOV     DL 'H'
MOV     AH,6
INT     21H
```

7）07H——直接控制台输入无回显

07H 功能是等待从标准输入设备（键盘）输入字符（ASCII 码）并送入 AL 寄存器中，但不送屏幕显示。没有入口参数，出口参数是输入字符码，出口参数送入 AL 寄存器中。

8）08H——键盘输入无回显

08H 功能是等待从键盘输入字符，将其 ASCII 码送入 AL 寄存器中。其没有入口参数，出口参数是输入字符码，出口参数送入 AL 寄存器中。08H 与 01H 系统功能调用不同之处在于输入的字符不送屏幕显示。

9）09H——显示字符串

09H 功能是将指定的内存缓冲区中的字符串送屏幕显示（或送打印机打印）。其入口参数是 DS：DX 指向缓冲区中字符串首址，字符串必须以"＄"字符作为结束标志或是 ASCII 字符串。

格式：

```
LEA     DX,待显示字符串首偏移地址
MOV     AH,9
INT     21H
```

功能：将当前数据区中以'＄'结尾的字符串送显示器显示。

10）0AH——键盘输入字符串到缓冲区

0AH 功能是将键盘输入的字符串写入内存缓冲区中。首先在内存储器中定义一个缓冲区，用于接收字符串。其中第一个字节用于定义该缓冲区的字节个数，第二个字节用于定义由系统填写实际输入的字符总数，从第三个字节开始存放输入的字符串；然后从键盘接收以 Enter 键为结束符的字符串。若实际输入的字符数未填满所定义的缓冲区，则用 0 补满；若字符数超出定义的缓冲区长度，则会产生字符丢失，并用响铃警告。

格式：

```
LEA     DX,缓冲区首偏移地址
MOV     AH,10
INT     21H
```

功能：从键盘上输入一字符串到用户定义的输入缓冲区内，并送显示器显示。在调用 0AH 功能前要先定义一个缓冲区，用于存放字符串。例如：

```
DATA    DB 64                       ;定义缓冲区的字节个数
        DB?                         ;由系统填写实际输入的字符总数
        DB 20 DUP(?)                ;开始存放输入的字符串
                                    ;0AH 号系统功能调用
MOV     DX, OFFSET DATA
```

```
MOV    AH,0AH
INT    21H
```

在上段程序中定义了一个可存放 64 个字节的数据缓冲区。执行 INT 21H 指令时，系统等待用户输入字符串。相应输入的字符 ASCII 码被写入缓冲区中，按 Enter 键后，系统输出实际输入的字符总数，但不包含最后的回车符号，并将其写入缓冲区的第二个字节中。

11) 0BH——检查键盘状态

0BH 功能是键盘有任意键按下时，则将 0FFH 送入 AL 寄存器中，并检查该键是否是 Ctrl＋Break 组合键，如果是则退出。无任何键按下时则将 0 送入 AL 寄存器中。

12) 2BH——设置日期

2BH 的功能是设置有效日期。

入口参数：

```
CX=年
DH=月
DL=日
```

出口参数存放在 AL 寄存器中，AL＝0 表示设置成功，日期有效；AL＝0FFH 表示设置无效。

【例 6-6】 将日期设置为 2008 年 8 月 8 日的程序段如下：

```
MOV    CX,2008H
MOV    DH,08H
MOV    DL,08H
MOV    AH,2BH
INT    21H
```

13) 2AH——取得日期

2AH 的功能是将当前有效日期取到 CX 和 DX 寄存器中。其出口参数是年号、月份和日期，年号置入 CX 寄存器中，月份和日期置入 DX 寄存器中。

14) 2DH——设置时间

2DH 的功能是设置有效时间。

入口参数：

```
CH=时
CL=分
DH=秒
DL=10 毫秒
```

出口参数存放在 AL 中，AL＝0 表示设置时间有效；AL＝0FFH 表示设置无效。

【例 6-7】 将有效时间设置为 16 点 24 分 58.3 秒。

```
MOV    CX,1624H
MOV    DX,5830H
```

```
MOV    AH,2DH
INT    21H
```

15）2CH——取得时间

2CH 功能是将当前有效时间取到 CX 和 DX 寄存器中；其没有入口参数，出口参数存放在 CX 和 DX 寄存器中，时间存放格式与 2DH 号系统功能调用相同。

16）4CH——返回操作系统

4CH 功能是结束当前正在执行的程序，并返回操作系统，屏幕显示操作系统提示符。其他系统功能详见附录 E。

5．DOS 中断的功能

DOS 中断的功能、入口和出口参数如表 6-1 所示。

表 6-1　DOS 中断功能、入口和出口参数表

中　断	功　　能	入　口　参　数	出　口　参　数
INT 20H	程序正常退出	CS＝程序段前缀段地址	
INT 21H	系统功能调用	AH＝调用号 功能调用入口参数	功能调用出口参数
INT 22H	结束退出		
INT 23H	按 Ctrl＋Break 组合键退出		
INT 24H	出错退出		
INT 25H	读盘	AL＝盘号 CX＝读入扇区数 DX＝起始逻辑扇区号 DS:BX:缓冲区首址	CF＝1 表示读盘出错 CF＝0 表示读盘正常
INT 26H	写盘	AL＝盘号 既:写盘扇区数 DX＝起始逻辑扇区号 DS:缓冲区的段地址 BX＝缓冲区的偏移地址	CF＝1 表示写盘出错 CF＝0 表示写盘正常
INT 27H	驻留退出	CS＝程序段前缀段地址 DX＝驻留程序的长度	

表 6-1 中的入口参数是指在执行软中断指令前有关寄存器必须设置的值，出口参数记录的是执行软中断以后的结果和特征，供用户分析使用。

1）INT 20H

INT 20H 是两字节指令，它的作用是终止正在运行的程序，返回操作系统。这种终止程序的方法只适用于.com 文件，而不适用于.exe 文件。

程序段前缀区（PSP）是 DOS 操作系统装入用户可执行文件后，在程序段内偏移地址为 0 处建立的存储区。程序段前缀区占有 100H 字节单元，存放与装入文件有关的信息。用户程序放在其后的地址单元中。

程序段前缀区的前两个单元存有 INT 20H 指令。EXE 文件装入内存后，DOS 将寄存器 DS、ES 指向 PSP 的起始地址，即指向 INT 20H 指令。为了利用这条指令使程序返回操作系统，必须在用户程序开始部分写入以下指令：

```
PUSH    DS              ;将 PSP 区的段地址入栈
MOV     AX,0            ;取 PSP 区 INT 20H 指令的地址偏移量
PUSH    AX              ;压入堆栈程序
RET
```

前三条指令在堆栈中保存了 PSP 的入口地址，用户程序在执行最后一条 RET 指令时，将把这个入口地址弹入 CS：IP 中，使程序转向执行 INT 20H 指令，返回 DOS 操作系统。

说明：结束当前进程的执行，也可用中断调用 21H 的功能 4CH。

2) 中断调用 21H(INT 21H)

DOS 以中断调用 INT 21H 向用户提供了一组非常有用的系统功能，规定以中断指令 INT 21H 进入功能调用子程序的总入口，再为每个功能调用规定一个功能号以便进入相应的各个子程序的入口，向用户提供 00H～63H 共84 个子功能（其中有部分子功能号保留），按其用途可分为程序结束、字符 I/O、磁盘控制、文件操作、目录操作和日期时间表等。

DOS 所有的功能调用都是利用 INT 21H 中断指令实现的，每个功能调用对应一个子程序，并有一个编号，其编号就是功能号。DOS 拥有的功能子程序因版本而异。各子程序的功能号、中断类型号、功能、入口参数和出口参数见附录 E。

3) INT 22H、INT 23H 和 INT 24H

INT 22H、INT 23H 和 INT 24H 用户不能直接调用。例如，INT 23H，只有当同时按下 Ctrl＋Break 组合键时才启动 DOS 的 23H 号调用，其功能是终止正在运行的程序，返回操作系统。

4) 中断调用 25H(INT 25H)

INT 25H 的功能是绝对读磁盘。

入口参数：(AL)＝驱动器号(0＝A，1＝B)；

　　　　　(CX)＝要读出的扇区数；

　　　　　(DX)＝开始的逻辑扇区号；

　　　　　(DS)＝缓冲区的段地址；

　　　　　(BX)＝缓冲区的偏移地址。

返回：传送成功时，进位＝0；传送不成功时，进位＝1。

　　　　　(AL)＝80H:连接设备没有反应。

　　　　　40H:SEEK 操作失败。

　　　　　20H:控制器有问题。

　　　　　10H:磁盘 CRC 错误。

　　　　　08H:直接内存存取(DMA)错误。

　　　　　06H:不能用。

04H:需要的扇区没有找到。

03H:企图向保护磁盘写入。

02H:找不到地址标记。

5）中断调用 26H(INT 26H)

INT 26H 的功能是绝对写磁盘。

入口参数：(AL)＝驱动器号(0＝A,1＝B)；

(CX)＝要写入的扇区数；

(DX)＝开始的逻辑扇区号；

(DS)＝缓冲区的段地址；

(BX)＝缓冲区的偏移地址。

返回：传送成功时,进位＝0;传送不成功时,进位＝1。

(AL)＝80H:连接设备没有反应。

40H:SEEK 操作失败。

20H:控制器有问题。

10H:磁盘 CRC 错误。

08H:直接内存存取(DMA)错误。

06H:不能用。

04H:需要的扇区没有找到。

03H:企图向保护磁盘写入。

02H:找不到地址标记。

INT 25H 是绝对读盘,INT 26H 是绝对写盘,这两条软中断的调用需要用户熟知磁盘结构,准确指出读/写的扇区号、扇区数和磁盘驱动器号,还需要知道与磁盘交换信息的内存缓冲区的首地址。因此这种读/写磁盘的方式较落后,除特殊用途外,基本上已不采用。

6）中断调用 27H(INT 27H)

INT 27H 的功能是终止并驻留程序于内存中。

入口参数：(CS)＝驻留在内存中程序最后地址的段地址；

(DX)＝驻留在内存中程序最后地址的偏移地址。

返回：无。

INT 27H 指令的作用是终止正在运行的程序,返回操作系统。被终止的程序驻留在内存中作为 DOS 的一部分,它不会被其他程序覆盖。在其他用户程序中,可以利用软中断来调用这个驻留的程序。

6.2.2　DOS 系统功能调用实例

【例 6-8】　编写一个用键盘输入文件名,若输入的文件存在,则显示其内容,否则,显示文件不存在的信息的程序;若输入的字符串为空,则程序运行结束。

```
        .MODEL          SMALL
```

```
        .DATA
        FILE        DB 30, ?, 30 DUP(?), 0
        ERR         DB "THIS FILE ISN'T FOUND", 10, 13, "$"
        BUFF        DB 128 DUP(?)
        .CODE
        .STARTUP
START:  MOV         AH, 0AH             ;利用 0AH 功能,输入文件名
        LEA         DX, FILE            ;DS:DX=输入缓冲区逻辑地址
        INT         21H
        MOV         BL, FILE+1
        CMP         BL, 0               ;检查文件名是否为空
        JZ          STOP
        XOR         BH, BH
        MOV         FILE[BX+2], 0
        MOV         DX, OFFSET FILE+2
        MOV         AH, 3DH             ;调用打开文件功能
                                        ;DS:DX 为子目录说明串首地址
        MOV         AL, 0H              ;AL=打开方式(0 为只读)
        INT         21H
        JNC         FOUND
        LEA         DX, ERR
        MOV         AH, 9H              ;调用显示字符串功能
        INT         21H
        JMP         START
FOUND:  MOV         BX, AX              ;把文件句柄赋给 BX
VIEW:   LEA         DX, BUFF
        MOV         AH, 3FH             ;读文件内容
        MOV         CX, 128
        INT         21H
        CMP         AX, 0
        JZ          CLS                 ;读取的字符数为 0
        JC          CLS                 ;读错误
        PUSH        BX                  ;保存文件句柄
        MOV         DX, OFFSET BUFF
        MOV         CX, AX
        MOV         BX, 1               ;屏幕设备的句柄规定为 1
        MOV         AH, 40H             ;在屏幕上显示读出的字符
        INT         21H
        POP         BX                  ;恢复文件句柄
        JMP         VIEW
CLS:    MOV         AH, 3EH             ;关闭文件
        INT         21H
        JMP         START
STOP:   .EXIT       0
```

```
                    END
```

【例 6-9】 编写一个创建子目录的程序,若目录创建成功,显示成功信息,否则,显示创建失败信息,用键盘输入一个目录路径名,若输入的字符串为空,则程序运行结束。

```
              .MODEL        SMALL
              .DATA
    DIR                     DB 30, ?, 30 DUP(?), 0
    VNEWS                   DB "VICTORY", 10, 13, "$"
    FNEWS                   DB "FAILURE", 10, 13, "$"
              .CODE
              .STARTUP
    START: MOV              AH, 0AH            ;利用 0AH 功能,输入目录名
           LEA              DX, DIR
           INT              21H
           MOV              BL, DIR+1
           CMP              BL, 0
           JZ               STOP               ;检查输入的字符串是否为空
           XOR              BH, BH
           MOV              DIR[BX+2], 0       ;确保字符串以 0 为结束标志
           MOV              DX, OFFSET DIR+2
           MOV              AH, 39H            ;利用 39H 功能,创建子目录
           INT              21H
           .IF              CARRY?             ;测试标志寄存器中有没有置位
           LEA              DX, FNEWS
           .ELSE
           LEA              DX, VNEWS
           .ENDIF
           MOV              AH, 9H
           INT              21H
           JMP              START
    STOP:  .EXIT            0
           END
```

【例 6-10】 从键盘上输入一串字符到输入缓冲区,然后将输入的字符串在显示器上以相反的顺序显示。

源程序如下:

```
    DATA          SEGMET
    INFO1         DB 0DH, 0AH, 'INPUT STTRING:$'
    INFO2         DB 0DH, 0AH, 'OUTPUT STTRING:$'
    BUFA          DB 81
                  DB ?
                  DB 80 DUP(0)
    DATA          ENDS
```

```
            STACK           SEGMENT
                            DB 200 DUP(0)
            STACK           ENDS
            CODE            SEGMENT
            ASSUME          DS:DATA, SS:STACK,CS:CODE
     START: MOV             AX,DATA
            MOV             DS,AX
            LEA             DX,INFO1
            MOV             AH,9
            INT             21H                 ;9号调用,显示输入提示信息
            LEA             DX,BUFA
            MOV             AH,10
            INT             21H                 ;10号调用,键盘输入字符串到缓冲区 BUFA
            LEA             SI,BUFA+1
            MOV             CH,0
            MOV             CL,[SI]
            ADD             SI,CX               ;SI 指向字符串尾部
            LEA             DI,BUFB             ;DI 指向字符串变量 BUFB
     NEXT:  MOV             AL,[SI]
            MOV             [DI],AL
            DEC             SI
            INC             DI
            LOOP            NEXT
            MOV             BYTE PTR [DI],'$'
            LEA             DX,INFO2
            MOV             AH,9
            INT             21H                 ;9号调用,显示输入提示信息
            LEA             DX,BUFB
            MOV             AH,9
            INT             21H                 ;反向显示字符串
            MOV             AH,4CH
            INT             21H
            CODE            ENDS
            END             START
```

【例 6-11】 编写一个程序,它先接收一个字符串,然后显示其数字的个数,英字母的个数和字符串的长度。

先利用 0AH 号功能调用接收一个字符串,然后分别统计其中数字符和英文字母的个数,最后用十进制数的形式显示它们。整个字符串的长度可从 0AH 号功能调用的出口参数取得。源程序如下:

```
;程序名:SJW6-11.ASM
MLENGTH=128                         ;缓冲区长度
DSEG            SEGMENT             ;数据段
```

```
        BUFF            DB MLENGTH              ;符合 0AH 号功能调用所需的缓冲区
                        DB ?                    ;实际输入的字符数
                        DB MLENGTH DUP(0)
        MESS0           DB'Please input:$'
        MESS1           DB'Length=$'
        MESS2           DB'X=$'
        MESS3           DB'Y=$'
        DSEG            ENDS
        CSEG            SEGMET                  ;代码段
        ASSUME          CS:CSEG, DS:DSEG
START:  MOV             AX,DSEG
        MOV             DS,AX                   ;置 DS
        MOV             DX,OFFSET MESS0         ;显示提示信息
        CALL            DISPMESS
        MOV             DX,OFFSET BUFF
        MOV             AH,10                   ;接收一个字符串
        INT             21 H
        CALL            NEWLINE
        MOV             BH,0                    ;清数字符计数器
        MOV             BL,0                    ;清字母符计数器
        MOV             CL,BUFF+1               ;取字符串长度
        MOV             CH,0
        JCXZ            COK                     ;若字符串长度等于 0,不统计
        MOV             SI,OFFSET BUFF+2        ;指向字符串首
AGAIN:  MOV             AL,[SI]                 ;取一个字符
        INC             SI
        CMP             AL,'0'                  ;判断是否是数字符
        JB              NEXT
        CMP             AL,'9'
        JA              NODEC
        INC             BH                      ;数字符计数加 1
        JMP             SHORT NEXT
NODEC:  OR              AL,20H                  ;转小写
        CMP             AL,'a'                  ;判断是否是字母符
        JB              NEXT
        CMP             AL,'z'
        JA              NEXT
        INC             BL                      ;字母符计数加 1
NEXT:   LOOP            AGAIN                   ;下一个
COK:    MOV             DX,OFFSET MESS1
        CALL            DISPMESS
        MOV             AL,BU FF+1              ;取字符串长度
        XOR             AH,AH
        CALL            DISPAL                  ;显示字符串长度
```

```
        CALL        NEWLINE
        MOV         DX,OFFSET  MESS2
        CALL        DISPMESS
        MOV         AL,BH
        XOR         AH,A H                    ;显示数字符个数
        CALL        DISPAL
        CALL        NEWLINE
        MOV         DX,OFFSET  MESS3
        CALL        DISPMESS
        MOV         AL,BL
        XOR         AH,AH
        CALL        DISPAL                    ;显示字母符个数
        CALL        NEWLINE
        MOV         AX,4C00H                  ;程序正常结束
        INT         21 H
;子程序:DISPAL,用十进制数的形式显示 8 位二进制数
;入口参数:AL=8 位二进制数
        DISPAL      PROC NEAR
        MOV         CX,3                      ;8 位二进制数最多转换成 3 位十进制数
        MOV         DL,10                     ;得 ASCII 码
DISP1:  DIV         DL                        ;置入堆栈
        XCHG        AH,AL
        ADD         AL,'0'
        PUSH        AX
        XCHG        AH,AL
        MOV         AH,0
        LOOP        DISP1
        MOV         CX,3
DISP2:  POP         DX                        ;弹出一位
        CALL        ECHOCH
        LOOP        DISP2
        RET
        DISPAL      ENDP                      ;显示由 DX 所指的提示信息
        DISPMESS    PROC NEAR
        MOV         AH,9
        INT         21H
        RET
        DISPMESS    ENDP                      ;显示 DL 置的字符
        ECHOCH      PROC NEAR
        MOV         AH,2
        INT         21 H
        RET
        ECHOCH      ENDP
        CSEG        ENDS
        END         START
```

6.3 BIOS 系统功能调用

6.3.1 BIOS 系统功能调用概述

BIOS 系统功能除处理系统的全部内部中断外,还提供了许多基本输入/输出设备级的控制功能。这是编程时能够用到的基本的同输入/输出之间交互的基本界面。

在只读存储器中提供了 BIOS 基本的输入/输出系统,它占用系统板上 8KB 的 ROM 区,又称 ROM BIOS。在系统板的 ROM 中存放着一套程序——称为 BIOS(基本输入/输出系统),BIOS 中主要包含以下几部分内容:

(1) 硬件系统的检测和初始化程序。

(2) 外部中断和内部中断的中断例程。

(3) 用于对硬件设备进行 I/O 操作的中断例程。

(4) 其他和硬件系统相关的中断例程。

BIOS 系统功能调用为用户程序和系统程序提供主要外设的控制功能,即系统加电自检、引导装入及对键盘、磁盘、磁带、显示器、打印机、异步串行通信口等控制。计算机系统软件就是利用这些基本的设备驱动程序,完成各种功能操作。

BIOS 使用的中断类型号为 10H~1FH,表 6-2 为 BIOS 中断调用表。

表 6-2　BIOS 中断调用表

中断号	功　　　能	中断号	功　　　能
10H	显示器 I/O 调用	18II	磁带 BASIC 接口
11H	设备检验调用	19H	自检程序接口
12H	存储器检验调用	1AH	时间调用
13H	软盘 I/O 调用	1BH	Ctrl+Break 组合键控制
14H	异步通信口调用	1CH	定时处理
15H	磁带 I/O 调用	1DH	显示器参数表
16H	磁盘 I/O 调用	1EH	软盘参数表
17H	打印机 I/O 调用	1FH	字符点阵结构参数表

调用 BIOS 程序模块,需要给出入口参数(有的调用无入口参数)。然后通过与有中断类型号的软中断指令调用,经中断向量表取出调用模块的入口地址,就可自动地转入相应的 BIOS 处理模块中去了。

1. 键盘 I/O 中断调用(16H 中断调用)

当应用程序需要读取键盘按键时,可使用 INT 16H 的软件中断。它以先进先出的方式读取键盘缓冲区中最先存入的按键。INT 16H 有 3 个子功能,可以等待读取一个按键、判断有无按键或者获取当前的特殊功能键信息(如 Shift、Ctrl 键的信息)。各功能由 AH 寄存器区分,用户在调用前预先设置。

16H 中断调用有 3 个功能,功能号为 0~2。

1）AH＝0

功能：从键盘读字符到 AL 寄存器，当无键按下时，处于等待状态。

入口参数：AH＝0。

出口参数：AL 中为键盘输入的字符的 ASCII 码值，AH 中为扫描码。

2）AH＝1

功能：读键盘缓冲区字符到 AL 寄存器中，并置 ZF 标志位，若按过任意一键（即键盘缓冲区不空），置 ZF＝0，否则 ZF＝1。

入口参数：AH＝1。

出口参数：若 ZF＝0，则 AL 中为输入的字符的 ASCII 码。

由于该功能是从键盘缓冲区读数据，当没有任何键被按下时，不等待而立即返回。一般通过检测 ZF 标志来控制某一程序的执行。

3）AH＝2

功能：读取特殊功能键的状态。

入口参数：AH＝2。

出口参数：AL 为各特殊功能键的状态，各位含义如表 6-3 所示。

表 6-3　特殊功能键的各位含义

位	含　义	位	含　义
D7	Insert 状态改变	D3	按下 Alt 键
D6	Caps Lock 状态改变	D2	按下 Ctrl 键
D5	Num Lock 状态改变	D1	按下左 Shift 键
D4	Stroll Lock 状态改变	D0	按下右 Shift 键

2. 键盘 09H 的处理过程

中断 09H 是硬件中断处理程序，用于扫描码到扩展码的转换和按键缓存，用户一般不直接使用。当有键盘按键时，键盘接口电路把来自键盘的扫描码送入接口寄存器，并向 CPU 发出中断请求。当 CPU 响应中断请求后，执行类型为 09H 的中断服务程序，功能如下。

（1）从键盘接口的输出缓冲寄存器（60H）读取系统扫描码。

（2）判断该键是单独按下或是与组合键（Shift、Ctrl 或 Alt）一起按下。若字符键单独按下，将扫描码转换为相应的 ASCII 码或扩展码写入键盘缓冲区。

（3）如果是换档键（如 Caps Lock、Ins 等），将其状态存入 BIOS 数据区中的键盘标志单元。

（4）如果是组合键（如 Ctrl＋Alt＋Del），则直接执行，完成其相应的功能。

（5）对于终止组合键（如 Ctrl＋C 或 Ctrl＋Break），强行终止应用程序的执行，返回 DOS。

（6）将转换的 ASCII 码作为低字节，以原来的系统扫描码作为高字节存入键盘缓冲区，供系统调用。

（7）在完成上述任务后，结束中断调用并返回。至此，一次按键输入的信息才真正送入计算机中。

具体调用实例见例 6-1。

3. 打印机 I/O 中断调用（17H 中断调用）

17H 中断调用有 3 个功能，功能号为 0～2。

（1）AH＝0：本功能为把 AL 中指定的字符在打印机上打印出来。

（2）AH＝1：本功能为对指定的打印机初始化。

（3）AH＝2：本功能为读取打印机的状态信息。

4. 时钟中断调用（1AH 中断调用）

1AH 中断调用有两个功能。功能号为 0 和 1。

（1）AH＝0：本功能为读取时钟计数器的当前值。

（2）AH＝1：本功能为设置时钟计数器的当前值。

6.3.2 BIOS 系统功能调用实例

【例 6-12】 在每页的开始处打印"Hello world"字符串，并空一行才打印其他内容；当打印机不能正常打印（非硬件故障）时，提示其原因。

```
                .MODEL SMALL
                .DATA
       TOP          DB 0CH, "HELLO WORLD", 0DH, 0AH, 0AH
       COUNT        EQU $-TOP
       NEWS1        DB "TIME OUT ERROR$ "
       NEWS2        DB "INTPUT OR OUTPUT ERROR$ "
       NEWS3        DB "OUT OF PAPER$ "
       TIMEERR      EQU 01H
       INOUT        EQU 08H
       OUTP         EQU 20H
                .CODE
                .STARTUP
       MOV          AH, 1
       MOV          DX, 0              ;初始化连接在 LPT1 上的打印机
       INT          17H
       ...
       MOV          AH, 2
       MOV          DX, 0              ;读取 LPT1 打印机的状态字节
       INT          17H
       TEST         AL, TIMEERR OR INOUT OR OUTP
       JNZ          ERRNEWS
ERRNEWS: TEST       AL, TIMEERR
```

```
              JZ              ERRMSG1
              LEA             DX, NEWS1
              JMP             DISPLAY
ERRMSG1:      TEST            AL, INOUT
              JZ              ERRMSG2
              LEA             DX, NEWS2
              JMP             DISP
ERRMSG2:      LEA             DX, NEWS3
DISPLAY:      MOV             AH, 9H
              INT             21H
              MOV             CX, COUNT         ;待打印的字符个数
              XOR             BX, BX
START:        MOV             AH, 5H            ;调用 05H 功能打印字符
              MOV             DL, TOP[BX]
              INT             21H
              INC             BX
              LOOP            START
              .EXIT           0
              END
```

【例 6-13】　试编制输入一个 3～9 间的数字,输出一个用"＊"组成的三角形的源程序。例如,输入 6,输出的三角形如下所示:

```
*
**
***
****
*****
******
```

程序代码如下:

```
              CODE            SEGMENT
              ASSUME CS:CODE
START:        MOV             AH,0
              INT             16H               ;等待从键盘输入数字
              CMP             AL,33H
              JC              START             ;若小于 3 则返回 START
              CMP             AL,3AH
              JNC             START             ;若大于 9 则返回 START
              AND             AL,0FH
              MOV             CL,AL             ;外循环控制数送入 CL
              MOV             CH,0
SJW1:         MOV             DL,0AH
              MOV             AH,2
              INT             21H
```

```
              MOV         DL,0DH
              MOV         AH,2
              INT         21H
              INC         CH                    ;设置内循环控制数
              CMP         CL,CH                 ;判断循环结束?
              JNC         SJW2
              MOV         AH,4CH
              INT         21H
SJW2:         XOR         CL,CL                 ;内循环控制数设置初值 0
SJW3:         MOV         DL,'*'
              MOV         AH,2
              INT         21H
              INC         CL                    ;内循环加 1
              CMP         CL,CH                 ;判断内循环结束?
              JNZ         SJW3
              JMP         SJW1                  ;返回外循环继续
              CODE        ENDS
              END         START
```

单元实验 系统功能调用

【实验目的】

掌握 DOS 系统功能调用方法;

了解 DOS 系统调用所完成的功能;

掌握如何根据题目要求利用系统调用完成所需的功能;

掌握系统调用的方法,包括入口参数设置,功能号设置,系统调用和出口参数获得;

掌握 BIOS 调用方法。

【实验内容】

1. 实验准备

(1) 利用 INT 21H 的 0AH 号功能调用从键盘输入字符串;并实现双字节乘法程序。

(2) 用寄存器传送参数方式编程实现:从键盘顺序输入两个 5 位十进制数并把它们相加,写出主程序和全部子程序。

要求如下:

• 把输入 5 位以内的十进制数转换成二进制存入 CX,遇非数字键返回主程序;

• 完成把 CX 中的二进制数转换成十进制数显示在 CRT 上;

• 在主程序 MAIN 中求和,两数之和小于等于 65535;

• 主程序 MAIN 和子程序在同一代码段中。

(3) 简单的人机对话的实现。

可以实现如下一些对话。

屏幕显示：Where Are You?（使用 9 号 DOS 功能调用）。

用户输入：Harbin（使用 10 号 DOS 功能调用）。

屏幕再显示：Welcome To Harbin（使用 9 号 DOS 功能调用）。

2. 操作步骤

（1）输入源程序。

（2）汇编、连接程序，生成.exe 文件，执行文件。

（3）使用 debug，检查结果。

【实验参考程序】

（1）

```
DISP        MACRO MESS
LEA         DX,MESS
MOV         AH,9
INT         21H
ENDM
STACK       SEGMENTSTACK
DB          256 DUP(0)
STACK       ENDS
DATA        SEGMENT
BUF         DB7
DB          ?
DB          15 DUP(?)
MESSA       DB 'PLEAS INPUT NUMBER A ! :$'
MESSB       DB 0DH,0AH,'PLEAS INPUT NUMBER B ! :$'
LINEFD      DB 0DH,0AH,'$'
BCD         DD 1000000000,100000000,10000000
DD          1000000,100000,10000,1000
DD          100,10,1
DATA        ENDS
CODE        SEGMENT
ASSUME      CS:CODE,DS:DATA,SS:STACK
MAIN        PROC FAR
PUSH        DS
XOR         BX,BX
PUSH        BX
MOV         AX,DATA
MOV         DS,AX
DISP        MESSA
CALL        GET
PUSH        BX
```

```
        DISP        MESSB
        CALL        GET
        DISP        LINEFD
        POP         AX
        MUL         BX
        MOV         CX,10
        LEA         SI,BCD
        LEA         DI,BUF
LOP:    CALL        BINEC
        LOOP        LOP
        MOV         BYTE PTR[DI],'$'
        DISP        BUF
        RET
        MAIN        ENDP
        GET         PROC
        LEA         DX,BUF
        MOV         AH,0AH
        INT         21H
        LEA         SI,BUF+1
        XOR         BX,BX
        MOV         AH,BH
        MOV         CL,[SI]
NEXT:   INC         SI
        ADD         BX,BX
        MOV         DX,BX
        ADD         BX,BX
        ADD         BX,BX
        ADD         BX,DX
        MOV         AL,[SI]
        AND         AL,0FH
        ADD         BX,AX
        DEC         CL
        JNE         NEXT
        RET
        GET         ENDP
        BINEC       PROC
        MOV         BL,0
AGAIN:  SUB         AX,WORD PTR[SI]
        SBB         DX,WORD PTR[SI+2]
        INC         BL
        JNC         AGAIN
        ADD         AX,WORD PTR[SI]
        ADC         DX,WORD PTR[SI+2]
        ADD         BL,2FH
```

```
          MOV        [DI],BL
          INC        DI
          ADD        SI,4
          RET
          BINEC      ENDP
          CODE       ENDS
          END        MAIN
```

（2）

```
          CODE       SEGMENT
          ASSUME     CS:CODE
          MAIN       PROC FAR
          CALL       SUB8
          MOV        BX,CX
          CALL       SUB8
          ADD        CX,BX
          CALL       SUB9
          MOV        AH,4CH
          INT        21H
          SUB8       PROC NEAR
          PUSH       AX
          PUSH       BX
          PUSH       DX
          XOR        CX,CX
SJW2:     MOV        AH,0
          INT        16H
          CMP        AL,30H
          JC         SJW1
          CMP        AL ,3AH
          JNC        SJW1
          ADD        CX,CX
          MOV        BX,CX
          ADD        CX,CX
          ADD        CX,CX
          ADD        CX,BX
          AND        AX,0FH
          ADD        CX,AX
          JMP        SJW2
SJW1:     POP        DX
          POP        BX
          POP        AX
          RET
          SUB8       ENDP
          SUB9       PROC NEAR
```

```
            PUSH        AX
            PUSH        BX
            PUSH        DX
            CMP         CX,10000
            JNC         SJW12
            CMP         CX,1000
            JNC         SJW4
            CMP         CX,100
            JNC         SJW6
            CMP         CX,10
            JNC         SJW8
            JMP         AA10
SJW12:      MOV         DL,-1
SJW3:       SUB         CX,10000
            INC         DL
            JNC         SJW3
            ADD         CX,10000
            OR          DL,30H
            MOV         AH,2
            INT         21H
SJW4:       MOV         DL,-1
SJW5:       SUB         CX,1000
            INC         DL
            JNC         SJW5
            ADD         CX,1000
            INC         DL,30H
            MOV         AH,2
            INT         21H
SJW6:       MOV         DL,-1
SJW7:       SUB         CX,100
            INC         DL
            JNC         SJW7
            ADD         CX,100
            OR          DL,30H
            MOV         AH,2
            INT         21H
SJW8:       MOV         DL,-1
SJW9:       SUB         CX,10
            INC         DL
            JNC         SJW9
            ADD         CX,10
            OR          DL,30H
            MOV         AH,2
            INT         21H
```

```
SJW10:  MOV       DL,CL
        OR        DL,30H
        MOV       AH,2
        INT       21H
        POP       DX
        POP       BX
        POP       AX
        RET
        SUB9      ENDP
        MAIN      ENDP
        CODE      ENDS
        END       MAIN
```

（3）

```
        DATA      SEGMENT
        BUF       DB   30
        ACTL      DB   ?
        STR       DB   30 DUP(?)
        MESS      DB   'Where Are You ?',0DH,0AH,   '$'
        DMESS     DB   0DH,0AH,   'Welcome To,$'
        DATA      ENDS
        CODE      SEGMENT
        ASSUME    CS:CODE,DS:DATA
        MAIN      PROC FAR
        PUSH      DS
        MOV       AX,0
        PUSH      AX
        MOV       AX,DATA
        MOV       DS,AX
        LEA       DX,MESS
        MOV       AH,9
        INT       21H                      ;显示 'Where Are You ?'
        LEA       DX,BUF
        MOV       AH,10
        INT       21H                      ;从键盘接收用户输入的信息
        MOV       AL,ACTL                  ;取得输入字符串的实际长度
        CBW
        MOV       SI,AX
        LEA       BX,STR
        MOV       [BX+SI],BYTE PTR '!'
                                           ;在输入的字符串后加'!'
        MOV       [BX+SI+1],BYTE PTR '$'
                                           ;在'!'后加'$',以便显示
        LEA       DX,DMESS                 ;显示'Welcome To'
```

```
MOV        AH,9
INT        21H
LEA        DX,STR                    ;显示输入的字符串
MOV        AH,9
INT        21H
RET
MAIN       ENDP
CODE       ENDS
END        MAIN
```

单元测试 6

一、选择题

1. DOS 系统和 BIOS 为用户提供了一系列功能调用,大致可分为(　　)和进程管理等几类。
   A. 设备管理、文件管理　　　　　　B. 磁盘管理、系统管理
   C. 设备管理、系统管理　　　　　　D. 文件管理、系统管理

2. DOS 系统功能调用中 0AH 的功能是(　　)。
   A. 检查键盘状态　　　　　　　　　B. 设置系统日期
   C. 从键盘输入一个字符　　　　　　D. 输出一个字符到打印机

3. 调用 DOS 系统功能要使用(　　)。
   A. INT 17H　　　B. INT 25H　　　C. INT 21H　　　D. INT 14H

4. 下面的系统功能能被用户直接调用的是(　　)。
   A. INT 22H　　　B. INT 25H　　　C. INT 23H　　　D. INT 24H

5. INT 00H 功能和(　　)具有相同功能
   A. INT 21H　　　B. INT 20H　　　C. INT 22H　　　D. INT 23H

6. 下面指令可以实现将有效时间设置为 08 点 30 分 49.3 秒的是(　　)。
   A. MOV CX,0830H　　　　　　　　B. MOV DX,0830H
   　　MOV DX,4930H　　　　　　　　　　MOV CX,4930H
   C. MOV CX, 4930H　　　　　　　　D. MOV DX, 4930H
   　　MOV DX, 0830H　　　　　　　　　　MOV CX, 0830H

7. 下面属于调用 BIOS 系统的功能是(　　)。
   A. INT 4CH　　　B. INT 0BH　　　C. INT 2BH　　　D. INT 14H

8. 键盘 I/O 中断调用(16H 中断)有 3 个功能,其功能号不包括(　　)。
   A. AH=01H　　　B. AH=00H　　　C. AH=02H　　　D. AH=03H

9. BIOS 系统功能除处理系统的全部内部中断外,还提供了许多基本输入/输出设备级的控制功能,其中不包括(　　)。
   A. 键盘、磁盘、打印机　　　　　　B. 鼠标、磁盘、显示器

C. 内存、显卡、CPU   D. 磁带、软盘、硬盘

10. 通过调用 BIOS 系统功能实现，提高了编制程序的可移植性、完成设备一级的控制、附有其他的实用服务功能、避免和外设直接打交道和（   ）等。

A. 编写使用 IN 和 OUT   B. 要调用 INT 21H 功能

C. 能够与外设直接通信   D. 可移植性差

二、填空题

1. DOS（磁盘操作系统）设置了一些功能调用模块，完成对磁盘、_____、设备、_____、键盘等的管理。

2. 对于在使用 MS-DOS 的 PC，使用硬件的基本方法一般有 _____、_____、_____ 3 种。

3. 当_____时，调用 BIOS 中的服务程序，一般称为系统中断调用；当_____时，调用 DOS 中的服务程序，称为功能调用。

4. DOS 系统和 BIOS 系统为用户提供了一系列功能调用，大致可分为 _____、_____ 和 _____ 等几类。

5. INT 20H 是两字节指令，它的作用是终止正在运行的程序，返回_____。这种终止程序的方法只适用于 .COM 文件，而不适用于_____。

6. 作业管理主要是_____、查找匹配文件、_____ 和返回调用进程等。

7. INT 25H _____，_____ 绝对写盘，这两条软中断的调用需要用户熟知磁盘结构，准确指出读/写的扇区号、扇区数和磁盘驱动器号。

8. 执行 01H 功能调用时系统扫描键盘并等待输入一个字符。当扫描到键盘有键按下时，首先检测是否是_____，若是则退出本次功能调用。

9. 17H 中断调用有 3 个功能，_____ 把 AL 中指定的字符在打印机上打印出来、AH＝1 为对指定的_____、AH＝2 为读取打印机的状态信息。

10. 06H 功能是从键盘输入一个字符，_____ 表示输出一个字符到屏幕。此调用与 01H 和 02H 功能调用不同之处在于_____。

三、判断题

1. 一般情况下尽可能使用 BIOS 中断，必要时再使用 DOS 中断，DOS 更接近硬件。
（   ）

2. 调用 DOS 中断程序时，子功能号送入 BX。   （   ）

3. 所有的 DOS 功能调用必需要知道入口参数。   （   ）

4. 作业管理中，00H 是装入一个应用程序。   （   ）

5. 01H 功能是一个不需要入口参数的功能调用。   （   ）

6. 02H 功能是一个需要出口参数的功能调用。   （   ）

7. 09H 功能是将指定的内存缓冲区中的字符串送屏幕显示。   （   ）

8. INT 20H 是终止正在运行程序，只适用于 .com 文件，而不适用 .exe 文件。
（   ）

9. 中断调用 INT 21H 是一个单独的非常有用的系统功能。　　　　　（　　）

10. INT 23H，只有当同时按下 Ctrl＋Break 组合键时才启动 DOS 的 23H 号调用。

　　　　　　　　　　　　　　　　　　　　　　　　　（　　）

四、简答题

1. 简述 DOS 系统功能调用的基本功能。

2. BIOS 系统功能调用的基本功能。

3. 简述 DOS 系统功能调用和 BIOS 系统功能调用的异同。

4. 简述 DOS 系统功能调用的分类。

5. 调用 BIOS 和 DOS 功能的准备过程？调用 DOS 中断程序的基本过程？

五、程序设计题

1. 利用 DOS 系统功能调用实现关键日期提示功能（生日、纪念日等）。

2. 利用 BIOS 系统功能调用实现从键盘输入字符串，并从屏幕中显示出来。

3. 统计从键盘输入的字符串中非数字字符的个数。

第7章

汇编语言与高级语言接口

7.1 混合编程

  由于编写和调试汇编语言程序比高级语言复杂,因此在实际软件开发中,高级语言比汇编语言使用更为广泛。一般来说高级语言具有丰富的数据结构、种类繁多的运算符、丰富的函数、易读易写、可移植性好等特点,但用高级语言编写的程序,代码较长,占有存储空间大,运行速度慢。而用汇编语言编写的程序所占内存空间小,执行速度快,有直接控制硬件的能力,但程序烦琐,难读也难编写,且必须熟悉计算机的内部结构及其有关硬件知识。因此在很多场合汇编语言也是不可缺少的。经常会有程序的大部分用高级语言编写,而对速度要求高、执行次数多或者是直接访问各种 I/O 设备的部分用汇编语言编写。汇编语言和高级语言相结合的编程是解决很多程序设计非常有效的方法。

  混合编程即由高级语言来调用或嵌入汇编语言子程序,或用汇编语言调用或嵌入高级语言子程序。汇编程序常以过程的形式同高级语言(如 C/C++ 、Basic、Pascal、Delphi 等)一起使用。在与高级语言接口时,汇编器使用两种调用协议用于 C/C++ 语言的 C/C++ 调用协议和用于 Basic、Pascal 和 Fortran 语言的 Pascal 语言调用协议。调用协议语言在 MODEL 语句中或与 PROC 语句相联系的 OPTION 指示符中指定。除了用这些语句以外还可以用完全段定义指定。

  高级语言和汇编语言连接很容易,因为在高级语言编译后生成的编译程序是一个 .obj 的文件,这与汇编程序输出的目标文件一样都是机器语言程序。那么人们就可以利用 link 将高级语言程序产生的 .obj 程序与汇编程序产生的 .obj 程序连接起来,形成一个 .exe 的可执行文件。

  高级语言与汇编语言的连接应注意下面几个问题。

  (1) 两种语言之间的控制传输问题。一般来说汇编语言程序作为高级语言的外部子程序,由高级语言通过函数或者过程进行调用汇编语言程序。

  (2) 参数的传递。通常高级语言程序使用系统堆栈向汇编语言传递入口参数,汇编语言程序返回时使用 CPU 内部寄存器带回计算结果。此外,还需要确定哪些寄存器是需要保留下来的,哪些是可以使用的。

  (3) 存储分配问题。高级语言不需要考虑存储分配问题,编译程序和连接程序会自动地进行存储分配。当汇编语言与高级语言程序连接时,就需要考虑这个问题了。这个问题处理起来不是很复杂,一般是将汇编语言作为一个程序模块,由连接程序决定其在存储器中的位置。

不同的高级语言与汇编语言的混合编程所采用的方法是不相同的。本章当中主要介绍 C/C++ 与汇编的混合编程问题,在下面的几节当中,将分别介绍 C/C++ 的嵌入式汇编、C/C++ 调用汇编的具体方法。

7.2　C/C++ 的嵌入式汇编

在前面的几章当中学习了汇编语言程序设计的基础知识,下面就把这些基础知识应用到实际的问题当中。利用汇编语言程序设计的一种非常常见的方式是在高级语言(如C/C++)程序内编写汇编函数。完成这一工作有几种不同的方式把汇编语言函数直接放到 C/C++ 语言程序内。这种技术称为嵌入式汇编或内联汇编(Inline Assembly)。

在 C/C++ 与汇编语言的混合编程过程中,C/C++ 调用汇编代码常有两种方法:一是直接在 C/C++ 程序中嵌入汇编语句;二是 C/C++ 调用汇编语言子程序。把汇编语言程序加入到 C/C++ 程序中,必须使汇编程序和 C/C++ 程序一样具有明确的边界、参数、返回值和局部变量,必须为汇编语言编写的程序段指定段名并进行定义,如果要在它们之间传递参数,则必须保证汇编程序用来传递参数的存储区和 C/C++ 函数使用的存储区是一样的。

在标准的 C 或者 C++ 程序中,在文本源代码文件中按照 C 或者 C++ 语法输入代码。然后使用编译器把源代码文件编译为汇编语言代码。这个步骤之后,汇编语言代码和所有必需的库连接在一起生成可执行程序。

在 C 和 C++ 程序设计中,常用的程序设计技术是在源代码文件中创建单独的独立函数。这些函数执行独立的处理,可以从主程序多次调用它们。当 C 或者 C++ 程序被分隔为函数时,编译器把每个函数编译为独立的汇编函数。函数仍然被包含在相同的汇编语言文件内,作为独立的函数。

在 C/C++ 程序中采用"_ASM"关键字输入汇编语言指令语句或语句段。在 C 或者C++ 中进行嵌入式汇编需要注意以下要点。

(1)嵌入式汇编语言代码支持 Intel 80x86 CPU 的全部 32 位指令系统,但是不能使用伪指令与宏指令语句,也不能使用结构(STRUCT)和记录(RECORD)。

(2)嵌入式汇编语言可以使用 C++ 程序中标识符,包括标号、变量、函数名、常量、宏、类型名、结构和联合的成员以及类对象的公有(PUBLIC)成员变量等。

(3)嵌入式汇编语言代码中可以使用汇编语言格式的常数(131AH),也可以使用C++ 格式的常数(0X131A)。

(4)嵌入式汇编语言不能使用 C++ 语言的运算符。

(5)嵌入式汇编语言代码中的转移指令和 C++ 中的 GOTO 语句都能跳转到汇编语言或者 C++ 定义的标号。

(6)嵌入式汇编语言定义的函数返回值的传递方法与预模块调用汇编中汇编语言程序返回值的传递方法相同,在 C++ 程序编译时会产生"NO RETURN VALUE"警告,可以使用♯PRAGMA WARNING(DISABLE：4035)预编译语句禁止该警告。

7.2.1　在 C/C++ 程序中嵌入汇编语句

嵌入汇编语言指令采用_ASM 关键字,嵌入汇编格式,具体应用通常采用以下两种方式。

第一种方式,嵌入汇编语言指令是在汇编语句前加一个_ASM 关键字,格式如下：

```
_ASM  操作码  操作数  <;或换行>
```

其中,操作码是处理器指令或若干伪指令;操作数是操作码可接受的数据。内嵌的汇编语句可以用分号";"结束,也可以用换行符结束;一行中可以有多个汇编语句,相互间用分号分隔,但不能跨行书写。嵌入汇编语句的分号不是注释的开始;要对语句注释,应使用 C 的注释,如 / * … * /。例如：

```
_ASM  MOV AX,DS;                    /* AX←DS */
_ASM  POP AX;ASM POP DS;ASM RET;    /* 合法语句 */
_ASM  PUSH DS                 /* ASM 语句是 C/C++程序中唯一可以用换行结尾的语句 */
```

在 C/C++ 程序的函数内部,每条汇编语言语句都是一条可执行语句,它被编译进程序的代码段。在函数外部,一条汇编语句是一个外部说明,它在编译时被放在程序的数据段中;这些外部数据可被其他程序引用。例如：

```
_ASM      ERRMSG DB 'SYSTEM ERROR'
_ASM      NUM DW 0FFFFH
_ASM      PI DD 3.1415926
```

_ASM 段可以放在 C/C++ 语言程序段中的任何位置上。

_ASM 汇编语句：

```
_ASM      MOV      AX, 15H
_ASM      MOV      CX, 9H
_ASM      ADD      AX, CX
```

下面这个小程序就是一个实际的调用汇编的例子：

```
#INCLUDE<STDIO.H>
INT MAIN()
{
INT      A=10;
INT      B=20;
INT      RESULT;
RESULT=A * B;
_ASM      NOP;
PRINTF("THE RESULT IS",RESULT);
RETURN  0;
}
```

在这个程序当中,_ASM NOP 不执行任何任务,是一个空操作。基本的嵌入汇编代码可以利用应用程序中定义的全局 C 变量。这里要注意的是只有全局定义的变量才能在基本的内联汇编代码内使用。通过 C/C++ 程序中使用的相同名称引用这种变量。

第二种方式,_ASM{汇编程序段}采用花括号的汇编语言程序段形式。

_ASM {汇编程序段}如下所示:

```
_ASM {
MOV       AX, 15H
MOV       CX, 9H
ADD       AX, CX
}
```

包含在括号中的汇编代码必须按照特定的格式。

(1) 指令必须括在引号里。

(2) 如果包含的指令超过一条,那么必须使用新行字符分隔汇编语言代码的每一行。通常,还包含制表符帮助缩进汇编语言代码,使代码行更容易阅读。

规则(2)是因为编译器逐字地取得 ASM 段中的汇编代码,并且把它们放在为程序生成的汇编代码中。

下面通过几个例子来具体地了解一下嵌入式汇编的过程。

【例 7-1】　显示 1 到 1000 中任一个数的二进制到十六进制数。

```
#include<iostream.h>
CHAR * BUFFER="Enter A Number Between 0 To 1000:";
CHAR * BUFFER1="BASE";
INT B=0;
CHAR A;
/*显示字符的汇编程序段*/
VOID DISPS(INT BASE, INT DATA)
{
INT TEMP;
_ASM {
MOV                AX,DATA
MOV                BX,BASE
PUSH               BX
TOP1: MOVE         DEX,0
DIV                BX
PUSH               DX
CMP                AX,0
JNZ                TOP1
TOP2: POP          DX
CMP                DX, BX
JE                 TOP4
ADD                DX, 30H
```

```
        CMP             DX, 39H
        JBE             TOP3
        ADD             DX, 7
TOP3: MOV               TEMP, EX
        }
        COUT<< (CHAR) TEMP;
        _ASM
        {
        JMP             TOP2
        }}
        /* C++的主函数段 */
TOP4: VOID              MAIN(VOID){
        INT             I;
        COUT<<BUFFER;
        CIN             GET(A);
        WHILE(A>='0' && A<='9')
        {
        _ASM            SUBA,30H
        B=B*10+A;
        CIN             GET(A);
        }
        FOR(I=2;I<17;I++)
        {
        COUT<<BUFFER1;
        DISPS(10, I);                       /* 调用汇编函数,进行显示 */
        COUT<< (CHAR) (0X20);
        DISPS(I, B);                        /* 调用汇编函数,进行显示 */
        COUT<< (CHAR) (10);
        COUT<< (CHAR) (13);
        }}
```

在 Microsoft VC++ 6.0 环境下编写汇编与 C/C++ 混合程序时,只能编写 32 位应用程序,而不能编写 16 位应用程序,在 32 位应用程序的混合编程中应注意不能使用 DOS 功能调用 INT 21H,用它只能编写 16 位应用程序。由于内嵌汇编不能使用汇编的宏和条件控制伪指令,这时就需要进行单独编写汇编模块,然后和 C/C++ 程序连接,这种编程关键要解决的问题是两者的接口和参数传递,参数传递包括值传递、指针传递等。

在使用嵌入式汇编中要注意的几个问题。

(1) 操作码支持 8086/8087 指令或若干伪指令:db/dw/dd 和 extern。

(2) 操作数是操作码可接受的数据:立即数、寄存器名,还可以是 C/C++ 程序中的常量、变量和标号等。

(3) 内嵌的汇编语句可以用分号";"结束,也可以用换行符结束。

(4) 使用 C 的注释,如 /* … */。

(5) 正确运用通用寄存器、标号等。

7.2.2 在嵌入式汇编中访问 C/C++ 的数据

上面讲了如何在 C++ 中使用汇编语言。反之也可以在汇编代码段中使用设置 C++ 的变量及其他元素。内嵌的汇编语句除可以使用指令允许的立即数、寄存器外，还可以使用 C/C++ 程序中的任何符号（标识符），包括变量、常量、标号、函数名、寄存器变量、函数参数等；C 编译程序自动将它们转换成相应汇编语言指令的操作数，并在标识符名前加下划线。一般来说，只要汇编语句能够使用存储器操作数（地址操作数），就可以采用一个 C/C++ 程序中的符号；同样，只要汇编语句可以用寄存器作为合法的操作数，就可以使用一个寄存器变量。

对于具有内嵌汇编语句的 C/C++ 程序，C 编译器要调用汇编程序进行汇编。汇编程序在分析一条嵌入式汇编指令的操作数时，若遇到了一个标识符，它将在 C/C++ 程序的符号表中搜索该标识符；但 8086 寄存器名不在搜索范围之内，而且大小写形式的寄存器名都可以使用。

【例 7-2】 用嵌入汇编方式实现取两数较小值的函数 MIN 。

```
INT MIN(INT VAR1,INT VAR2)           /*用嵌入汇编语句实现的求较小值 */
{ ASM MOV      AX,VAR1
_ASM CMP      AX, VAR2
_ASM JLE      MINEXIT
_ASM MOV      AX,VAR2
MINEXIT:      RETURN(_AX)            /*将寄存器 AX 的内容作为函数的返回值*/
}
MAIN()                               /*C/C++土程序*/
{
MIN(100,200);
}
```

在_ASM 模块中，可以使 C++ 或 ASM 的基数计数法，例如 0x100 和 100H 是相等的。_ASM 块中不能使用"＜＜"之类的 C++ 操作符。C++ 和 MASM 通用的操作符，例如"＊"和"［］"则被认为是汇编语言的操作符，方括号［］在 C 中表示数组下标，而在内嵌汇编中认为是索引操作符，表示字节偏移量。例如：

```
_ASM MOV ARRAY [6], BX;STORE BX AT ARRAY+6(NOT SCALED)
```

当然也可以使用"TYPE"来使其与 C++ 风格一致。例如，下面两条语句的作用是一样的：

```
ASM MOV    ARRAY [6 * TYPE INT], 0;
ARRAY [6]=0;
```

嵌入汇编也能通过变量名直接引用 C++ 的变量。如果 C++ 中的类、结构或者枚举成员具有唯一的名称，如果在"."操作符之前不指定变量或者 TYPEDEF 名称，则_ASM 块中只能引用成员名称。如果成员不是唯一的，则必须在"."之前加上变量名或

TYPEDEF 名称。

```
STRUCT      NAM1
{
CHAR * FTH;
INT         NAME12;
};
STRUCT      NAM2
{
INT         WIN;
LONG        NAME12;
};
```

如果按下面声明变量：

```
STRUCT NAM1 HAL;
STRUCT NAM2 OAT;
```

那么，所有引用 NAME12 成员的地方都必须使用变量名，因为 NAME12 不是唯一的。而 FTH 变量却具有唯一的名称，可以简单地用它的成员名称来引用。例如：

```
_ASM
{
MOV       BX, OFFSET HAL
MOV       CX, [BX]HAL.NAME12
MOV       SI, [BX].FTH                    ;省略"HAL"
}
```

7.2.3　用汇编语言程序段编写 C 函数

在调用函数之前应编程将参数以逆序写入到当前运行任务所使用的任务堆栈中，压栈之前堆栈指针可不作调整。被调用的 C 函数即可正常访问调用者传递的参数，函数调用完毕后需要调整堆栈指针，清除函数调用中参数所占用的堆栈空间。C 函数的返回值可以通过访问累加器获得。为了能够编写出可供 C/C++ 调用的函数，应了解 C/C++ 模块与汇编模块的接口机制，而从以汇编形式给出的编译结果中可方便地了解这种机制。

C/C++ 程序中含有嵌入式汇编语言语句时，C 编译器首先将 C 代码的源程序（.c）编译成汇编语言源文件（.asm），然后激活汇编程序将产生的汇编语言源文件编译成目标文件（.obj），最后激活 link 将目标文件链接成可执行文件（.exe）。

【例 7-3】　将字符串中的小写字母转变为大写字母显示。

```
/*程序名:SJW7-03.C*/
#INCLUDE
VOID          UPPER(CHAR * DEST,CHAR * SRC)
{_ASM MOV     SI,SRC              /* DEST 和 SRC 是地址指针 */
_ASM MOV      DI,DEST
```

```
      _ASM CLD
LOOP: ASM LODSB                              /* C/C++定义的标号 */
      _ASM CMP       AL,'A'
      _ASM JB        COPY                    /* 转移到 C 的标号 */
      _ASM CMP AL,'Z'
      _ASM JA        COPY                    /* 不是'A'到'Z'之间的字符原样复制 */
      _ASM SUB       AL,20H                  /* 是小写字母转换成大写字母 */
COPY: ASM STOSB
      _ASM AND       AL,AL                   /* C/C++中,字符串用 NULL(0)结尾 */
      _ASM JNZ       LOOP
      }
      MAIN()                                 /* 主程序 */
      {
      CHAR STR[]="THIS STARTED OUT AS LOWERCASE!";
      CHAR CHR[100];
      UPPER(CHR,STR);                        /* 调用汇编的 UPPER 函数 */
      PRINTF("ORIGIN STRING:\N%S\N",STR);
      PRINTF("UPPERCASE STRING:\N%S\N",CHR);
      }
```

编辑完成后,在命令行输入如下编译命令,选项-I 和-L 分别指定头文件和库函数的所在目录。

```
TCC -B -I include -L lib sjw7-03.c
```

嵌入汇编方式把插入的汇编语言语句作为 C/C++ 的组成部分,不使用完全独立的汇编模块,所以比调用汇编子程序更方便、快捷,并且在大存储模式、小存储模式下都能正常编译通过。

如下 C/C++ 程序:

```
/* 程序名:SJW7-04.C */
INT           SUM(INT,INT,INT)}    /* 说明函数 SUM 的调用格式 */
INT           SJW01=5;             /* 已初始化的变量 */
INT           SJW02;               /* 未初始化的变量 */
MAIN()                             /* 主函数 */
{SJW02=SUM(1,SJW01,3);
PRINTF("%D\N",SJW02);}
INT           SUM(INTI,INT J,INT M)
RETURN(I+J+M);
```

用下面的命令要求 C/C++ 按 SMALL 模式编译 SJW7-0.C。并以汇编格式输出编译结果:

```
TCC -MS -S SJW7-0.C
```

以汇编格式输出的编译结果保存在文件 SJW7-04.ASM 中,尽管该文件比较冗长。

但它对理解编写供 C 调用的汇编函数是有帮助的。而且对学习 C/C++ 也是有益的。
SJW7-04. ASM 的主要内容如下所示：

```
        _TEXT  SEGMENT BYTE PUBLIC  'CODE'     ;代码段
        DGROUP GROUP DATA,BSS
        ASSUME CS:_TEXT,DS:DGROUP,SS:DGROUP
        _TEXT ENDS
        _DATA  SEGMENT GWORD PUBLIC 'DATA'     ;已初始化的数据段
        _SJW01          LABEL WORD
        _DATA ENDS
        PUSH            AX                      ;为调用 SUM 压入第三个参数
        PUSH            WORD PTR DGROUP:_SJW01
        MOV             AX,1
        PUSH            AX                      ;压入第一个参数
        CALL            NEARPTR_SUM             ;调用 SUM
        ADD             SP,6                    ;废除压入堆栈的 3 个参数
        MOV             WORD PTR DGROUP:SJW02,AX
        PUSH            WORD PTR DGROUP:_SJW02
        MOV             AX,OFFSET DGROUP:SJ03
        PUSH            AX                      ;压入第一个参数
        CALL            NEAR PTR _PRINTF;
        POP             CX                      ;废除压入堆栈的两个参数
        POP             CX
SJ01:   RET
        _MAIN           ENDP
        _SUM            PROC NEAR
        PUSH            BP
        MOV             BP, SP
        MOV             AX, WORD PTR [BP+4]
        ADD             AX, WORD PTR [BP+6]
        ADD             AX, WORD PTR [BP+8]
        JMP             SHORT SJ02
SJ02:   POP             BP
        RET
        _SUM            ENDP
        _TEXT           ENDS
        _BSS            SEGMENT WORD PUBLIC 'BSS'
        _SJW02          LABEL WORD
        DB2             DUP(?)
        _BSS            ENDS
        DATA SEGMENT WORD PUBLIC 'DATA'
SJ03:   LABEL BYTE
        DB              47
        DB              100
```

```
DB              12
DB              0
.DATA           ENDS
TEXT            SEGMENT BYTE PUBLIC'CODE'
EXTRN _PRINTF: NEAR
TEXT            ENDS
PUBLIC          _SJW02
PUBLIC          _SJW01
PUBLIC          _MAIN
PUBLIC          _SUM
END
```

从上面以汇编格式给出的编译结果中，可以看到函数 SUM 除包含一条多余的跳转指令外，已足够精练。但为了方便地说明如何编写供 C/C++ 调用的函数，在这里仍然把上述 C 函数 SUM 改写成汇编函数。相应地，C/C++ 程序 SJW7-04.C 改写如下：

```
EXTERN          SUM(INT, INT, INT)
INT             SJW01=5;
INT             SJW02;
MAIN()
{
SJW02=SUM(1, SJW01, 3);
PRINTF("%D\N", SJW02);
}
```

7.2.4　汇编程序调用 C/C++ 函数

汇编程序中调用 C 函数相对比较简单，编译器已经提供了相当完善的支持。汇编语句中的 CALL 语句，可以用于调用其他过程，既可以是其他汇编程序段也可以是 C/C++ 程序中的标准过程。

【例 7-4】　输出"HELLO WORLD"。

```
EXTERN TEST();
VOID            MAIN()
{
TEST();
}
VOID            SHOW(CHAR 3 STR)
{
PRINTF("%S", STR);
}
;汇编子程序: HELLO.ASM
.MODEL          SMALL, C
EXTERN          SHOW:NEAR
```

```
. DATA
HELLOSTRING     DB 'HELLO ,ASSEMBLY !',0DH ,0AH ,'$ '
ZYSTRING        DB 'HELLO ,CPROGRAM !',0
. CODE
PUBLIC          _TEST
_TEST PROC
LEA             DX ,HELLOSTRING
MOV             AH ,09H
INT             21H
LEA             AX ,ZYSTRING
PUSH            AX
CALL            _SHOW
ADD             SP ,2
RET
_TEST           ENDP
END
```

在嵌入汇编中可以无限制地访问 C++ 成员变量，但是不能随意调用 C++ 的成员函数。嵌入汇编调用 C++ 函数必须由自己清除堆栈。

【例 7-5】　调用 PRINTF 函数。

```
CHAR            SETGS [ ]="%S %"
CHAR            SETSJ[ ]="THIS IS A GOOD DAY!";
VOID            MAIN()
{
_ASM
{
MOV             AX , OFFSET SETSJ
PUSH            AX
MOV             AX , OFFSET SETWH
PUSH            AX
MOV             AX , OFFSET SETGS
PUSH            AX
CALL            PRINTF              ;调用 PRINTF 函数
POP             BX                  ;清除堆栈
POP             BX
POP             BX
}
}
```

7.3　用 C/C++ 调用汇编

7.3.1　接口

采用模块调用方式进行混合编程一般执行的步骤：首先建立 C++ 源程序（.CPP）和

汇编源程序并把汇编程序编译成.obj 文件;然后将编译后的汇编文件和 C++ 源程序放入建立好的 C++ 工程项目(.prj)中;最后对工程文件进行编译、连接,生成可执行文件。

TC 调用汇编语言函数时,对汇编语言的编写要求十分严格,并且对大小写字母也有严格的区分。如果在编写供 TC 调用的汇编函数时不按照规定好了的格式书写,调用是不会成功的。

为了能正确地实现 C/C++ 程序对汇编语言程序的调用,C/C++ 程序必须严格按照编译系统要求约定的段顺序和规定的段组合,据此,形成了汇编程序的一般格式:

```
_TEXT            SEGMENT BYTE PUBLIC'CODE'
DGROUP           GROUP _DATA,_NEWS,CONST
_DATA            SEGMENT WORD PUBLIC' CODE'
                 ;初始化数据
_DATA            ENDS
_NEWS            SEBMENT WORD PUBLIC'NEWS'
_NEWS            ENDS
ASSUME CS:       _TEXT,DS:DGROUP,SS:DGROUP
                 ;PUBLIC_函数名
_函数名          PROC NEAR/FAR
PUSH             BP
MOV              BP,SP
PUSH             SI
PUSH             DI
;程序主体语句
POP              DI
POP              SI
POP              BP
RET
_函数名          ENDP
_TEXT            ENDS
END
```

而在汇编作为主程序来调用 C/C++ 子程序的格式上基本与上面的格式一致,只需改动如下。

(1) 程序开始处加入语句"EXTERN_函数名:NEAR/FAR",说明这个函数是外部的,即将被调用的 C/C++ 子程序。

(2) 省去主过程语句中关于 BP、SI、DI 的堆栈操作语言。

(3) 在主过程语句中通过 CALL 语句实现对外部函数的调用。格式如下:

```
CALL  NEAR  PTR_函数名
```

虽然 C/C++ 程序可以实现许多汇编语言的功能,但还是有不少特性只有汇编语言才能做,例如:执行 PUSH 和 POP 操作;访问 BP 与 SP 寄存器;初始化某些段寄存器;执行时间要求严格的例行程序,如显示视频图形和实现通过端口的 I/O。

以上代码模板可以用于 C/C++ 函数使用的所有汇编语言函数。当然，如果特定的函数不改变 BX、SI 或者 DI 寄存器，可以省略相关的 PUSH 和 POP 指令。

7.3.2　调用汇编模块

C/C++ 程序提供了与汇编语言的接口和在 C/C++ 程序中直接插入汇编指令代码的功能，支持以"远调用"和"近调用"方式来调用使用汇编语言编写的函数。

实现两者的链接，要解决好以下几个问题。

1. 采用一致的调用协议

C/C++ 程序具有 3 种调用协议：_CDECL、_STDCALL 和_FASTCALL。汇编语言利用"语言类型"确定调用协议和命名约定，支持的语言类型有 C、SYSCALL、STDCALL、PASCAL、BASIC 和 FORTRAN。

C/C++ 语言调用协议从右到左压入参数，像它们在参数表里的位置那样。高级语言的参数通过堆栈传递给汇编语言过程，汇编语言过程将返回结果放在 AX 或 DX：AX中。在 BP、DI、SI、DS、SS 和方向标志位被改动之前应使用汇编语言过程保存起来。这些寄存器是高级语言可能用到的。图 7-1 给出了 C/C++ 调用协议下近调用和远调用的堆栈帧。

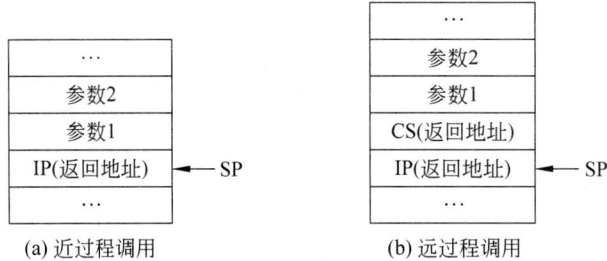

图 7-1　使用 C/C++ 调用协议时堆栈内容

对堆栈帧内参数的访问由 C/C++ 语言调用协议提供，如下所示：

```
.MODEL    SMALL,C
CLASS     PROTO C,A:SWORD,B:SWORD
                           ;采用 C/C++调用协议
                           ;并指出外部变量及其类型
.CODE
CLASS     PROCC,A:SWORD,B:SWORD
                           ;SWORD 对应 C/C++的 SHORT IN,保存 B
MOV       AX,A             ;使用参数 A
ADD       AX,B             ;使用参数进行计算
```

C/C++ 程序与汇编语言混合编程通常利用堆栈进行参数传递，调用协议决定利用堆栈的方法和命名约定，两者要一致。

C/C++ 有两种常用的函数调用约定：_STDCALL 和_CDECL，如表 7-1 所示。

表 7-1　_STDCALL 和 _CDECL

	_STDCALL	_CDECL
参数传递顺序	从右向左	从右向左
参数传递规则	传值,除非指针或引用	传值,除非传指针或引用
堆栈参数维护	被调用函数清除堆栈参数	调用函数清除堆栈参数
函数名字修饰	编译器自定	编译器自定

　　可以看出,_STDCALL 和 _CDECL 的一个重要区别在于堆栈参数的维护,是调用函数还是被调用函数负责清理堆栈_STDCALL 约定被调用函数清除堆栈参数,这样做的好处是可以减少源代码的大小,因为每次函数调用完成后,调用函数不再需要清理堆栈的指令;但是有些函数必须使用_CDECL 调用约定,这种情况是参数个数未知的函数,这时只能由调用函数清除堆栈参数,如库函数 PRINTF。

　　_STDCALL 调用约定代码片段:

```
;调用函数
...
PUSH      PARAM3 .
PUSH      PARAM2
PUSH      PARAM1
CALL      SUBPROC
...
;被调用函数
PUSH      BP
MOV       BP, SP
...
MOV       SP, BP
POP       BP
RET       12
(清除堆栈)
```

　　_CDECL 调用约定代码片段:

```
;调用函数
...
PUSH      PARAM3
PUSH      PARAM2
PUSH      PARAM1
CALL      SUBPROC
ADD       SP, 12
(清除堆栈)
...
;被调用函数
PUSH      BP
MOV       BP, SP
```

```
...
MOV      SP, BP
POP      BP
RET
```

2. 命名约定

C/C++ 程序可以调用汇编语言的子程序、过程、函数和汇编语言中定义的变量，汇编语言也可以调用 C/C++ 编写的函数和定义的变量，但要注意的是，由于 C 编译后的目标文件自动地在函数名和变量名前添加一个下划线，这是因为编译系统为了防止和它自己使用的内部函数和变量名发生混淆而造成错误，所以 C 汇编模块必须使用和 C/C++ 兼容的有关段与变量的命名约定。在 C/C++ 程序中的所有外部名字都包含一个前导的下划线字符，如_COLUMN。汇编程序引用在 C/C++ 模块中的函数与变量也必须由下划线"_"开始。

而且，由于 C/C++ 是对大小写字母敏感的，因此汇编模块对于任何公共的变量名应当使用和 C/C++ 模块同样的字母（大写或小写）。

3. 声明公用函数名和变量名

对 C/C++ 程序和汇编语言使用的公用函数和变量应该进行声明，并且标识符应该一致，C++ 语言对标识符区分字母的大小写，而汇编不区分大小写。

在汇编语言程序的开始部分，应对调用的函数和变量用 EXTERN 加以说明，

其格式为：

{EXTERN_函数名:函数类型}

或

{EXTERN_变量名:变量类型}

其中函数类型指明函数是一个近程函数或是一个远程函数（即处在另一个段中），分别表示为 NEAR 型或 FAR 型，而变量类型指该变量的数据类型，其对应的关系如表 7-2 所示。

表 7-2　数据类型

C/C++	MASM5.0	MASM6.0	长度
CHAR	DB	BYTE	1
INT	DW	WORD	2
LONG	DD	DWORD	4
FLOAT DOUBLE	DQ	DWORD	8

例如，调用 C/C++ 程序中 MFPRO( )的函数和变量 SIGN，它们在 C/C++ 程序开始说明部分为：

```
INT      MFPRO(VOID);
```

```
INT        SIGN,JARRAY[10];
CHAR       CH;
LONG       RESULT;
```

在调用它的汇编程序中则在程序开始说明为：

```
EXTERN_MFPRO:NEAR
EXTEMSIGN:WORD,_JARRAY:WORD,CH:BYTE,RESULT:DWORD
```

若 C/C++ 程序调用汇编语言中的过程（函数）和变量，则汇编语言中应用 PUBLIC 进行说明，且函数名和变量名前应带有下划线，即函数名和变量名的第一个符号应是下划线。

4. 参数的传递原则

C/C++ 程序调用汇编程序时，参数是通过堆栈传给汇编程序的，如在 C/C++ 程序中说明了一个函数（用汇编程序写成）：

```
VOID ABC(CHAR * P1,INT P2);
```

假设是在小内存模式下进行编译的，当在 C/C++ 程序中调用它时，如写成"ABC(&CH,NUM);"，则首先将 NUM 压入堆栈，接着将 &CH 压入堆栈，当汇编语言子程序要取得 C/C++ 程序中传递来的参数时，便用 BP 寄存器作为基地址寄存器，用它加上不同的偏移量来对栈中所存数据进行存取操作，由于一般 C/C++ 程序和调用的子程序共用一个堆栈，因此在汇编语言子程序中开始必须执行两条指令，即：

```
PUSH       BP
POP        BP,SP
```

如果希望汇编语言函数和 C/C++ 程序一起工作，就必须显式地遵守 C 样式的函数格式。这就是说所有输入变量都必须从堆栈中读取，并且大多数输出值都返回到 AX 寄存器中。

传送参数有 3 种方法。

（1）用值：C/C++ 调用程序传送变量的一个副本在堆栈中。被调用的汇编模块可以修改传送的值，但不能访问调用程序原来的值。如果有一个以上的参数，C/C++ 从最右边的参数开始使它们进栈。

（2）用近引用：调用程序传送数据项值的偏移地址。被调用的汇编模块假设和调用程序共享同一个数据段。

（3）用远引用：调用程序传送段与偏移地址（段在前，然后是偏移地址）。被调用的汇编模块假设使用与调用程序不同的数据段。被调用的程序可以使用 LDS 或 LES 指令来初始化段地址。

C/C++ 程序传送参数到堆栈中是以和其他语言相反的顺序进行的。例如：

```
ADDS(NUM1,NUM2);
```

该语句先使 NUM2，后使 NUM1 进栈，就按次序并调用 ADDS。在从被调用模块返回时，C/C++模块（不是汇编模块）使 SP 增量去丢弃传送的参数。在被调用的汇编模块中，用于访问两个传送参数的典型过程如下：

```
PUSH        BP                          ;保存 BP
MOV         BP,SP                       ;用 SP 地址作为基址指针
MOV         DH,[BP+4]                   ;从堆栈中取值
MOV         DL,[BP+6]
...
POP         BP                          ;恢复 BP
RET
```

在 PUSH BP 指令之后，堆栈帧表现为：

```
NUM2                BP+6
NUM1                BP+4
调用程序返回地址     BP+2
BP 偏移值           BP+0
```

在从被调用的模块返回时，由于由 C/C++用程序承担清除堆栈的责任，因此发出的 RET 不带立即操作数。

5. C 语言子程序中寄存器的使用

由于汇编语言中要用到 80x86 CPU 中的许多寄存器，而调用它的 C/C++程序中也要用到一些寄存器，因而这些寄存器的作用和保护则应引起注意，否则将导致程序失败。汇编语言子程序中要用到 BP、SI 和 DI 寄存器，在 C/C++程序中 BP 是作为参数和自动变量的基址，而在汇编语言子程序中，它也是作为取参数的基地址，SI 和 DI 寄存器在 C/C++中用作存放寄存器变量的，故在进入汇编子程序时必须通过压栈操作将其值进行保护，汇编子程序结束时必通过弹出操作，恢复其原来在 C/C++程序中的值。BX 和 CX 寄存器可以在汇编语言子程序中任意使用，AX 和 DX 用作存放汇编子程序的返回值，可在汇编语言子程序中使用，但若有返回值时，则要保证在子程序返回时，它们存有要返回的值。对于 CS、SS、DS、SP、IP 由于用作段寄存器和堆栈指针，在程序中不能随意使用，根据编译的内存模式或 FAR、NEAR 调用，它们可能和 C/C++程序在同一个段内，用同一个段寄存器或不同的段内。因而可根据不同情况，有时要改变它们中的值，以得到正确段地址，但它们不能用于其他用处。

如果输入值和输出变量被赋值给寄存器，那么在嵌入汇编代码中几乎可以像平常一样使用寄存器。

汇编语言的一些优势是 C/C++所无法比拟的，例如汇编程序在输入时可以采取各种进制数据以及直接读取数据等，可以用汇编程序作为主程序调用 C/C++子程序。

在 C/C++程序中定义的变量，在汇编程序里访问很简单，首先在 C/C++程序中定义为全局变量，然后在汇编程序中用.GLOBAL 定义（变量名前同样需加_），再利用间接寻址的方式即可实现，在 C/C++程序中定义的数组，在汇编程序里要方便地访问，可把数

组的首地址赋给辅助寄存器,利用辅助寄存器即可实现数组的有效访问。

　　图 7-2 显示把输入值存放到堆栈中的方式,以及汇编语言函数如何访问它们。BP 寄存器用作访问堆栈中的值的基址指针。调用汇编语言函数的程序必须知道输入值按照什么顺序存放在堆栈中,以及每个输入值的长度和数据类型。

　　在汇编函数代码中,C 样式函数对于可以修改哪些寄存器和函数必须保留哪些寄存器有着特定的规则。如果必须保留的寄存器在函数中被修改了,那么必须恢复寄存器的原始值,否则在执行返回发出调用的 C/C++ 程序时也许会出现不可预料的结果。

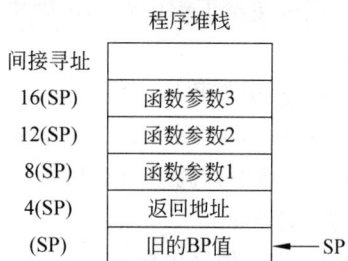

程序堆栈	
间接寻址	
16(SP)	函数参数3
12(SP)	函数参数2
8(SP)	函数参数1
4(SP)	返回地址
(SP)	旧的BP值 ←── SP

图 7-2　输入值存放到堆栈中的方式

　　如表 7-3 所示,被调用的函数必须保留 BX、DI、SI、BP 和 SP 寄存器,这就要求在执行函数代码之前把寄存器的值压入堆栈,并且在函数准备返回调用程序时把它们弹出堆栈。这通常是按照标准的开头和结尾格式完成的。

表 7-3　寄存器作用

寄存器	状　　态
AX	用于输出值保存,看在函数返回前被修改
BX	用于指向全局偏移表,必须保留
CX	在函数中使用
DX	在函数中使用
BP	为堆栈基址指针寄存器;必须保留
SP	在函数中用于指向新的堆栈位置;必须保留
DI	局部寄存器;必须保留
SI	局部寄存器;必须保留

6. 入口参数和返回参数的约定

　　当被调用汇编语言子程序有值返回调用它的 C/C++ 程序时,这个值是通过 AX 和 DX 寄存器进行传递的,对于小于等于 32 位的数据扩展为 32 位,存放在 AX 寄存器中返回;返回值是 32 位,则高 16 位存放在 DX 寄存器中,低 16 位存放在 AX 寄存器中。更大字节数据则将它们的地址指针存放在 AX 中返回。被调用的汇编模块对于任何返回值使用如表 7-4 所示的寄存器。

表 7-4　汇编模块对于任何回送值使用的寄存器

C 数据类型	寄存器	C 数据类型	寄存器
CHAR	AL	LONG,FAR(16BIT)	DX:AX
SHORT,NEAR INT(16BIT)	AX	LONG,FAR(32BIT)	DX:AX
SHORT,NEAR INT(32BIT)	AX		

　　由于任何类型进行参数传递时都扩展成 32 位,程序中没有远、近调用之分,所有调用都是 32 位的偏移地址,所有的地址参数也都是 32 位偏移地址,在堆栈中占 4 个字节。

图 7-3 给出了采用 C++ 语言调用协议的堆栈示意图。

调用汇编语言函数的 C/C++ 程序必须知道用于把输入值传递给汇编函数的正确格式，以及如何处理任何返回值。

堆栈段	+12
参数2	+8
参数1	+4
原BP	BP=SP

图 7-3　C/C++ 程序调用协议时堆栈示意图

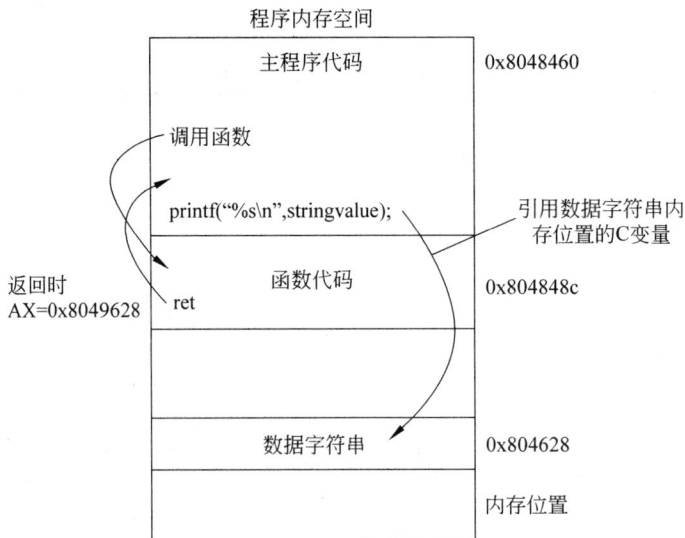

1）使用整数返回值

最基本的汇编语言函数调用把 32 位整数值返回到 AX 寄存器中。调用函数获得这个值，它必须把返回值作为整数赋值给 C 变量。

C/C++ 程序生成的汇编语言代码提取存放在 AX 寄存器中的值，并且把它传送到分配给 C 变量名称的内存位置（通常是堆栈中的局部变量）。这个 C 变量包含来自汇编语言函数的返回值，可以在整个 C/C++ 程序中正常使用。

2）使用字符串返回值

处理返回字符串值的函数要困难一些。和返回整数值到 AX 寄存器中的函数不同，这种函数不能把整个数据字符串返回到 AX 寄存器中（当然，除非字符串的长度是 4 个字符）。

对于字符串返回值的做法是，返回字符串的函数返回指向字符串存储位置的指针，调用这个函数的 C/C++ 程序必须使用指针变量保存返回值，然后可以通过指针值访问字符串，如图 7-4 所示。字符串值被包含在函数的内存空间之内，但是主程序可以访问它，因为函数内存空间包含在主程序的内存空间之内。函数返回的 32 位指针值是字符串开始位置所在的内存地址。

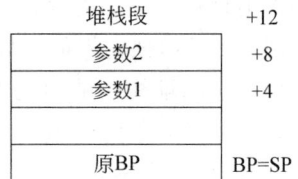

图 7-4　使用字符串返回值

在 C/C++ 程序中处理字符串值时，记住字符串必须使用空字符结尾。C/C++ 语言在变量名称前面使用 " * " 表明这个变量包含一个指针，可以创建指向任何数据类型的指针。但是对于字符串，先要创建指向数据类型 CHAR 的指针。

　　默认情况下,C/C++程序假设函数的返回值是整数值。必须通知编译器这个函数将返回字符串的指针。创建函数调用的原型将完成这个任务。原型在使用函数之前定义函数格式,以便 C 编译器知道如何处理函数调用。原型定义函数需要的输入值的数据类型,还有返回值的数据类型。不定义特定的值,只定义需要的数据类型。

　　原型的例子如下:

```
CHAR * FUNCTION(INT,INT);
```

　　这个原型定义名为 FUNCFION 的函数,它需要两个输入值,它们的数据类型都是 INTEGER。返回数据类型被定义为指向数据类型 CHAR 的指针。要记住函数模板后面有分号。没有这个分号,编译器就会认为在代码中定义的是整个函数,并且会生成错误消息。如果函数没有使用任何输入值,仍然必须指定数据类型 VOID:

```
CHAR * FUNCTION(VOID);
```

　　源代码中,原型必须出现在 MAIN()段之前,并且通常放置在所有 ♯INCLUDE 和 ♯DEFINE 语句之后。

【例 7-6】　利用 C 调用实现 $S/2^N$ 公式计算的汇编子程序。

```
EXTERN INT CHU(INT,INT);
MAIN()
{PRINTF("%D\N",FUN(1024,6));
.MODEL          SMALL
.CODE
PUBLIC          FUN
CHU             PROC
PUSH            BP
MOV             BP,SP
MOV             AX,[BP+4]
MOV             CX,[BP+6]
SHR             AX,CL
POP             BP
RET
CHU             ENDP
END
```

【例 7-7】　试编写一个供 TC 调用的汇编语言子函数,完成两个数比较大小,并输出最大的数。

```
EXTERN "C" INT MAX(INT,INT);
MAIN()
{PRINTF("\N CALL PZD(7,2),THE RESULT IS:%D",PZD(2,7));}
_TEXT SEGMENT BYTE PUBLIC'CODE'
ASSUME          CS:_TEXT
PUBLIC          _PZD
```

```
        _PZD        PROCNEAR
        PUSH        BP
        MOV         BP,SP
        MOV         AX,[BP+4]        ;AX=A,BP+4 才是变量保存的位置
        CMP         AX,[BP+6]        ;A 与 B 比较
        JGE         OK
        MOV         AX,[BP+6]        ;如果 B>A,则将 B 送 AX
OK: POP             BP               ;恢复 BP 寄存器的内容
        RET
        _PZD        ENDP
        _TEXT       ENDS
        END
```

【例 7-8】 定义名为 ROW01 和 COL01 的两个项,并接受由键盘输入这些变量的行和列。并用汇编子程序设置光标。

```
SET_CURS(ROW01,COL01)
INCLUDE<STDIO.H>
INT MAIN(VOID)
{
INT ROW01,COL01;
PRINTF("ENTER CURSOR ROW:");
SCANF("%D",&ROW01);
PRINTF("ENTER CURSOR COLUMN:");
SCANF("%D",&TEMP COL);
SET_CURS(ROW01,COL01);
PRINTF("NEW CURSOR LOCATION\N");
}
                                ;对于 C 使用 SMALL 存储模型,
                                ;近代码,近数据
                                ;使用 STANDARD 段名以及 GROUP 为操作
        _DATA       SEGMENT WORD 'DATA'
        ROW         EQU [BP+4];
        COL         EQU [BP+6];
        DATA        ENDS
        _TEXT       SEGMENT BYTE PUBLIC'CODE'
        DGROUP      GROUP   _DATA
        ASSUME      CS:TEXT,DS:DGROUP,SS:DGROUP
        PLIBLIC     _DOCUR
        _DOCURS     PROCNEAR
        PUSH        BP
        MOV         BP,SP
        MOV         AH,02H
        MOV         BX,0
        MOV         DH,ROW
```

```
MOV          DL,COL
INT          10H
POP          BP
RETF
_DOCUR       ENDP
_TEXT        ENDS
END
```

进栈的值是调用程序的 BP、返回的偏移地址,以及两个被传送参数的地址。第一个被传送的参数 ROW01 是在堆栈帧的偏移值 04H 处按 EP+04H 被访问。第二个被传送的参数 COL01 是在偏移值 06H 处按 BP+06H 被访问。子程序使用在 DX 中的行与列,由 INT 10H 设置光标。在退出时,子程序使 BP 出栈。RET 指令把控制传送回调用程序,由调用程序去清除堆栈帧。

单元实验 混合编程

实验 1 在 C/C++ 中嵌入汇编

【实验目的】

学习直接在 C/C++ 中嵌入汇编语句的方法。

掌握嵌入式汇编语言代码中可以使用的格式。

【实验内容】

1. 实验准备

(1) 在 C/C++ 中嵌入汇编代码,汇编代码实现弹出对话框的程序设计。

(2) 利用嵌入式汇编,汇编部分实现统计小写字母个数。

2. 操作步骤

(1) 输入源程序。

(2) 编译、连接程序,生成 .exe 文件,执行文件。

(3) 使用 debug,检查结果。

【实验参考程序】

(1)

```
#INCLUDE
CHAR         FORMAT[ ]="%S %S\N";
CHAR         HELLO[ ]="HELLO";
CHAR         WORLD[ ]="WORLD";
```

```
HWND                HWND;
VOID                MAIN(VOID)
{
_ASM
{
PUSH                NULL
CALL                DWORD PTR GETMODULEHANDLE
MOV                 HWND, AX
PUSH                MB_OK
MOV                 AX,OFFSET WORLD
PUSH                AX
MOV                 AX,OFFSET HELLO
PUSH                AX
PUSH                0
CALL                DWORD PTR MESSAGEBOX
}
}
```

(2)

```
        #INCLUDE<STDIO.H>
        INT     NUM;
        VOID    MAIN(VOID)
        {
        _ASM
        {
START:  MOV     AX, DATA
        MOV     DS, AX
        LEA     DI, STAN
        MOV     CL, 0
AGAIN:  MOV     AH, 1
        INT     21H
        CMP     AL,0DH
        JZ      DONE
        MOV     [DI],AL
        INC     DI
        INC     DL
        JMP     AGAIN
DONE:   LEA     SI,STRN
        MOV     CH,0
        MOV     BL,0
        CLD
CYCLE:  LODSB
        CMP     AL,61H
        CMP     AL,7AH
```

```
        JA      NEXT
        INC     BL
NEXT:   LOOP    CYCLE
        MOV     AL,BL
        MOV     AH,0
        MOV     CL,10
        DIV     CL          ;十位数在 AL 中,个位数在 AH 中
        XCHG    AH,AL       ;以下显示两位十进制数
        MOV     DL,AH
        OR      DL,30H
        INT     21H
        MOV     DL,AL
        OR      DL,30H
        MOV     AH,2
        INT     21H
        MOV     DL,AL
        OR      DL,30H
        INT     21H
        MOV     DL,AL
        OR      DL,30H
        INT     21H
        MOV     AH,4CH
        INT     21H
CODE:   ENDS
        END     START
        }
        }
```

实验 2   使用模块连接方式编程

【实验目的】

掌握汇编语言多模块程序设计和汇编语言与高级语言之间混合编程的技术和方法。

【实验内容】

1. 实验准备

（1）利用混合汇编的模块调用方式,实现小写字母转换成为大写字母过程。

（2）汇编语言与 C/C++ 的接口的方法实现,算术运算功能,计算平方根并返回结果。

2. 操作步骤

（1）输入源程序。

（2）编译、连接程序,生成 .exe 文件,执行文件。

（3）使用 debug，检查结果。

【实验参考程序】

（1）

```
        #INCLUDE<STDIO.H>
        VOID UPPER(CHAR * DEST,CHAR * SRC)
        {
        _ASM    MOV     SI,SRC
        _ASM    MOV     DI,DEST
        _ASM    CLD
LOOP:   _ASM    LODSB
        _ASM    CMP     AL,'A'
        _ASM    JB      COPY
        _ASM    CMP     AL,'Z'
        _ASM    JA      COPY
        _ASM    SUB     AL,20HCOPY
        _ASM    STOSB
        _ASM    AND     AL,AL
        _ASM    JNZ     LOOP
        }
        MAIN()
        {
        CHAR    STR[]="THIS STARTED OUT AS LOWERCASE!";
        CHAR    CHR[100];
        UPPER(CHR,STR);
        PRINTF("ORIGIN STRING:\N%S\N",STR);
        PRINTF("UPPERCASE STRING:\N%S\N",CHR);
        }
```

（2）一个工程文件 HUNBIAN.mpj 包含两个文件，一个是主程序汇编文件 ASM
51.asm，另一个是 C 语言源文件 TEST7-2.c，C 语言源文件中有一个名为 TEST7-3 的
函数，它完成计算 EE 的平方根并返回结果功能。

C 语言源文件清单如下：

```
#PRAGMA NOREGPARMS                    / * 参数均在固定的存储器区域内传递 * /
#INCLUDE<MATH. H>
UNSIGNED INT DD,EE;                   / * 函数过程的中间变量必须为全局变量 * /
UNSIGNED CHAR TEST7-2(UNSIGNED INT V-A ,UNSIGNED INT V-B)
{
DD=V-A/ V-B+28;                       / * 函数计算过程中中间变量的换算 * /
EE=DD+ABS(-112);                      / * 函数计算过程中可以调用现有的库函数 * /
RETURN SQRT(EE);                      / * 计算 EE 的平方根并返回结果 * /
}
```

汇编源文件清单如下：

```
            EXTRN        CODE(TEST7-2)      ;在汇编中要调用的 C 语言
                                           ;外部函数 TEST7-3 声明
            EXTRN        DATA(?TEST7-2?BYTE);
            TEST7-2A     SEGMENT CODE       ;TEST7-2A  代码段声明
            VAR          SEGMENT DATA
            STACK        SEGMENT IDATA
            RSEGVAR
A-V:        DS 2                            ;用于存放第一个 INT 参数的变量
B-V:        DS 2                            ;用于存放第二个 INT 参数的变量
RESULT:DS 1                                 ;为 TEST7-2 函数返回值 CHAR 保留一个字节
            RSEG         STACKDS 20H        ;为堆栈保留 32 个字节
            RSEG         TEST7-3A           ;TEST7-3A 代码段起始
            JMP          START
START:  MOV  SP , #60H
            MOV          RO , #40H          ;置取 R0 首地址
            MOV          ?TEST7-2?BYTE+0 , @RO
                                           ;取第一个 INT 参数高 8 位
            INCRO                          ;地址加 1
            MOV          ?TEST7-2?BYTE+1 , @RO
                                           ;取第一个 INT 参数低 8 位
            INCR0                          ;地址加 1
            MOV          ?TEST7-2?BYTE+2 , @RO
                                           ;取第二个 INT 参数高 8 位
            INCR0                          ;地址加 1
            MOV          ?TEST7-2?BYTE+3 , @RO
                                           ;取第二个 INT 参数低 8 位
            LCALL        TEST7-2            ;调用 C 语言函数
            MOV          RESULT ,R7         ;存取结果
            END
```

单元测试 7

一、选择题

1. 在与高级语言接口时,汇编器使用两种调用协议用于 C/C++ 语言的 C/C++ 调用协议和用于 BASIC、PASCAL 和 FORTRAN 语言的 PASCAL 语言调用协议。调用协议语言在 MODEL 语句中或与 PROC 语句相联系的(   )指示符中指定。

    A. OPTION   B. STRUCT   C. RECORD   D. TYPEDEF

2. 利用汇编语言程序设计的一种非常常见的方式是在高级语言(如 C/C++)程序内编写汇编函数。完成这一工作有几种不同的方式把汇编语言函数直接放到 C/C++ 语言程序内。这种技术称为(   )。

    A. 嵌入式汇编或内联汇编　　　　　　　　B. 外联汇编

    C. 统一汇编　　　　　　　　　　　　　　D. 条件汇编

  3. 在标准的 C/C++ 程序中,在文本源代码文件中按照 C/C++ 语法输入代码。然后使用编译器把源代码文件编译为汇编语言代码。这个步骤之后,汇编语言代码和所有必须的库连接在一起生成(　　　)。

    A. 目标程序　　　B. 系统程序　　　C. 可执行程序　　　D. 源程序

  4. 在 C/C++ 程序中采用(　　　)关键字输入汇编语言指令语句或语句段。

    A. _MASM　　　B. _CODE　　　C. _ASM　　　D. _ PUBLIC

  5. 嵌入式汇编语言代码支持 Intel 80x86 CPU 的全部 32 位指令系统,下列能使用的语句和格式是(　　　)。

    A. 伪指令　　　B. 结构和记录　　　C. 宏指令　　　D. 指针变量

  6. 基本的嵌入汇编代码可以利用应用程序中定义的全局 C 变量。这里要注意的是只有(　　　)才能在基本的内联汇编代码内使用。通过 C/C++ 程序中使用的相同名称引用这种变量。

    A. 全局变量　　　B. 局部变量　　　C. 内部函数　　　D. 系统函数

  7. 由于内嵌汇编不能使用汇编的宏和条件控制伪指令,这时就需要用户单独编写汇编模块,然后和 C/C++ 程序连接,这种编程关键要解决的问题是两者的(　　　),参数传递包括值传递、指针传递等。

    A. 算法　　　　　　　　　　　　　　　　B. 接口和参数传递

    C. 数据结构　　　　　　　　　　　　　　D. 变量命名

  8. 内嵌的汇编语句除可以使用指令允许的立即数、寄存器外,还可以使用 C/C++ 程序中的(　　　)。

    A. 常量　　　B. 函数名　　　C. 寄存器变量　　　D. 任何变量

  9. 如果成员(　　　),则必须在".''之前加上变量名或 TYPEDEF 名称。

    A. 不是唯一的　　　　　　　　　　　　　B. 是唯一的

    C. 只可以使用特定的　　　　　　　　　　D. 可以有很多

  10. 被调用的 C 函数即可正常访问调用者传递的参数,函数调用完毕后需要调整(　　　),清除函数调用中参数所占用的堆栈空间。

    A. 寄存器　　　B. 堆栈指针　　　C. 全局变量　　　D. 以上都不是

  11. 汇编语句中的(　　　)语句,可以用于调用其他过程,既可以是其他汇编程序段也可以是 C/C++ 程序中的标准过程。

    A. CODE　　　B. PUBLIC　　　C. CALL　　　D. PUSH

二、填空题

  1. 一般来说高级语言具有丰富的数据结构、种类繁多的运算符、丰富的函数、易读易写、可移植性好等特点,但用高级语言编写的程序,_____较长,占有_____大,_____慢。

  2. 而用汇编语言编写的程序所占_____小,执行速度快,有_____的能力,但程序烦琐,难读也难编写,且必须熟悉计算机的_____及其有关硬件知识。

3. 在 C/C++ 与汇编语言的混合编程过程中,C/C++ 调用汇编代码常有两种方法:一是直接在 C/C++ 程序中_____汇编语句;二是 C/C++ _____汇编语言子程序。

4. 被调用的函数必须保留_____寄存器,这就要求在执行函数代码之前把寄存器的值压入堆栈,并且在函数准备返回调用程序时把它们_____堆栈。

5. 一般来说,只要汇编语句能够使用_____操作数(地址操作数),就可以采用一个 C/C++ 程序中的符号;同样,只要汇编语句可以用_____作为合法的操作数,就可以使用一个寄存器变量。

6. 如果 C++ 中的类、结构或者枚举成员具有唯一的名称,在_____操作符之前不指定变量或者 TYPEDEF 名称,则_ASM 块中只能引用_____。

7. C/C++ 程序中含有嵌入式汇编语言语句时,C 编译器首先将 C 代码的源程序(.c)编译成_____,然后激活汇编程序将产生的汇编语言源文件编译成_____,最后激活 link 将目标文件链接成可_____。

8. 嵌入汇编方式把插入的汇编语言语句作为 C/C++ 的组成部分,不使用完全独立的汇编模块,所以比_____更方便、快捷,并且在_____模式、_____模式下都能正常编译通过。

9. 在嵌入汇编中可以无限制地访问 C++ 成员变量,但是却不能随意调用 C++ 的_____。嵌入汇编调用 C++ 函数必须由自己_____。

10. 在主过程语句中通过 CALL 语句实现对外部函数的调用格式:_____。

11. C/C++ 程序具有 3 种调用协议:_____、_____和_____。

12. 高级语言的参数通过堆栈传递给汇编语言过程,汇编语言过程将返回结果放在_____中。在 BP、DI、SI、DS、SS 和方向标志位被改动之前应使用汇编语言过程_____起来。

13. 在汇编语言中调用 C/C++ 的函数和变量时,应在函数名和变量名前加_____。

14. 在汇编语言程序的开始部分,应对调用的函数和变量用 EXTERN 加以说明,其格式为:_____或_____。

15. 一般 C/C++ 程序和调用的子程序共用一个堆栈,因此在汇编语言子程序中开始必须执行两条指令,即_____、_____。

16. 在 C/C++ 程序中定义的变量,在汇编程序里访问很简单,首先在 C/C++ 程序中定义为全局变量,然后在汇编程序中用_____定义,再利用间接寻址的方式即可实现。

三、判断题

1. 在 C/C++ 程序中采用"Public"关键字输入汇编语言指令语句或语句段。(　　)
2. 嵌入式汇编语言能使用 C++ 语言的运算符。　　　　　　　　(　　)
3. 在 32 位应用程序的混合编程中能使用 DOS 功能调用 INT 21H。　(　　)
4. 调用协议决定利用堆栈的方法和命名约定,两者不需要一定一致。(　　)

5. 汇编语言函数和 C/C++ 程序一起工作，就必须显式地遵守 C 样式的函数格式。（　　）

6. 在 C/C++ 程序中 BP 是作为参数和自动变量的基地址，而在汇编语言子程序中，是存放寄存器变量。（　　）

7. 对于小于等于 32 位的数据扩展为 32 位，存放在 AX 寄存器中返回。（　　）

8. 对于字符串返回值的做法是，返回字符串的函数返回指向字符串存储位置的指针。（　　）

9. 被调用的汇编模块可以修改传送的值，也能访问调用程序原来的值。（　　）

10. C++ 语言对标识符区分字母的大小写，而汇编不区分大小写。（　　）

四、简答题

1. 简述_STDCALL 调用约定代码。
2. 简述_CDECL 调用约定代码。
3. 传送参数有哪 3 种方法？
4. 说明在子程序中寄存器的作用。

五、程序设计题

1. 编写 C/C++ 程序，输出下面表达式的值，要求该表达式的计算用嵌入汇编语言程序段的方法来实现（注：题中所有变量都是整型）。

(1) $1230+'A'-a$
(2) $b*b-4*a*c$
(3) $(a+b)/c+d$　4)、$9*c/5+32$
(5) $(a\%9+89)*8$
(6) $x*x+y*y$

2. 用汇编语言编写函数 Display(Data)，其功能是在当前光标处显示无符号整数 Data，然后，编写一个 C/C++ 程序调用 Display 来显示整型变量的值。

3. 用汇编语言实现下列 C/C++ 标准函数，并在 C/C++ 程序中验证之（假设未指明的变量都是整型）。

4. 用汇编语言编写一个过程 Display(Data)，其功能为在当前光标处显示无符号整数 Data，然后编写 C/C++ 程序调用之，以达到显示数据的作用。

第 8 章

综合程序设计

8.1 显示程序设计

8.1.1 显示程序概述

显示器通过显示适配卡与系统相连,显示适配卡是显示输出的接口。早先的显示适配卡是 CGA 和 EGA 等,目前常用的显示适配卡是 VGA 和 TVGA 等。它们都支持两类显示方式:文本显示方式和图形显示方式,每一类显示方式都含有多种显示模式。在 DOS 操作系统环境下,其默认的显示方式为文本显示方式,而在 Windows 操作系统环境下,其显示方式是图形显示方式,其绝大多数操作界面是以图形界面的窗口形式出现的。

1. 文本显示方式

所谓文本显示方式,是指以字符为单位的显示方式。文本方式是图形适配器的默认方式,主要用于字符文本处理。字符通常是指字母、数字、普通符号(如运算符)和一些特殊符号(如菱形块和矩形块)。文本显示模式下,显示器的屏幕被划分为 80 列 25 行,所以每一屏最多可显示 2000(80×25)个字符,也就需要 4000 个字节来存储一屏的显示信息。一般用行号和列号组成的坐标来定位屏幕上的每个可显示位置,左上角的坐标规定为(0,0),向右增加列号,向下增加行号,这样右下角的坐标便是(79,24)。在文本方式下,每个字符的点阵直接由硬件实现,程序只需指定 ASCII 码和颜色属性。在图形方式下,可通过读写屏幕上各个点的映像,显示出单色或彩色图形。显示内存可以分为多页,每一页都对应实际的一屏。在页之间可以快速地切换,每页的内容互不干扰。

2. 显示属性

屏幕上显示的字符取决于字符的 ASCII 码及字符显示属性。在单色显示时,显示属性定义了闪烁、反相和高亮度等显示特性。在彩色显示时,属性还定义了前景色和背景色。图 8-1 给出了彩色显示时属性字节各位的定义。

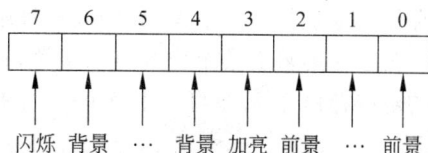

图 8-1 显示属性各字段位定义

在属性字节中,RGB 分别表示红、绿、蓝,

I 表示亮度,BL 表示闪烁。位 0 到位 3 组合 16 种前景颜色。亮度和闪烁只能用于前景。当 I 位为 1 时,表示高亮度;当 I 位为 0 时,表示普通亮度。当 BL 为 1 时,表示闪烁;当 BL 为 0 时,表示不闪烁。表 8-1 给出彩色文本模式下的 IRGB 组合成的通常颜色。前景颜色和背景颜色一起确定字符的显示效果,表 8-2 列出了几种典型的属性值。当前景和背景相同时,字符就看不出了。

表 8-1　IRGB 组合

IRGB	颜　色	IRGB	颜　色
0000	黑	1000	浅灰
0001	蓝	1001	浅蓝
0010	绿	1010	浅绿
0011	青（深蓝）	1011	浅青
0100	红	1100	浅红
0101	品红	1101	浅品红
0110	棕	1110	黄
0111	白	1111	亮白

表 8-2　几种典型的属性值

效　果	背　景				前　景				HEX 值
	B	R	G	B	I	R	G	B	
黑底蓝字	0	0	0	0	0	0	0	1	01H
黑底红字	0	0	0	0	0	1	0	0	04H
黑底白字	0	0	0	0	0	1	1	1	07H
黑底黄字	0	0	0	0	1	1	1	0	0EH
白底黑字	0	1	1	1	0	0	0	0	70H
白底红字	0	1	1	1	0	1	0	0	74H
白底蓝字	0	1	1	1	0	0	0	1	71H
蓝底白字	0	0	0	1	0	1	1	1	17H

　　显示适配卡带有显示存储器,用于存放显示屏幕上显示文本的代码及属性或图形信息。显示存储器作为系统存储器的一部分,可用访问普通内存的方法访问显示存储器。通常为显示存储器安排的存储地址空间的段值是 B800H 或 B000H,对应的内存区域就称为显示缓冲区。假设段值是 B800H。文本显示模式下,屏幕的每一个显示位置依次对应显示存储区中的两个字节单元,这种对应关系如图 8-2 所示。在图中,为了直观起见,将存储器地址从上到下编码,即高地址端存下端。

　　为了在屏幕上某个位置显示字符,只需把要显示字符的代码及属性填到显示存储区中的对应存储单元即可。下面的程序片段属性在屏幕的左上角以黑底白字显示字符"A":

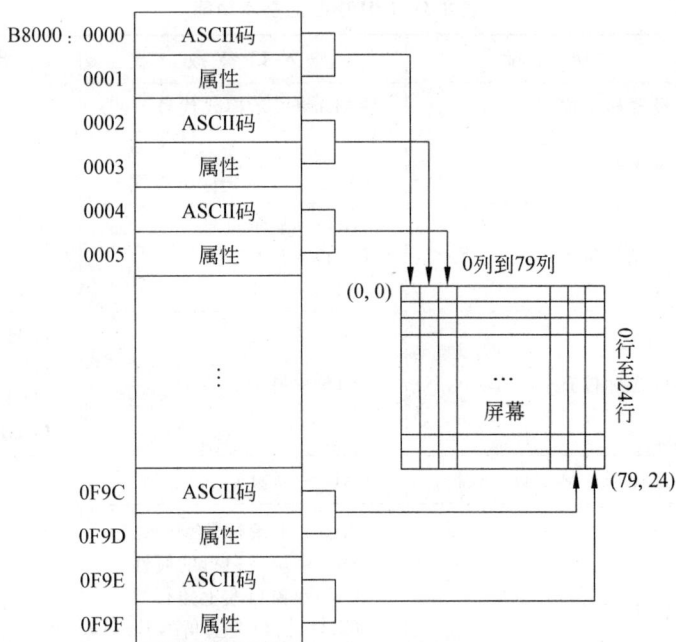

图 8-2　显示位置与存储区的对应关系

```
MOV    AX, B800H
MOV    DS, AX
MOV    BX, 0
MOV    AL,'A'
MOV    AH, 07H
MOV    [DX], AX
```

如果要了解屏幕上某个显示位置的字符是什么，或显示的颜色是什么，那么只要从显示存储区中的对应存储单元中取出字符的代码和属性即可。下面的程序片段取得屏幕右下角显示字符的代码及属性：

```
MOV    AX,B800H
MOV    DS,AX
MOV    BX,(8＊)＊2
MOV    AX,[BX]
```

这种直接存取显示存储器进行显示的方法称为直接写屏。

利用直接写屏方法，程序可实现快速显示。但编程较复杂，并且最终的程序也与显示适配卡相关。所以，一般不采用直接写屏方法，而是调用 BIOS 提供的显示 I/O 程序。

3. 调用 BIOS 提供的显示 I/O 程序

显示 I/O 程序的主要功能列于表 8-3。在调用 I/O 程序的某个功能时，根据要求设置好入口参数，把功能编号置入 AH 寄存器中，然后发出中断指令"INT 10H"。

表 8-3 10H 中断的基本功能

功 能 号	功 能	入 口 参 数	出 口 参 数
（AH）=00H	设置显示模式	（AL）=显示模式代号	
（AH）=01H	置光标类型	CH 低 4 位=光标开始线 CL 低 4 位=光标结束线	
（AH）=02H	置光标位置	（BH）=显示页号 （DH）=行号 （DL）=列号	
（AH）=03H	读光标位置	（BH）=显示页号	（CH）=开始行 （CL）=结束行 （DH）=行号 （DL）=列号
（AH）=05H	选择当前显示页	（AL）=新页号	
（AH）=06H	向上滚屏	（AL）=上滚行数 （BH）=填空白行的属性 （CH）=窗口左上角行号 （CL）=窗口左上角列号 （DH）=窗口右下角行号 （DL）=窗口右下角列号	
（AH）=07H	向下滚屏	（AL）=下滚行数 其他参数同（AH）=6	
（AH）=08H	读光标位置处的字符和属性	（BH）=显示页号	（AH）=属性 （AL）=字符代码
（AH）=09H	将字符和属性写到光标位置处	（BH）=显示页号 （AL）=字符代码 （BL）=属性 （CX）=字符重复次数	
（AH）=0AH	将字符写到光标位置处	（BH）=显示页号 （AL）=字符代码 （CX）=字符重复次数	
（AH）=0EH	TTY 方式显示	（BH）=显示页号 （AL）=字符代码	
（AH）=0FH	取当前显示模式		（AL）=显示模式号 （AH）=最大列数 （BH）=当前页
（AH）=13H	写字符串（在 AT 及以上系统才有此功能）		

4. DOS 功能中的屏幕输出

屏幕输出是最常用的一种输出形式，DOS 操作系统提供了几种实现屏幕输出的功能调用。INT 21H 中的相关功能如下。

02H——显示的字符。

06H——控制台的输入/输出,当 DL≠0FFH,表示显示字符。

09H——在屏幕上显示一个字符串。

5. 图形显示方式

图形显示是目前最常用的一种显示方式,也是 Windows 操作系统的默认显示方式。在该显示方式下,可以看到优美的图像、视频、浏览丰富多彩的网页等。

图形显示的最小单位是像素,对每个像素可用不同的颜色来显示。所以,在显示缓冲区内记录的信息是屏幕各像素的显示颜色。

由于各种图形显示模式所能显示的颜色和像素是不同的,它决定了显示缓冲区的存储方式也是不同的。下面给出 3 个具体的图形显示模式及其存储方式,通过它们可看出各种显示模式在显示缓冲区存储方式上的明显差异。

6. 设置光标

设置光标是一个基本的中断请求,因为光标的位置决定了下一个字符将在哪里显示或输入。屏幕处理的 BIOS 操作取决于 INT 10H 以及 AH 中的功能码。例如,INT 10H 的 02H 功能是告诉 BIOS 设置光标,并将要求的页号装入 BH(页号通常为 0),行号装入 DH,列号装入 DL。

8.1.2　显示程序设计实例

【例 8-1】 在屏幕上显示字符串"EXAMPLE OF STRING DISPLAY!"。

```
        DATA        SEGMENT
        STR         DB 0DH ,0AH,'EXAMPLE OF STRING DISPLAY!$'
        DATA        ENDS
        STACK       SEGMENT STACK
                    DB 100DUP(0)
        STACK       ENDS
        CODE        SEGMENT
        ASSUME      DS:DATA,CS:CODE,SS:STACK
BEGIN:  MOV         AX,DATA
        MOV         DS,AX
        LEA         DX,STR
        MOV         AH,9
        INT         21H
        MOV         AH,4CH
        INT         21H
        CODE        ENDS
        END BEGIN
```

【例 8-2】 采用直接写屏法在屏幕上用多种方式显示"BEIJING 2008"。

```
               WIDE=5
               COLUMBIA=10
               STOPIN=1BH
               DSEG         SEGMENT
               MESS         DB'BEIJING 2008'
               MESSLEN=$-OFFSET MESS
               COLORB       DB 04H,70H,13H,7DH,23H
               COLORE       LABEL  BYTE
               DSEG         ENDS
               CSEG         SEGMENT
               ASSUME       CS:CSEG,DS:DS
     BEGIN:    MOV          AX,DSEG
               MOV          DS,AX
               MOV          DI,OFFSET COLORE
     STEPC:    INC          DI
               CMP          DI,OFFSET  COLOR
               JNZ          STEPS
               MOV          DI,OFFSET  COLOR
     STEPS:    MOV          BI,[DI]
               MOV          SI,OFFSET MESS
               MOV          CX,MESSLEN
               MOV          DH,WIDE
               MOV          DL,COLUMBIA
               CALL         CLASS
               MOV          AH,0
               INT          16H
               CMP          AL,STOPIN
               JNZ          STEPC
               MOV          AX,4C00H
               INT          2LH
               CLASS        PROC
               MOV          AX,08800H
               MOV          ES,AX
               MOV          AL,80
               MUL          DH
               XOR          DH,DH
               ADD          AX,DX
               ADD          AX,AX
               XCHG         AX,BX
               MOV          AH,AL
               JCXZ         CLASS2
     CLASSL:   MOV          AL,[SI]
               INC          SI
               MOV          ES:[BX],AX
```

```
            INC          BX
            INC          BX
            LOOP         CLASSL
CLASS2:     RET
            CLASS        ENDP
            CSEG         ENDS
            END          BEGIN
```

【例 8-3】　用"霓虹灯"的显示方式显示字符串"HELLO",按 Esc 键时结束程序的运行。用显示颜色的变化来模拟霓虹灯的显示方式,即用颜色 15(亮白)作为字符的主要显示颜色,再用颜色 12(亮红)从左到右逐个扫描。

```
            .MODEL SMALL, C
            .DATA
            KBESC EQU 1BH
            BUFF DB "H", 15, "E", 15, "L", 15, "L", 15, "O", 15
            .CODE
            CLEAR        PROC NEAR USES AX BX CX DX
                                              ;清屏幕,并保护所用寄存器
            MOV          CL, 0
            MOV          CH, 0
            MOV          DL, 79
            MOV          DH, 24               ;(0,0)-(24,79)是屏幕的左上角和右下角
            MOV          BH, 7
            MOV          AL, 0
            MOV          AH, 6
            INT          10H
            RET
            CLEAR        ENDP
            .STARTUP
            CALL         CLEAR
            MOV          AX, DS
            MOV          ES, AX
            MOV          SI, 9
AGAIN:      MOV          BUFF[SI], 15         ;把前一次的红色还原
            ADD          SI, 2
            .IF          SI>9
            MOV          SI, 1
            .ENDIF
            MOV          BUFF[SI], 12         ;把当前字符以红色显示
            MOV          BH, 0
            MOV          CX, 5
            MOV          DH, 5
            MOV          DL, 20               ;显示位置从(5,20)开始
            LEA          BP, BUFF
```

```
        MOV         AL, 2
        MOV         AH, 13H
        INT         10H             ;调用中断 10H 之功能 13H
        MOV         AH, 1
        INT         16H             ;检查是否有按键
        JZ          AGAIN           ;若无字符可读,则继续循环
        MOV         AH, 0
        INT         16H
        CMP         AL, KBESC
        JNZ         AGAIN           ;若按键不是 ESCAPE,则继续循环
        .EXIT       0
        END
```

【例 8-4】　在 256 色 320×200 的图形显示模式下,从屏幕最左边向最右边,依次画竖线(从顶到底),线的颜色从 1 依次加 1。要求用中断调用的方法来画线。

```
        .MODEL SMALL
        .DATA
        MODE DB ?                     ;保存当前显示模式
        .CODE
        VLINE PROC NEAR USES AX BX DX ;CX=竖线所在的列,AL=线的颜色
        MOV         DX, 0
        MOV         BH, 0
        MOV         AH, 0CH
DRAW:   VLINE       INT 10H
        INC         DX
        CMP         DX, 200
        JL          DRAW
        RET
        ENDP
        .STARTUP
        MOV         AH, 0FH
        INT         10H
        MOV         MODE, AL          ;保存当前显示模式,在程序结束前恢复
        MOV         AH, 0
        MOV         AL, 13H
        INT         10H               ;设置 256 色 320×200 的图形显示模式
        MOV         CX, 0
        MOV         AL, 01H           ;CX=线所在列,AL=线的颜色
DRAW:   CALL        VLINE
        INC         AL
        INC         CX
        CMP         CX, 320
        JL          DRAW              ;从左到右画 320 条竖线
        MOV         AH, 0
```

```
        INT         16H                 ;等待一个按键
        MOV         AL, MODE
        MOV         AH, 0
        INT         10H                 ;恢复原来的屏幕显示模式
        .EXIT   0
        END
```

8.2　键盘输入/输出程序设计

8.2.1　键盘输入/输出程序概述

1．键盘输入

键盘上的每一个键相当于一个开关,键盘中有个芯片对键盘上的每一个键的开关状态进行扫描。按下一个键时,开关接通,该芯片就产生一个扫描码,扫描码说明了按下的键在键盘上的位置。扫描码被送入主板上的相关接口芯片的寄存器中,该寄存器的端口地址为 60H。松开按下的键时,也产生一个扫描码,扫描码说明了松开的键在键盘上的位置。松开按键时产生的扫描码也被送入 60H 端口中。一般将按下一个键时产生的扫描码称为通码,松开一个键产生的扫描码称为断码。扫描码长度为一个字节,通码的第 7 位为 0,断码的第 7 位为 1,即断码＝通码＋80H。

例如:G 键的通码为 22H,断码为 A2H。

0040:17 单元存储键盘状态字节,该字节记录了控制键和切换键的状态。

在计算机键盘上除了可输入各种字符(字母、数字和符号等)的按键之外,还有　些功能键(如 F1、F2 等)、控制键(如 Ctrl、Alt、Shift 等)、双态键(如 Num Lock、Caps Lock 等)和特殊请求键(如 Print Screen、Scroll Lock 等)。

键盘中的控制键和双态键是非打印按键,它们是起控制或转换作用的。当使用者按下控制键或双态键时,系统要记住其所按下的按键。为此,在计算机系统中,特意安排一个字来标志这些按键的状态,称该字为键盘状态字。键盘状态字节各位记录的信息如表 8-4 所示。

表 8-4　键盘状态字节各位记录的信息

0	右 Shift 状态,置 1 表示按下右 Shift 键
1	左 Shift 状态,置 1 表示按下左 Shift 键
2	Ctrl 状态,置 1 表示按下 Ctrl 键
3	Alt 状态,置 1 表示按下 Alt 键
4	Scroll Lock 状态,置 1 表示 Scroll 指示灯亮
5	Unlock 状态,置 1 表示小键盘输入的是数字
6	Caps Lock 状态,置 1 表示输入大写字母
7	Insert 状态,置 1 表示处于删除态
8	Insert 状态,置 1 表示处于按下

续表

9	Caps Lock 状态，置 1 表示按下
10	Unlock 状态，置 1 表示按下
11	Scroll Lock 状态，置 1 表示按下
12	Pause 状态，置 1 表示按下
13	Sysrq 状态，置 1 表示按下
14	左 Alt 状态，置 1 表示按下 Alt 键
15	左 Ctrl 状态，置 1 表示按下 Ctrl 键

2. DOS 功能中的键盘输入

键盘输入是一种最常用的输入方式，所以在 DOS 操作系统中，提供了能实现各种键盘输入的功能，INT 21H 中的相关功能如表 8-5 所示。

表 8-5 INT 21H 中的键盘输入功能表

01H	带回显的键盘输入
06H	控制台的输入/输出：当 DL＝0FFH，表示键盘输入
07H	不回显、不过滤的键盘输入
08H	不回显的键盘输入
0AH	键盘输入字符串
0BH	检查键盘输入状态
0CH	清除输入缓冲区的输入功能

3. BIOS 中的键盘输入

在 BIOS 系统中，提供了中断 16H 来实现键盘输入功能。其具体的功能如表 8-6 所示。

表 8-6 中断 16H 键盘输入功能表

00H、10H	从键盘读一个字符，输入字符不回显
01H、11H	判断键盘缓冲区内是否有字符可读
02H	读取当前键盘状态字

4. 直接操作端口的键盘输入

键盘输入端口的地址为 60H，可以用指令 IN 从该端口读取当前按键的扫描码。例如：

```
MOV   DX, 60H
IN    AL, DX
```

键盘的输入到达 60H 端口时，相关的芯片就会向 CPU 发出中断信息。CPU 检测到该中断信息后，则响应中断，引发中断过程，转去执行中断。

5．键盘中断的处理过程

当用户按键时，键盘接口会得到一个代表该按键的键盘扫描码，同时产生一个中断请求。如果键盘中断是允许的，那么 CPU 通常就会响应中断请求。因为键盘中断的中断类型号为 9，所以 CPU 响应键盘中断，就是转入 9 号中断处理程序。把 9 号中断处理程序称为键盘中断处理程序。键盘中断服务程序首先从键盘接口取得按键的扫描码，然后根据其扫描码判断用户所按的键并作相应的处理，最后通知中断控制器本次中断结束并实现中断返回。

若用户按下双态键（如 Caps Lock，Num Lock 和 Scroll Lock 等），则在键盘上相应 LED 指示灯的状态将发生改变。

若用户按下控制键（如 Ctrl、Alt 和 Shift 等），则在键盘标志字中设置其标志位。

若用户按下功能键（如 F1、F2 等），再根据当前是否又按下控制键来确定其系统扫描码，并把其系统扫描码和一个值为 0 的字节存入键盘缓冲区。

若用户按下字符键（如 A、1、＋等），此时，再根据当前是否又按下控制键来确定其系统扫描码，并得到该按键所对应的 ASCII 码，然后把其系统扫描码和 ASCII 码一起存入键盘缓冲区。

若用户按下功能请求键（如 Print Screen 等），则系统直接产生一个具体的动作。

6．键盘缓冲区

键盘缓冲区是一个先进先出的环形队列，其所占内存区域如下。

KBHEAD DW ?：其内存地址为 0000:041AH，缓冲区头指针。

KBTAIL DW ?：其内存地址为 0000:041CH，缓冲区尾指针。

KBBUFF DW 16 DUP(?)：其内存地址为 0000:041EH，该缓冲区的默认长度为 16 个字。

键盘缓冲区是一个环形队列，其性质与《数据结构》课程中对"环形队列"所描述的性质完全一致。虽然缓冲区的本身长度为 16 个字，但出于判断"对列满"的考虑，它最多只能保存 15 个键盘信息。当缓冲区满时，系统将不再接收按键信息，而会发出"嘟"的声音，以示要暂缓按键。

8.2.2　键盘输入/输出程序设计实例

【例 8-5】 用键盘最多输入 10 个字符，并存入内存变量 BUFF 中，若按 Ctrl＋Enter 组合键，则表示输入结束。

方法 1：用 BIOS 中的中断功能。

```
.MODEL        SMALL
CREN          EQU 0AH
.DATA
BUFF          DB  10 DUP(?)
.CODE
```

```
        .STARTUP
MOV             CX, 0AH
LEA             BX, BUFF
        .REPEAT
MOV             AH, 0H
INT             16H;
        .BREAK .IF      AL=CREN
MOV             [BX], AL
INC             BX
        .UNTILCXZ
        .EXIT           0
END
```

方法 2：用 DOS 中的功能调用。

```
        .MODEL          SMALL
        .DATA
BUFF            DB 10, ?, 10 DUP(?)
        .CODE
        .STARTUP
LEA             DX, BUFF
MOV             AH, 0AH
INT             21H;
        .EXIT           0
END
```

【例 8-6】　在屏幕中间部位开出一个窗口，接收从键盘输入的字符，并显示在窗口的最底行，当窗口底行显示满时，内容就向上滚动一行；用户按 Ctrl＋C 组合键时，结束运行。

```
WINWH:  40                              ;窗口宽度
WINUP:  8                               ;窗口左上角行号
WINL:   20                              ;窗口左上角列号
WINDW:  17                              ;窗口右下角行号
WINR:   WINL+WINWH-1                    ;窗口右下角列号
CR:     74H                             ;属性值
PG:     0                               ;显示页号
CRT:    03H                             ;结束符 ASCII 码
        ;代码段
        CSEG            SFGMFNT
        ASSUME          CS:CSEG
BEGIN:  MOV             AL,PG           ;选择显示页
        MOV             AH,5
        INT             10H
        MOV             CH,WINUP        ;清规定窗口
        MOV             CL,WINL
```

```
          MOV        DH,WINDW
          MOV        DL,WINR
          MOV        BH,CR
          MOV        AL,0
          MOV        AH,6
          INT        10H
          MOV        BH,PG              ;定位光标到窗口左下角
          MOV        DH,WINDW
          MOV        DL,WINL
          MOV        AH,2
          MOV        BH,PG              ;在当前光标位置显示所按键
          MOV        CX,1               ;但没有移动光标
          MOV        AH,0AH
          INT        10H
          INC        DL                 ;光标列数加 1,准备向右移动光标
          CMP        DL,WINR+1          ;判断是否越出窗口右边界
          JNZ        DOCR               ;不越界,则跳转到 DOCR
          MOV        CH,WINUP           ;是,窗口内容上滚一行
          MOV        CL,WINL            ;空出窗口的最底行
          MOV        DH,WINDW
          MOV        DL,WINR
          MOV        BH,CR
          MOV        AL,1
          MOV        AH,6
          INT        10H
          MOV        DL,WINL            ;光标要回到最左面
DOCR:     MOV        BH,PG              ;光标后移
          MOV        AH,2
          INT        10H
          JMP        NEXT               ;继续
END:      MOV        AX,4C00H
          INT        21H                ;结束
          CSEG       ENDS
```

【例 8-7】　编写一个程序完成如下功能：读键盘,并把所按键显示出来 ,在检测到按下 Shift 键后,就结束运行。

调用键盘 I/O 程序的 2 号功能取得变换键状态字节,进而判断是否按下了 Shift 键。在调用 0 号功能读键盘之前,先调用 2 号功能判断键盘是否有键可读,否则会导致不能及时检测到用户按下的 Shift 键。源程序如下：

```
;常量定义
L_SHIFT=00000010B
R_SHIFT=00000001B
;代码段
```

```
            CSEG        SEGMENT
            ASSUME      CS:CSEG
START:      MOV         AH,2                        ;取变换键状态字
            INT         16H
            TEST        AL,L_SHIFT+R_SHIFT
                                                    ;判断是否按下 Shift 键
            JNZ         OVER                        ;若按下,则跳转到 OVER
            MOV         AH,1
            INT         16H                         ;等待键盘输入
            JZ          START                       ;没有输入跳转到 START
            MOV         AH,0                        ;读键
            INT         16H
            MOV         DL,AL                       ;显示所读键
            MOV         AH,6
            INT         21H
            JMP         START                       ;继续
OVER:       MOV         AH,4CH                      ;调用 4CH 功能
            INT         21H
            CSEG        ENDS
            END         START
```

8.3　文　件　管　理

8.3.1　文件管理概述

1. DOS 文件系统

　　数据以文件的形式存储在磁盘上,就像已经存储的程序一样。管理文件的程序集合被称为文件系统。文件系统是操作系统中重要的组成部分,负责文件管理、目录组织等功能。本节的主要内容是用汇编语言在 DOS 系统下对文件及目录的操作。

　　DOS 文件系统支持层次结构,以根目录为树根,各子目录为分支,而文件为叶。DOS以命令行方式为用户提供了方便的文件及目录操作接口,通过文件或目录的名称,可让用户直接访问到存放于磁盘上的对应文件及目录。

　　DOS 文件系统对文件及目录的管理与组织依赖一些内部表格实现。这些内部表格中记录文件如何在磁盘上存放,目录的层次组织等重要信息,包括文件分配表(FAT)、根目录表等。

　　虽然没有限制保存在文件中的数据的类型,但是一个典型的用户文件由客户记录、库存供应或姓名地址表组成。每个记录包含了有关详细的客户信息或项目清单信息。在文件里,所有记录通常有相同的长度和格式。一个记录包含一个或多个提供有关记录信息的字段。例如,对一个客户文件的记录,可以包含客户号、姓名、地址和应付款这些字段。记录按客户号升序排列。

处理硬盘上的文件和软盘上的文件大致相同。对于两者,必须提供一个路径名来存取子目录中的文件。

有许多的特殊中断服务支持磁盘输入/输出。一个程序写一个文件首先使系统在目录里生成一个入口项。当所有文件的记录写完,程序关闭文件,这样系统就可以完成文件大小的目录入口项。

程序读一个文件首先要打开文件以确保它是存在的。一旦程序读完全部记录,应当关闭这个文件,使它对其他程序也是可用的。由于目录的设计,可以顺序处理磁盘文件的记录,也可以随机处理磁盘文件的记录。

最高级磁盘处理是通过 INT 21H,借助于目录和记录的"分块"、"解块"来支持磁盘处理;最低级磁盘处理是通过 BIOS 中断 13H。

当为了输入打开一个文件或为了输出建立一个文件时,系统就传递出一个文件代号。这些操作包括使用 ASCIIZ 串(标准的以 null 结束的 C 语言字符串的指针也被称为 ASCIIZ 字符串)和 INT 21H 的功能 3CH 或 3DH。返回在 AX 中的文件代号是唯一性的一个字长的数码,要把这个文件代号保存在一个字数据项中,在以后请求存取文件时就使用这个文件代号。一般情况下,第一个返回的文件代号是 05,第二个返回的文件代号是 06,以此类推。

系统为正在处理的程序的每个文件保留了一个单独的文件指针。建立和打开文件操作把文件指针的值初始化为 0,即文件的起始位置。文件指针对文件内当前的偏移地址不断地进行计算。

每个读/写操作都会使系统通过传输的字节数对文件指针增量,然后文件指针就指向要存取的下一个记录的位置。文件指针对顺序和随机处理都很方便。对记录的随机处理,程序可以使用 INT 21H 的功能 42H 把文件指针设置到文件的任何位置。

建立一个新文件或用相同的名字重写一个旧文件时,首先要使用 INT 21H 的功能 3CH。把请求的文件属性装入 AX,ASCIIZ 串的地址装入 DX(新文件在磁盘上的位置)。下例在驱动器 C 建立一个属性为 0 的正常文件:

```
PATHNAM1      DB 'C:ACCOUNTSFIL',00H
FILHAND1      DW ?                    ;文件代号
MOV           AH,3CH                  ;请求建立文件
MOV           CH,00                   ;正常属性
LEA           DX,PATHNAM1             ;ASCIIZ 串
INT           21H                     ;调用中断服务例程
JC            EREOR                   ;出错时的特定动作
MOV           FILHAND1,AX             ;保存文件代号到一个字中
```

对一个有效的操作,系统用给定的属性建立一个目录入口,清除进位标志,并在 AX 中设置文件代号。以后存取文件都使用这个文件代号。打开指定文件的同时,把文件指针设置为 0,这时就可以写文件了。如果文件在指定的路径上已经存在,该操作将文件长度置为 0,使新文件对旧文件进行重写。

INT 21H 的功能 40H 用于在磁盘上写记录。在 BX 中装入保存的文件代号。CX

中是要写入的字节数,DX 中是输出区的地址。下例使用文件代号完成从建文件操作到写入 DSKAREA 中的 256 字节的记录:

```
FILHAND1        DW    ?,文件代号
DSKAREA         DB    256 DUP('')              ;输出区
MOV             AH,40H                          ;请求写记录
MOV             BX,FILHAND1                     ;文件代号
MOV             CX , 256                        ;记录长度
LEA             DX,DSHAREA                      ;输出区地址
INT             21H                             ;调用中断服务例程
JC              ERROR1                          ;出错时的特定动作
CMP             AX,256                          ;全部字节写完
JNE             ERROR2                          ;未完,则出错
```

一次有效的操作将把记录写到磁盘上、对文件指针增量、清除进位标志,并设置 AX 为实际写入的字节数。一个已写满的磁盘可能会使实际写入的字节数和要求写入的字节数不同,但是因为系统没有把这种情况作为一个错误报告,因此程序必须测试 AX 中的返回值。非法操作将设置进位标志为 1,并返回给 AX 错误码 05(拒绝存取)或 06(非法文件代号)。

完成写磁盘文件后,程序必须将这个文件关闭。在 BX 装入文件代号,并调用 INT 21H 的功能 3EH:

```
MOV             AH,3EH                          ;请求关闭文件
MOV             BX,FTLHAND1                     ;文件代号
INT             21H                             ;调用中断服务例程
JC              ERROR                           ;测试错误
```

成功的关闭操作将仍在内存缓冲区中的剩余记录写入磁盘,并用日期和文件大小修改 FAT 和目录。不成功的操作将设置进位标志,AX 中的返回码只可能是错误码 06(非法文件代号)。

读文件的程序必须首先用 INT 21H 的功能 3DH 来打开文件。这个操作通过已实际存在的文件名来检查文件,如果存在,对程序是可用的。在 DX 中装入所请求的 ASCIIZ 串的地址,在 AL 中装入一个 8 位的存取代码,如表 8-7 所示。

表 8-7   8 位的存取代码

位	请求	位	请求
0	000 只读	3	1=保留
1	001 只写	4~6	共享方式
2	010 读写	7	继承标志

读文件之前,程序应当用功能 3DH 来打开文件,而不是用功能 3CH 建立文件。文件操作常用功能如表 8-8 所示。

表 8-8 文件操作常用功能表

操作目录常用功能	39H	创建目录	3BH	设置当前目录
	3AH	删除目录	47H	读取当前目录
文件句柄操作文件常用功能	3CH	创建文件	4EH	查找到第一个文件
	3DH	打开文件	4FH	查找下一个文件
	3EH	关闭文件	56H	文件换名
	3FH	读文件或设备	57H	读取/设置文件的日期和时间
	40H	写文件或设备	5AH	创建临时文件
	41H	删除文件	5BH	创建新文件
	42H	设置文件指针	67H	设置文件句柄数（最多文件数）
	43H	读取/设置文件属性	6CH	扩展的打开文件功能
FCB 操作文件常用功能	0FH	打开文件	21H	随机读
	10H	关闭文件	22H	随机写
	13H	删除文件	23H	读取文件的大小
	14H	顺序读	24H	设置相对记录数
	15H	顺序写	27H	随机读块
	16H	创建文件	28H	随机写块
	17H	文件换名		
磁盘绝对读写中断	中断 25H	磁盘绝对读中断	中断 26H	磁盘绝对写中断
系统标准设备句柄	0000H	键盘	0001H	屏幕
	0002H	错误显示（屏幕）	0003H	COM1
	0004H	打印机		

2. 文件管理功能

在文件管理功能中,提供了删除文件、文件改名、读取和设置文件属性、查找文件等功能调用。

1) 删除文件

功能:从系统中删除指定的文件。若删除只读文件或文件找不到,该功能调用失败。该功能允许访问子目录中的文件。

INT 21H 功能 41 使用寄存器情况如下。

调用寄存器:

AH 41H

DS:DX 指向一个 ASCII Z 串形成的文件描述符。

返回寄存器：

成功：CF 清零。

失败：CF 置为 1,AX 中为错误代码。

本功能删除文件的方法是在目录项中把文件名的第一个字符标识为 E5H。如果删除后没有创建或改变别的文件,就可以恢复"被删除的"文件。目录项中其他内容没有任何改变,分配给该文件的簇返回给系统重新使用,实际文件没有改写。

2）文件更名

功能：修改文件名或将其移动到同一磁盘驱动器上的另外子目录下。

INT 21H 功能 56H 使用寄存器情况如下。

调用寄存器：

AH 56H

DS:DX 指向 ASCII Z 串的文件描述符的指针。

ES:DI 指向新的 ASCII Z 串的文件描述符的指针。

返回寄存器：

成功：CF 清零。

失败：CF 置为 1。

3）获取、设置文件属性

功能：获取或者设置文件属性。

INT 21H 功能 43H 使用寄存器情况如下。

调用寄存器：

AH 43H

AL 00H/01H 获取文件属性/设置文件属性。

CX 文件新属性（在设置时使用）。

DS:DX 指向 ASCII Z 串形式的文件描述符的指针。

返回寄存器

成功：CF 清零,CX 中为属性字节。

失败：CF 置为 1,AX 中为错误代码。

4）文件查找

用 INT 21H 中的功能调用 4EH 和 4FH 可以完成文件的查找工作。其中 4EH 为搜索第一个匹配文件,而 4FH 在 4EH 的搜索基础之上继续搜索匹配的文件。

（1）INT 21H 功能 4EH。

功能：搜索第一个匹配文件。当找到一个与给定的 ASCIIZ 串相同的文件名后,在磁盘传送区（DTA）填上搜索到的文件的信息。该功能只查找满足属性要求的文件。

调用寄存器：

AH 4EH

CX 搜索时使用的属性。

DS:DX 指向 ASCII Z 串形式的文件描述符的指针,可包含通配符。

返回寄存器：

成功：CF 清零。

失败：CF 置为 1，AX 中为错误代码。

02H 文件未找到。

03H 路径无效。

12H 没有更多文件。

（2）INT 21H 功能 4FH。

功能：与 4EH 配合使用。当成功地调用功能 4EH 之后，该功能继续搜索满足要求的文件。调用该功能时，DTA 中必须保留着 4EH 功能调用产生的原始信息。

通用寄存器：

AH 4FH

返回寄存器：

成功：CF 清零。

失败：CF 置为 1，AX 中为错误代码，AX＝12H 表示搜索完毕没有找到文件。

该功能调用不断更新 DTA，修正其中的文件名及其他数据信息。DTA 由系统管理，在使用 4FH 功能进行连续搜索时，不允许用户程序修改 DTA，但是可以读取 DTA 中的信息。

8.3.2　文件管理程序设计实例

【例 8-8】 利用文件管理功能，实现文件改名、删除。

```
;文件改名、删除程序段
…
MES         DB 0DH,0AH,'THIS IS A DELETE FILE ',0DH,0AH,'$'
FILE        DB 'C\EXAMPLE1.ASM',0
FILENEW     DB 'C\EXAMPLE2.ASM',0
ERRMSG      DB 0DH,0AH,'ERROR',0DH,0AH,'$'
…
MOV         AX,@DATA
MOV         DS,AX
MOV         ES,AX
MOV         DX,OFFSET FILE
MOV         DI,OFFSET FILENEW
MOV         AH,56H
INT         21H
MOV         DX,OFFSET  FILENEW
MOV         AH,41H
INT         21H
JC          ERR
JMP         OK
…
ERR:
```

...

【例 8-9】　利用功能 43H，获取、设定文件属性。

```
;获取、设定文件属性程序段
...
FILENAME        DB 'C:\TEST\1.TXT,0
ERRMSG          DB 0DH,0AH,'ERROR',0DH,0AH,'$'
...
START:  MOV     AX,@DATA
        MOV     DS,AX
        MOV     DX,OFFSET  FILENAME
        MOV     AL,01H
        MOV     CX,00H
        MOV     AH,43H
        INT     21H
        JC      ERR
        ...
ERR
        ...
;文件查找
...
FILENAME        DB 'C:\TEST\*.*',0
ERRMSG          DB 0DH,0AH,'ERROR',0DH,0AH,'$'
MYDTA           DB 128 DUP(?),0DH,0AH,'$'
...
        MOV     AX,@DATA
        MOV     DX,AX
        MOV     AH,2FH
        INT     21H
        PUSH    BX
        MOV     DX,OFFSET MYDTA
        MOV     AH,1AH
        INT     21H
        MOV     DX,OFFSET FILENAME
        MOV     CX,00H
        MOV     AH,4EH
        INT     21H
        JC      ERR
NEXT:   MOV     DX,OFFSET MYDTA
        ADD     DX,1EH
        MOV     AH,09H
        INT     21H
        MOV     AH,4FH
        INT     21H
```

```
            JC              NOFILE
            JMP             NEXT
NOFILE: CMP                 AX,12H
            JNZ             ERR
            JMP             OK
            ERR:…
OK:     POP                 DX
            MOV             AH,1AH
            INT             21H
```

【例 8-10】　编写一个创建子目录的程序,具体要求如下。

(1) 用键盘输入一个目录路径名,若输入的字符串为空,则程序运行结束。

(2) 若目录创建成功,显示成功信息,否则,显示创建失败信息。

```
            .MODEL          SMALL
            .DATA
DNAME       DB 30, ?, 30 DUP(?), 0
SMSG        DB "OK", 10, 13, "$"
FMSG        DB "FAILURE", 10, 13, "$"
            .CODE
            .STARTUP
AGAIN:  MOV                 AH, 0AH
            LEA             DX, DNAME
            INT             21H                 ;输入目录名
            MOV             BL, DNAME+1
            CMP             BL, 0
            JZ              OVER                ;检查输入的字符串是否为空
            XOR             BH, BH
            MOV             DNAME[BX+2], 0      ;确保字符串以 0 为结束标志
            MOV             DX, OFFSET DNAME+2
            MOV AH, 39H
            INT             21H                 ;以当前输入的字符串来创建目录
            .IF             CARRY?
            LEA             DX, FMSG
            .ELSE
            LEA             DX, SMSG
            .ENDIF
            MOV             AH, 9H
            INT             21H
            JMP             AGAIN
OVER:   .EXIT               0
            END
```

想对文件中的记录分类则必须包括它们,因为 SORT 程序需要用回车、换行符来表示每个记录的结束。要注意两点:①在每个记录之后包括回车符只是为了分类更方便,

否则可以省略它们；②每个记录可以是可变长度的格式，一直到姓名结束。

单元实验　综合程序设计

实验 1　显示程序设计

【实验目的】

掌握显示程序设计的概念和方法，学习如何在 PC 上编写具有显示功能的程序。

【实验内容】

1. 实验准备

（1）编写将用户指定的文本文件在显示器显示的程序。

（2）在显示器上绘制一方框图形。

（3）编写一程序实现将屏幕的第 10 行复制到 20 行，该程序在高分辨图模式下运行。程序首先判断当前显示模式是否为高分辨，若不是则转移到 BAD_MODE，并显示"THE MODE MUST BE SET TO HIGH RESOLUTION"。

2. 操作步骤

（1）输入源程序。

（2）汇编、连接程序，生成 .exe 文件，执行文件。

（3）使用 debug，检查结果。

【实验参考程序】

（1）

```
STACK        SEGMENT STACK
             DB 200 DUP(0)
STACK        ENDS
DATA         SEGMENT
FILENAME     DB 15
             DB ?
             DB 15 DUP(?)
FILENUM      DW ?
FILEBUF      DB 32767 DUP(0)
ASK          DB 0AH,0DH,'PLEASE INPUT FILE NAME:$'
READER       DB 0AH,0DH,'READ ERROR!',0AH,0DH,'$'
OPENER       DB 0AH,0DH,'OPEN ERROR!',0AH,0DH,'$'
DATA ENDS
```

```
            CODE            SEGMENT
            ASSUME          CS:CODE,SS:STACK,DS:DATA
START:      MOV             AX,DATA
            MOV             DS,AX
            LEA             DX,ASK
            MOV             AH,9
            INT             21H
            LEA             DX,FILENAME
            MOV             AH,10
            INT             21H
            MOV             AL,FILENAME+1
            MOV             AH,0
            MOV             BX,AX
            MOV             BYTE PTR [BX+FILENAME+2],0
            LEA             DX,FILENAME+2
            MOV             AX,3D00H
            INT             21H
            JC              POPENER
            MOV             FILENUM,AX
            MOV             BX,AX
            MOV             CX,32767
            LEA             DX,FILEBUF
            MOV             AH,3FH
            INT             21H
            JC              POPENER
            MOV             CX,AX
            MOV             BX,FILENUM
            MOV             AH,3EH
            INT             21H
            MOV             AH,2
            MOV             DL,0AH
            INT             21H
            MOV             DL,0DH
            INT             21H
            LEA             BX,FILEBUF
LOPA:       MOV             DL,[BX]
            INT             21H
            INC             BX
            LOOP            LOPA
EXIT:       MOV             AH,4CH
            INT             21H
POPENER:    LEA             DX,OPENER
            MOV             AH,9
            INT             21H
```

```
            JMP               EXIT
PREADER: LEA               DX,READER
            MOV               AH,9
            INT               21H
            JMP               EXIT
            CODE              ENDS
            END               START
```

（2）

```
            DATA              SEGMENT
            ROW               DW 40
            COL               DW 80
            CHX               DW 60
            CHY               DW 40
            CLR               DB 1
            DATA END
            STK1              SEGMENT   PARA STACK
                              DW   20H   DUP(0)
            STK1 ENDS
            CSG               SEGMENT
            ASSUME            CS : CSG,DS:DATA,SS :STACKL
SQR:        MOV               AX,DATA'
            MOV               DS,AX
            MOV               AH,O               ;选择显示方式
            MOV               AL,06H             ;置 640×200 图形方式
            INT               10H
            MOV               DX,ROW
            MOV               CX,COL
            CALL              PROX
            MOV               DX,ROW
            MOV               CX,COL,UM
            ADD               CX,CHX
            CALL              PROY
            MOV               DX,ROW
            MOV               CX,COL
            CALL              PROY
            MOV               DX,ROW
            ADD               DX,CHY
            MOV               CX,COL
            CALL              PROX
            MOV               AH,4CH
            INT               2LH
            PROX              PROC
            MOV               BP,CHX             ;线长
```

```
NEXT1:   MOV          BH,0
         INC          CX
         MOV          AL,CLR
         MOV          ALL,0CH
         INT          L0H
         DEC          BP
         JNE          NEXT1
         RET
         PROX         ENDP
         PROY         PROC
         MOV          BP,CHY
NEXT2:   MOV          BH,0
         INC          DX
         MOV          AL,CLR
         MOV          ALL,0CH
         INT          10H
         DEC          BP
         JNE          NEXT2
         RET
         PROY         ENDP
         CSG          ENDS
         END          SQR
```

（3）

```
         DATA         SEGMENT
         MSG          DB 'THE MODE MUST BE SET TO HIGH RESOLUTION'
         N            EQU $—MSG                ;显示字符个数
         DATA         ENDS
         CODE         SEGMENT
         ASSUME       CS:CODE,DS:DATA,ES:DATA
         MAIN         PROC FAR
START:   MOV          AX,DATA
         MOV          DS,AX
         MOV          AH,0
         MOV          AL,10H                   ;设置为 10H 模式
         INT          10H
         CMP          AL,0FH                   ;读模式
         INT          10H
         CMP          AL,0EH                   ;若小于 0EH 模式则转移
         JL           BAD_MODE
         CMP          AL,13H                   ;若是 256 色的 13H 模式则转移
         JZ           BAD_MODE
         MOV          CX,639                   ;开始列号
LPI:     MOV          AH,0DH                   ;读像素点调用
```

```
        MOV         BH,0                    ;0页
        MOV         DX,10                   ;10行
        INT         10H
        MOV         AH,0CH                  ;写像素点调用
        MOV         DX,20                   ;20行
        INT         10H
        DEC         CX
        CMP         CX,0FFFFH
        JNZ         LP1
        MOV         AH,4CH
        INT         21H
BAD_MODE:MOV        AX,DATA
        MOV         ES,AX
        MOV         AH,3                    ;读光标位置功能调用
        MOV         BH,0                    ;0页
        INT         10H                     ;DX中有光标位置
        MOV         DL,0                    ;选0列
        MOV         AX,1300H                ;写字串
        MOV         BH,0                    ;0页
        MOV         BL,3                    ;颜色为3号
        LEA         BP,MSG                  ;字节的偏移地址
        MOV         CX,N                    ;字串长度
        INT         10H
        MOV         AH,4CH
        INT         21H
CODE    ENDS
END     START
```

实验2　输入/输出程序设计

【实验目的】

掌握输入、输出程序设计的概念和方法，学习如何在 PC 上编写具有输入/输出功能的程序。

【实验内容】

1. 实验准备

（1）编写一个中断处理程序，要求在主程序运行的过程中，每隔10秒钟响铃一次，同时在屏幕上显示出信息"THE BELL IS RING"，连续响5次退出。

在系统定时器（中断类型为8）的中断处理程序中，中断指令 INT 1CH，时钟中断每发生一次，都要调用一次中断类型1CH 的处理程序。在 ROM BIOS 中，1CH 的处理程序只有一条 IRET 指令，实际上它并没有做任何工作，只是为用户提供了一个中断类型

号。如果用户有某种定时周期性的工作需要完成,就可利用系统定时器的中断间隔,用自己设计的处理程序来代替原有的 1C 程序。

(2) 要求改变键盘中断向量,实现下列目的。

① 从键盘上接收扫描码,并在屏幕上显示扫描码的十六进制。

② 将扫描码存入缓冲区内,在有限时间内,当缓冲区满时,给出 BUFFER OVERFLOW 信息,当缓冲区不满时,给出 BUFFER NOT OVERFLOW 信息。

③ 缓冲区的大小为 16 字节。

2. 操作步骤

(1) 输入源程序。

(2) 编译、连接程序,生成.exe 文件,执行文件。

(3) 使用 debug,检查结果。

【实验参考程序】

(1)

```
            DSEG        SEGMENT
            COUNT       DW 5                        ;控制连续响铃 5 次
            MESS        DB 'THE BELL IS RING',0DH,0AH,'$'     ;在屏幕上显示的字符串
            DSEG        ENDS
            CSEG        SEGMENT
            ASSUME      CS:CSEG , DS:DSEG
            MAIN        PROC FAR
    START:  MOV         AX , DSEG
            MOV         DS , AX
            MOV         AL , 1CH                    ;保存 1CH 原中断向量进入堆栈中
            MOV         AH , 35H
            INT         21H
            PUSH        ES
            PUSH        BX
            PUSH        DS                          ;把响铃过程设置为 1CH 中断向量
            MOV         DX,OFFSET RING
            MOV         AX,SEG RING
            MOV         DS,AX
            MOV         AL,1CH
            MOV         AH,25H
            INT         21H
            POP         DS
            IN          AL ,21H                     ;允许定时器中断
            AND         AL , 11111110B
            OUT         21H , AL
            STI                                     ;允许 CPU 响应中断
```

```
            MOV         DI , 20000          ;主过程的时间延迟
                                            ;以便在该时间延迟内进行定时中断处理
DELAY1: MOV             SI , 30000
DELAY2: DEC             SI
        JNZ             DELAY2
        CMP             DI, 0
        JZ              EXIT
        DEC             DI
        JNZ             DELAY1
        POP             DX                  ;恢复原来的中断向量
        POP             DS
        MOV             AL ,1CH
        MOV             AH ,25H
        INT             21H
        MOV             AX , 4C00H
        INT             21H
        MAIN            ENDP
        RING            PROC NEAR
        PUSH            DS                  ;保存寄存器内容
        PUSH            AX
        PUSH            CX
        PUSH            DX
        MOV             AX , DSEG
        MOV             DS, AX
        STI                                 ;允许 CPU 响应中断
        CMP             COUNT, 0
        JZ              EXIT
        DEC             COUNT
        MOV             DX , OFFSET MESS    ;显示字符串信息,字符串必须以 '$' 结束
        MOV             AH, 09H
        INT             21H
        MOV             DX , 100            ;发声控制
        IN              AL, 61H
        AND             AL, 11111100B
SOUND:  XOR             AL , 02H
        OUT             61H , AL
        MOV             CX ,1400
WAIT1:  LOOP            WAIT1
        DEC             DX
        JNZ             SOUND
EXIT:   CLI
        POP             DX
        POP             CX
        POP             AX
```

```
            POP             DS
            IRET
            RING            ENDP
            CSEG            ENDS
            END             START
```

(2)

```
            DSEG            SEGMENT
            ADDR_POINT      DW ?
            COUNT           DW ?
            BUFFER          DB 0FH DUP (' ')
            PROMPT          DB 'PLEASE ENTER THE CHARACTER : '
                            DB 0DH,0AH,'$'
            MESSAGE         DB 'BUFFER OVERFLOW',0DH,0AH,'$'
            MESSAGEB        DB 'BUFFER NOT OVERFLOW',0DH,0AH,'$'
            SAVE_IP9        DW ?
            SAVE_CS9        DW ?
            DSEG            ENDS
            CSEG            SEGMENT
            ASSUME          CS:CSEG , DS:DSEG
            MAIN            PROC FAR
    START:  MOV             AX , DSEG
            MOV             DS , AX
            MOV             AX ,OFFSET BUFFER      ;初始化缓冲区地址和缓冲区字符数量
            MOV             ADDR_POINT , AX
            MOV             COUNT , 0
            MOV             AL , 09H               ;保存 9H 的中断向量
            MOV             AH , 35H
            INT             21H
            MOV             SAVE_IP9 , BX
            MOV             SAVE_CS9 , ES
            MOV             DX , OFFSET KBINT      ;把 KBINT 地址设置成 09H 的中断向量
            PUSH            DS
            MOV             AX , SEG KBINT
            MOV             DS , AX
            MOV             AL , 09H
            MOV             AH , 25H
            INT             21H
            POP             DS
            IN              AL , 21H               ;允许键盘中断
            AND             AL , 0FDH
            OUT             21H , AL
            MOV             AH , 09H               ;屏幕上显示提示信息
            LEA             DX , PROMPT
```

```
            INT        21H
            STI                         ;允许CPU响应外部中断
            MOV        DI , 0F000H      ;主过程等待键盘的输入和打印机的输出
MAINP:      MOV        SI , 0F000H
MAINP1:     DEC        SI
            JNZ        MAINP1
            DEC        DI
            JNZ        MAINP
            MOV        AH , 02H         ;屏幕上显示字符$表示主程序结束
            MOV        DL , '$'
            INT        21H
            CLI                         ;禁止CPU响应外部中断
            PUSH       DS               ;恢复09H中断向量
            MOV        DX , SAVE_IP9
            MOV        AX , SAVE_CS9
            MOV        DS , AX
            MOV        AL , 09H
            MOV        AH , 25H
            INT        21H
            POP        DS
            CMP        COUNT , 16
            JNZ        OV
            MOV        AH , 09H         ;屏幕上显示提示信息
            LEA        DX , MESSAGE
            INT        21H
            JMP        ENDD
OV:         MOV        AH , 09H         ;屏幕上显示提示信息
            LEA        DX , MESSAGEB
            INT        21H
ENDD:       IN         AL , 21H         ;允许键盘中断
            AND        AL , 0FDH
            OUT        21H , AL
            STI                         ;允许CPU响应外部中断
            MOV        AX , 4C00H
            INT        21H
MAIN        ENDP
KBINT       PROC NEAR
            PUSH       AX
            PUSH       BX
            IN         AL , 60H
            TEST       AL , 80H         ;测试按键还是释放键
            JNZ        CONT
            CMP        COUNT , 16
            JZ         CONT
```

```
              MOV        BX , ADDR_POINT
              MOV        [BX] , AL
              CALL       DISP
              INC        BX
              INC        COUNT
              MOV        ADDR_POINT , BX
      CONT:   CLI
              MOV        AL , 20H              ;结束外中断
              OUT        20H , AL
              POP        AX
              POP        BX
              IRET
              KBINT      ENDP
              DISP       PROC NEAR
              PUSH       AX
              PUSH       BX
              PUSH       DX
              MOV        CH , 2
              MOV        CL , 4
     NESTB:   ROL        AL , CL
              PUSH       AX
              MOV        DL , AL
              AND        DL , 0FH
              OR         DL , 30H
              CMP        DL , 3AH
              JL         DISPIT
              ADD        DL , 7H
    DISPIT:   MOV        AH , 2
              INT        21H
              POP        AX
              DEC        CH
              JNZ        NESTB
              MOV        AH , 2
              MOV        DL , ','
              INT        21H
              POP        DX
              POP        BX
              POP        AX
              RET
              DISP       ENDP
              CSEG       ENDS
              END        START
```

实验3　文件存取程序设计

【实验目的】

熟悉常用的扩充磁盘文件管理功能调用，主要包括建立文件、打开文件、关闭文件、读文件和写文件等操作。

【实验内容】

1. 实验准备

（1）在任意一个驱动器上建立文件 FILE1，假定文件特性为 0（一般通常的文件），文件的信息从键盘输入，文件的结束标志为^Z（其 ASCII 码为 1AH）。

（2）编写一个类似 TYPE 命令的程序，其要求如下。

① 用键盘输入文件名（可包含路径），若输入的字符串为空，则程序运行结束。

② 若输入的文件存在，则显示其内容，否则，显示文件不存在的信息。

（3）建立一个由用户输入姓名的文件，其主要过程如下。

① AIOMALN 调用 BCSET1，CP2，如果输入结束调用 EC3。

② BCSET1 用 INT 21H 的功能 3CH 建立文件，并将文件代号保存在一个数据项 FHD 中。

③ CP2 从键盘接收输入，并把姓名之后剩余的输入区清 0。

④ DW02 利用 INT 21H 的功能 40H 写记录。

⑤ EC3 利用 INT 21H 的功能 3EH 在处理结束时关闭文件以建立相应的记录入口。

⑥ FD03 保存屏幕上显示数据。

2. 操作步骤

（1）输入源程序。

（2）编译、连接程序，生成 .exe 文件，执行文件。

（3）使用 debug，检查结果。

【实验参考程序】

（1）

```
STACK          SEGMENT STACK
               DB 200 DUP(0)
STACK          ENDS
DATA           SEGMENT
F_NUM          DW ?
CERROR         DB 'CREATE ERROR!',0AH,0DH,'$'
WERROR         DB 'WRITE ERROR',0AH,0DH,'$'
PLEASE         DB 'PLEASE INPUT:',0AH,0DH,'$'
```

```
                NOSPACE         DB 'NO SPACE!',0AH,0DH,'$'
                F_NAME          DB 'E:\FILE1',0
                BUFIN           DB 32767 DUP(?)
                DATA            ENDS
                CODE            SEGMENT
                ASSUME          CS:CODE,SS:STACK,DS:DATA
       BEGIN:   MOV             AX,DATA
                MOV             DS,AX
                MOV             AH,3CH
                MOV             CX,0
                LEA             DX,F_NAME
                INT             21H
                JNC             PAST1
                LEA             DX,CERROR
                MOV             AH,9
                INT             21H
                JMP             EXIT
       PAST1:   MOV             F_NUM,AX
                LEA             DX,PLEASE
                MOV             AH,9
                INT             21H
                LEA             DI,BUFIN
       INPUT:   MOV             AH,1
                INT             21H
                MOV             [DI],AL
                INC             DI
                CMP             AL,1AH
                JE              ENDIN
                CMP             AL,0DH
                JNE             INPUT
                MOV             DL,0AH
                MOV             [DI],DL
                INC             DI
                MOV             AH,2
                INT             21H
                JMP             INPUT
       ENDIN:   MOV             AH,40H
                MOV             BX,F_NUM
                LEA             DX,BUFIN
                SUB             DI,DX
                MOV             CX,DI
                INT             21H
                JC              PWERROR
                CMP             AX,CX
```

```
                JE              PAST2
                LEA             DX,NOSPACE
                MOV             AH,9
                INT             21H
PAST2:          MOV             AH,3EH
                INT             21H
EXIT:           MOV             AH,4CH
                INT             21H
PWERROR:LEA                     DX,WERROR
                MOV             AH,9
                INT             21H
                JMP             PAST2
                CODE            ENDS
                END             BEGIN
```

(2)

```
                .MODEL          SMALL
                .DATA
                FNAME           DB 30, ?, 30 DUP(?), 0
                FAIL            DB "NOT FOUND", 10, 13, "$"
                BUFF            DB 128 DUP(?)
                .CODE
                .STARTUP
AGAIN:          MOV             AH, 0AH
                LEA             DX, FNAME
                INT             21H                    ;输入的文件名
                MOV             BL, FNAME+1
                CMP             BL, 0
                JZ              OVER                   ;检查文件名是否为空
                XOR             BH, BH
                MOV             FNAME[BX+2], 0
                MOV             DX, OFFSET FNAME+2
                MOV             AL, 0H
                MOV             AH, 3DH
                INT             21H                    ;以只读方式打开文件
                JNC             SUCC
                LEA             DX, FAIL
                MOV             AH, 9H
                INT             21H
                JMP             AGAIN
SUCC:           MOV             BX, AX                 ;把文件句柄赋给 BX
READ:           LEA             DX, BUFF
                MOV             CX, 128
                MOV             AH, 3FH
```

```
          INT          21H                    ;从文件中最多一次读取 128 个字符
          CMP          AX, 0
          JZ           CLOSE                  ;读取的字符数为 0
          JC           CLOSE                  ;读错误
          PUSH         BX                     ;保护文件句柄
          MOV          DX, OFFSET BUFF
          MOV          CX, AX
          MOV          BX, 1                  ;屏幕设备的句柄规定为 1
          MOV          AH, 40H
          INT          21H                    ;把读出的字符显示在屏幕上
          POP          BX                     ;恢复文件句柄
          JMP READ
CLOSE:    MOV          AH, 3EH
          INT          21H
          JMP          AGAIN
OVER:     .EXIT        0
          END
```

(3)

```
          TITLE        A17CRFIL(EXB)建立姓名的磁盘文件
          .MODEL       SMALL
          .STACK 64
          .DATA
NPR                    LABEL BYTE             ;参数表
ML                     DB 30                  ;最大长度
NEE                    DB ?                   ;实际长度
NERC                   DB  30 DUP(' '),0DH
                                              ;输入回车/换行则写文件
ECD                    DB 00                  ;错误标识
FHD                    DW ?                   ;文件代号
PHME                   DB 'C:\NAMEFILE.DAT',0
PMPT                   DB 'NAME?'
OPMS                   DB '* OPEN ERROR *'
WEMS                   DB '* WRITE ERROR *'
ROW                    DB 0                   ;屏幕行
          .CODE
AMN                    PROC FAR
          MOV          AX,DATA                ;初始化
          MOV          DS,AX                  ;段寄存器
          MOV          ES,AX
          MOV          AX,0003H               ;设置显示方式并清屏
          INT          10H
          CALL         BCSET1                 ;建文件
          CMP          ECD,00                 ;建文件错?
```

```
         JNZ      SET09              ;是,退出
SET08:   CALL     CP2                ;取文件代号
         CMP      NEE,00             ;输入结束?
         JNE      SET08              ;否,继续
         CALL     EC3                ;是,关文件
SET09:   MOV      AX,4C00H           ;结束处理
         INT      21H
         AMN      ENDP

                                     ;建立磁盘文件,测试是否有效;
         BCSET1   PROC NEAR          ;使用 AX,BP,CX,DX
         MOV      AH,3CH             ;请求建立文件
         MOV      CX,00              ;正常属性文件
         LEA      DX,PHME
         LNT      21H
         JC       QSET02             ;出错?
         MOV      FHD,AX             ;否,保存文件代号
         JMP      QSET09
QSET02:  LEA      BP,OPMS            ;是,出错
         MOV      CX,19              ;信息长度
         CALL     FD03
         MOV      ECD,01             ;设置错误代码
QSET09:  RET
         BCSET1 ENDP

                                     ;从键盘接收姓名
         CP2      PROC NEAR
         MOV      CX,06              ;提示信息长度
         LEA      BP,PMPT            ;显示信息长度
         CALL     FD03
         MOV      AH,0AH             ;请求输入
         LEA      DX,NPR             ;接收姓名
         INT      21H
         CMP      NEE,00             ;有姓名输入
         JE       QST09              ;否,退出
         MOV      AL,20H             ;存储空格
         MOVZX    CX,NEE             ;长度
         LEA      DI,NERC
         ADD      DI,CX              ;地址+长度
         NEG      CX                 ;计算
         MOVZX    DX,ML              ;剩余的
         ADD      DI,CX              ;长度
         REP      STOSB              ;设置空格
         CALL     DW02               ;写磁盘记录
QST09:   RET
         CP2      BNDP
```

		;写磁盘记录,测试是否有效
DW02	RPOC NEAR	
MOV	AH,40H	;请求写记录
MOV	BX,FHD	
MOVZX	CX,ML	;30 字节姓名为
ADD	CX,2	;加上两字节为回车/换行
LEA	DX,NERC	
INT	21H	
JNC	D20	;写文件有效
LEA	BP,WEMS	;出错信息
MOV	CX,19	;长度
CALL	FD03	;调用显示出错信息程序
MOV	SRRCODE,01	;设置错误码
MOV	NEE, 00	

```
                                         ;输入区是 30 个字节,紧接着的
                                         ;两个字节是回车符 (DH) 和换行符 (0AH)
                                         ;总共 32 个字节
D20:    RET
        DW02 ENDP
;关闭磁盘文件
EC3            PROC NEAR                 ;使用 AH,BX
MOV            NERC,1AH                  ;设置 EOF
CALL           DW02                      ;标记在文件尾
MOV            AH,3EH                    ;请求在关闭磁盘文件
MOV            BX,FHD                    ;
INT            21H
RET
EC3            ENDP

                                         ;在屏幕上显示数据
EC3            PROC NEAR                 ;使用 AH,BX,DX
MOV            AX,1301H                  ;BP 和 CX 已设置
MOV            BX,0016H                  ;页,属性
MOV            DH,ROW                    ;行
MOV            DL,00                     ;和列
INT            10H
INC            ROW
RET                                      ;下一行
FD03           ENDP
END            AMN
```

单元测试 8

一、选择题

1. 显示器通过显示适配卡与系统相连,显示适配卡是显示输出的接口。它们都支持

两类显示方式：（　　），每一类显示方式都含有多种显示模式。

    A. 动态显示方式和静态显示方式   B. 浮动显示方式和图片显示方式

    C. 文本显示方式和图形显示方式   D. 文本显示方式和图形显示方式

  2. 文本显示模式下，显示器的屏幕被划分为 80 列 25 行，所以每一屏最多可显示（　　）个字符，也就需要 4000 个字节来存储一屏的显示信息。

    A. $1000(40 \times 25)$ B. $2000(80 \times 25)$

    C. $4000(80 \times 50)$ D. $8000(800 \times 10)$

  3. 在调用 I/O 程序的某个功能时，根据要求设置好入口参数，把功能编号置入 AH 寄存器中，然后发出中断指令（　　）。

    A. INT 10H   B. INT 21H   C. INT 13H   D. INT 09H

  4. 图形显示是目前最常用的一种显示方式，也是（　　）操作系统的默认显示方式。在该显示方式下，可以看到优美的图像、视频、浏览丰富多彩的网页等。

    A. DOS   B. Linux   C. Windows   D. OS/2

  5. 设置光标是一个基本的中断请求，因为光标的位置决定了下一个字符将在哪里显示或输入。屏幕处理的 BIOS 操作取决于 INT 10H 以及 AH 中的功能码。例如，INT 10H 的 02H 功能是（　　），并将要求的页号装入 BH，行号装入 DH，列号装入 DL。

    A. 置光标类型   B. 读光标位置

    C. 设置显示模式   D. 设置光标位置

  6. 扫描码被送入主板上的相关接口芯片的寄存器中，该寄存器的端口地址为（　　）。松开按键时产生的扫描码被送入（　　）端口中。

    A. 60H、60H   B. 60H、61H

    C. 61H、60H   D. 61H、61H

  7. 扫描码长度为一个字节，通码的第 7 位为（　　），断码的第 7 位为（　　），即断码=通码+80H。

    A. 0、0   B. 0、1   C. 1、0   D. 1、1

  8. 键盘中的控制键和双态键是非打印按键，它们是起控制或转换作用的。当使用者按下控制键或双态键时，系统要记住其所按下的按键。为此，在计算机系统中，特意安排的一个字来标志这些按键的状态，称该字为（　　）。

    A. 键盘转换字   B. 键盘控制字   C. 键盘操作字   D. 键盘状态字

  9. 在 DOS 操作系统中，提供了能实现各种键盘输入的功能，其中（　　）表示控制台的输入/输出；当 DL=0FFH，表示键盘输入。

    A. 06H   B. 07H   C. 08H   D. 09H

  10. 在 BIOS 系统中，提供了中断 16H 来实现键盘输入功能，其中（　　）表示从键盘读一个字符，输入字符不回显。

    A. 01H、11H   B. 00H、10H   C. 10H、01H   D. 11H、10H

  11. 数据以文件的形式存储在磁盘上，就像已经存储的程序一样。管理文件的程序集合被称为（　　）。

    A. 目录系统   B. 文件目录   C. 文件系统   D. 管理系统

12. 一个记录包含(　　)提供有关记录信息的字段。

    A. 一个　　　　　　B. 两个　　　　　　C. 多个　　　　　　D. 一个或多个

二、填空题

1. 屏幕上显示的字符取决于字符的 ASCII 码及字符显示属性。在单色显示时,显示属性定义了_____、_____和高亮度等显示特性。在彩色显示时,属性还定义了_____和背景色。

2. 键盘上的每一个键相当于一个开关,键盘中有个芯片对键盘上的每一个键的开关状态进行扫描。按下一个键时,开关接通,该芯片就产生一个说明了按下的键在键盘上的_____。

3. 一般将按下一个键时产生的扫描码称为_____,松开一个键产生的扫描码称为_____。

4. 在计算机键盘上除了可输入各种字符(字母、数字和符号等)的按键之外,还有一些_____(如 F1、F2 等)、_____(如 Ctrl、Alt、Shift 等)、_____(如 Num Lock、Caps Lock 等)和_____(如 Print Screen、Scroll Lock 等)。

5. 如果键盘中断是允许的,那么 CPU 通常就会响应中断请求。因为键盘中断的中断号型号为 9,所以 CPU 响应键盘中断,就是转入 9 号中断处理程序。把 9 号中断处理程序称为_____。

6. 若用户按下_____,则在键盘上相应 LED 指示灯的状态将发生改变;若用户按下_____,则在键盘标志字中设置其标志位;若用户按下_____,再根据当前是否又按下控制键来确定其系统扫描码,并把其系统扫描码和一个值为 0 的字节存入键盘缓冲区。

7. 键盘缓冲区是一个环形队列,缓冲区的本身长度为 16 个字,但出于判断"对列满"的考虑,它最多只能保存_____个键盘信息。

8. 文件系统是操作系统中重要的组成部分,负责_____、_____等功能。

9. 虽然没有限制保存在文件中的数据的类型,但是一个典型的用户文件由_____、_____或_____组成。每个记录包含了有关详细的客户信息或项目清单信息。在文件里,所有记录通常有相同的长度和格式。

10. 最高级磁盘处理是通过_____,借助于目录和记录的"分块"、"解块"来支持磁盘处理;最低级磁盘处理是通过 BIOS 中断_____。

11. 当为了输入打开一个文件或为了输出建立一个文件时,系统就传递出一个文件代号。这些操作包括使用 ASCIIZ 串和 INT 21H 的功能_____。

12. 系统为正在处理的程序的每个文件保留了一个单独的_____。建立和打开文件操作把文件指针的值初始化为 0,即文件的_____。

三、判断题

1. Windows 操作系统环境下,其显示方式是文本显示方式。　　　　　　　　(　　)

2. 显示存储器作为系统存储器的一部分,不能用访问普通内存的方法访问显示存

储器。　　　　　　　　　　　　　　　　　　　　　　　　　　　　（　　）

　　3. 10H 中断的基本功能中,(AH)=03H 表示置光标位置。　　　　（　　）

　　4. 10H 中断的基本功能中,(AH)=05H 表示向上滚屏。　　　　　（　　）

　　5. 为了在屏幕上某个位置显示字符,只需把要显示字符的代码及属性填到显示存储区中的对应存储单元即可。　　　　　　　　　　　　　　　　（　　）

　　6. INT 21H 中的键盘输入功能,08H 表示不回显的键盘输入。　　（　　）

　　7. 一般不采用直接写屏方法,而是调用 BIOS 提供的显示 I/O 程序。（　　）

　　8. 在调用 I/O 程序的某个功能时,根据要求设置好入口参数,把功能编号置入 AH 寄存器中,然后发出中断指令"INT 10H"。　　　　　　　　　　（　　）

　　9. 处理硬盘上的文件和软盘上的文件大不相同,但都必须提供一个路径名来存取子目录中的文件。　　　　　　　　　　　　　　　　　　　　　（　　）

　　10. 可以使用 INT 21H 的功能 42H 把文件指针设置到文件的任何位置。（　　）

四、简答题

1. 简述用文件句柄操作文件的常用功能。

2. 简述文件管理功能。

3. 简述调用 BIOS 提供的显示 I/O 程序。

4. 说明利用直接写屏方法的优缺点。

5. 键盘中断的处理过程。

五、程序设计题

1. 接收键盘输入并对其进行测试。

2. 检测键盘输入的字符是否是 Enter 键。

3. 检测键盘输入的功能键。

4. 编写输入字符串的程序。

5. 置光标开始行为 5,结束行为 7,并把它设置到第五行第六列。

6. 编写清除全屏幕的程序。

7. 清除左上角为(00)、右下角为(24,39)的窗口,初始化为反相显示。该窗口相当于屏幕的左上角。

8. 设有两个文件在 c:\masm\中,分别是 file1.dat 和 file2.dat,从 file1 中读出 10 个字符放入 file2 中。

第9章

逆向工程与反汇编

软件工程从客户需求出发,用高级语言编写出大量代码,并对代码进行编译最终生成可执行的二进制软件;而软件逆向工程则是从可执行的程序出发,逆向分析可执行程序的源代码或反汇编的伪汇编代码,运用程序理解等技术手段,还原出目标程序的源代码、系统架构及相关设计文档等。

9.1 逆向工程与反汇编概述

9.1.1 反汇编的概念

在传统的软件开发模型中,程序员使用编译器、汇编器和连接器中的一个或几个创建可执行程序。为了回溯编程过程(或对程序进行逆向工程),使用各种工具来撤销汇编和编译过程。这些工具就称为反汇编器和反编译器。名副其实,反汇编器撤销汇编过程,因此,可以得到汇编语言形式的输出结果(以机器语言作为输入)。反编译器则以汇编语言甚至机器语言为输入,其输出结果为高级语言。

在竞争激烈的软件市场中,"恢复源代码"的前景总是充满吸引力,因此,开发适用的反编译器仍然是一个活跃的研究领域。下面说明为何反汇编困难重重。

(1) 编译过程会造成损失。机器语言中没有变量或函数名,变量类型信息只有通过数据的用途(而不是显式的类型声明)来确定。看到一个 32 位的数据被传送,必须进行一番分析才能确定这个 32 位数据表示的到底是一个整数、一个浮点数还是一个 32 位的指针。

(2) 编译属于多对多操作。这意味着源程序可以通过许多不同的方式转换成汇编语言,而机器语言也可以通过许多不同的方式转换成源程序。因此,编译一个文件,并立即反编译,可能会得到截然不同的源文件。

(3) 反编译器非常依赖于语言和库。用专门用来生成 C 代码的反编译器处理由 Delphi 编译器生成的二进制文件,可能会得到非常奇怪的结果。同样,用对 Windows 编程 API 一无所知的反编译器处理编译后的 Windows 二进制文件,也不会得到任何有用的结果。

(4) 要想准确地反编译一个二进制文件,需要近乎完美的反汇编能力。几乎可以肯定反汇编阶段的任何错误或遗漏都会影响反编译代码。

9.1.2　反汇编的应用场景

通常,使用反汇编工具是为了在没有源代码的情况下对程序进行理解,需要进行反汇编的常见情况包括以下几种。

(1) 分析恶意软件。通常,恶意软件的作者很少会提供他们"作品"的源代码,除非是一种基于脚本的蠕虫。由于缺乏源代码,要准确地了解恶意软件的运行机制是很困难的。动态分析和静态分析是分析恶意软件的两种主要技术。动态分析是指在严格控制的环境中执行恶意软件,并使用系统检测实用工具记录其所有行为。相反,静态分析则试图通过浏览程序代码来理解程序的行为。此时要查看的就是对恶意软件进行反汇编之后得到的代码清单。

(2) 分析闭源软件的漏洞。为了简单起见,将整个安全审核过程划分成 3 个步骤:发现漏洞、分析漏洞和开发破解程序。无论是否拥有源代码,都可以采用这些步骤来进行安全审核。但是,如果只有二进制文件,那就更加困难。这个过程的第一个步骤是发现程序中潜在的可供利用的条件。一般情况下,可以通过模糊测试等动态技术来达到这一目的,也可通过静态分析来实现(相对比较困难)。一旦发现漏洞,通常需要对其进行深入分析,以确定该漏洞是否可被利用,如果可利用,可在什么情况下利用。至于编译器究竟如何分配程序变量,反汇编代码清单提供了详细的信息。例如,程序员声明的一个 70 字节的字符数组,在由编译器分配时,会扩大到 80 字节,知道这一点会非常有用。另外,要了解编译器到底如何对全局声明或在函数中声明的所有变量进行排序,查看反汇编代码清单是唯一的办法。在开发破解程序时,了解变量之间的这些空间关系往往非常重要。最后,通过使用反汇编器和调试器,就可以开发出破解程序。

(3) 分析闭源软件的互操作性。如果仅以二进制形式发布一个软件,竞争对手要想创建可以和它互操作的软件,或者为该软件提供插件,将会非常困难。针对某个仅有一种平台支持的硬件而发布的驱动程序代码,就是一个常见的例子。如果厂商暂时不支持,或者拒绝支持在其他平台上使用他们的硬件,那么为了开发支持该硬件的软件驱动程序,可能需要完成大量的逆向工程工作。在这些情况下,静态代码分析几乎是唯一的补救方法。通常,为了理解嵌入式固件,还需要分析软件驱动程序以外的代码。

(4) 分析编译器生成的代码,以验证编译器的性能和准确性。由于编译器或汇编器的用途是生成机器语言,因此优秀的反汇编工具通常需要验证编译器是否符合设计规范。除准确性外,分析人员还可以从中寻找优化编译器输出的机会,查知编译器本身是否容易被攻破,以至于可以在生成的代码中插入后门等。

(5) 在调试时显示程序指令。在调试器中生成代码清单,可能是反汇编器最常见的一种用途。遗憾的是,调试器中内嵌的反汇编器往往相当简单(OllyDbg 是一个例外)。它们通常不能批量反汇编,在无法确定函数边界时,它们有时会拒绝反汇编。因此,在调试过程中,为了解详细的环境和背景信息,最好是结合使用调试器与优秀的反汇编器。

9.1.3　反汇编的方法

现在已经知道了反汇编的概念和应用场景,接下来介绍反汇编的方法。以反汇编器所面临的一个艰巨任务为例:对于一个 100KB 的文件,请区分其中的代码与数据,并把代码转换成汇编语言显示给用户。在整个过程中,不要遗漏任何信息。在这个任务中,还可以附加许多特殊要求,如要求反汇编器定位函数,识别跳转表并确定局部变量,这进一步增加了反汇编器工作的难度。

为了满足所有要求,反汇编器必须从大量算法中选择一些适当的算法,来处理用户提供的文件。反汇编器所使用算法的质量及其实施算法的效率,将直接影响所生成的反汇编代码的质量。在这一节中,将讨论当前对机器代码反汇编时所使用的两种基本算法。在介绍这些算法的同时,还将指出它们的缺陷,以便于对反汇编器失效的情形有所防备。了解反汇编器的局限后,就可以通过手动干预来提高反汇编输出的整体质量了。

9.1.4　基本的反汇编算法

为了便于理解,首先开发一个以其语言为输入、以汇编语言为输出的简单算法,这样做有助于人们了解自动反汇编过程中的挑战、假设和折中方案。

第一步,确定进行反汇编的代码区域,这并不像看起来那么简单。通常,指令与数据混杂在一起,区分它们就显得非常重要。以最常见的情形(反汇编可执行文件)为例,该文件必须符合可执行文件的某种通用格式,如 Windows 所使用的可移植可执行(Portable Executable,PE)格式或许多 UNIX 系统常用的可执行和链接格式(Executable and linking format,ELF)。这些格式通常含有一种机制,用来确定文件中包含代码和代码入口点的部分位置(通常表现为层级文件头的形式)。

第二步,确定指令的起始地址后,下一步就是读取该地址(或文件偏移量)所包含的值,并执行一次表查找,将二进制操作码的值与它的汇编语言助记符对应起来。根据被反汇编的指令集的复杂程度,这个过程可能非常简单,也可能需要几个额外的操作,如查明任何可能修改指令行为的前缀以及确定指令所需的操作数。对于指令长度可变的指令集,如 Intel x86,要反汇编一条指令,可能需要检索额外的指令字节。

第三步,获取指令并解码任何所需的操作数后,需要对它的汇编语言等价形式进行格式化,并将其在反汇编代码中输出。有多种汇编语言输出格式可供选择。例如,Intel x86 汇编语言所使用的两种主要格式为 Intel 格式和 AT&T 格式。

第四步,输出一条指令后,继续反汇编下一条指令,并重复上述过程,直到反汇编完文件中的所有指令。

9.1.5　软件逆向工程

软件逆向工程(Software Reverse Engineering)又称为软件反向工程,是指从可运行的程序系统出发,运用解密、反汇编、系统分析、程序理解等多种计算机技术,对软件的结构、流程、算法、代码等进行逆向拆解和分析,推导出软件产品的源代码、设计原理、结构、算法、处理过程、运行方法及相关文档等。通常，人们把对软件进行反向分析的整个过程统称为软件逆向工程，把在这个过程中所采用的技术都统称为软件逆向工程技术。

现实中，人们并不总是完全需要逆向出目标软件的所有功能，如果那样的话将会是一个艰苦而漫长的过程。大多数情况下是意图通过对软件进行逆向，从中获取软件的算法，或破解软件及进行功能扩展等。

在对软件进行逆向工程分析时，一般会依照以下几个大的步骤来完成。

（1）研究保护方法，去除保护功能。大部分软件开发者为了维护自己的关键技术不被侵犯，采用了各式各样的软件保护技术，如序列号保护、加密锁、反调试技术、加壳等。要想对这类软件进行逆向，首先要判断出软件的保护方法，然后去详细分析其保护代码，在掌握其运行机制后去除软件的保护。

（2）反汇编目标软件，跟踪、分析代码功能。在去除了目标软件的保护后，接下来就是运用反汇编工具对可执行程序进行反汇编，通过动态调试与静态分析相结合，跟踪、分析软件的核心代码，理解软件的设计思路等，获取关键信息。

（3）生成目标软件的设计思想、架构、算法等相关文档，并在此基础上设计出对目标软件进行功能扩展等的文档。

（4）向目标软件的可执行程序中注入代码，开发出更完善的应用软件。

软件逆向工程可以让人们了解程序的结构以及程序的逻辑，深入洞察程序的运行过程，分析出软件使用的协议及通信方式，并能够更加清晰地揭露软件机密的商业算法等。因此逆向工程的优势是显而易见的。

然而，由于受软件知识产权保护及相关法律法规的限制，软件逆向工程并不能像其他软件技术那样公开、透明地为大家所熟知、了解和广泛交流与应用。另外，软件逆向工程所涉及的技术很多，它不仅要求逆向工程人员必须熟悉如操作系统、汇编语言、加解密等相关知识，同时还要具有丰富的多种高级语言的编程经验，熟悉多种编译器的编译原理，较强的程序理解和逆向分析能力等，这些都限制了软件逆向工程的发展。

程序理解技术是通过分析反汇编代码来理解代码功能，研究用高级语言编写的程序的算法，识别高级语言的关键结构，进而逆向推出目标软件的思路。软件都是由函数、数据结构、分支、变量等这些元素组成的，要理解可执行程序的反汇编代码，就要着重分析这些元素的汇编代码特征，熟悉和掌握它们各自的代码特点，进而正确识别和还原出这些元素。对于逆向工程人员来说，如何从可执行文件的反汇编代码中有效识别出这些元素是程序理解技术的重中之重。

基于此，本章着重探讨了在程序理解中高级语言的函数、变量、数据结构和循环控制语句等的汇编代码特征。

9.2 常用逆向工程与反汇编工具

在对软件进行逆向工程时，不可避免地要使用多种工具软件。工具软件的合理使用，可以加快软件的调试速度，提高逆向工程的效率。对于逆向工程的调试环节来说，没有动态调试器将使得调试工作很难有效进行。

9.2.1　分类工具

通常,在初次遇到一个不熟悉的文件时,有必要了解该文件是什么文件,确定文件的类型绝不是仅仅根据文件的扩展名,特别是在 UNIX 平台下,这是最基本的原则,必须要建立"文件扩展名并无实际意义"的印象,下面学习几个实用工具。

1. File

File 出现在大多数 UNIX 风格的操作系统和 Windows 下的 Cygwin 下,是一款标准的实用工具。File 试图通过检查文件中的某些特定字段来确认文件的类型。有时,File 能够识别常见的字符串,如♯! /bin/sh(shell 脚本文件)或<html>(HTML 文档)。但是识别那些包含非 ASCII 内容的文件要困难得多,在这种情况下,File 会设法判断该文件的结构是否符合某种已知的文件格式。多数情况下 File 会搜索某些文件类型所特有的标签值(通常称为幻数)。

File 能够识别大量的文件格式,包括数种 ASCII 文本文件、各种可执行文件和数据文件。File 执行的幻数检查由幻数文件所包含的规则控制。幻数文件的默认位置因操作系统而异,常见的位置包括/usr/share/file/magic、/usr/share/misc/magic 和/edt/magic 等。在某些情况下 File 还能够识别某一指定文件类型中的细微变化。

2. PE Tools

PE Tools 是一组用于分析 Windows 系统中正在运行的进程和可执行文件的工具。PE Tools 的主界面如图 9-1 所示。

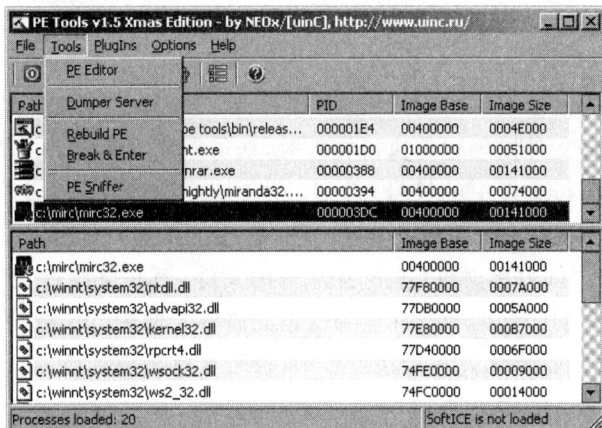

图 9-1　PE Tools 的主界面

3. PEiD 侦测工具

PEiD,即 PE iDentifier 的简称,是另一款 Windows 工具,它主要用于识别构建某一特定 Windows PE 二进制文件所使用的编译器,并确定任何用于模糊 Windows PE 二进制文件的工具。

在对软件进行逆向工程时，首先要搞清楚目标软件使用什么开发工具和编程语言，软件有没有被夹壳。这些都可以借助专业的监测工具来完成。PEiD 就是这样一款运用比较广泛的监测工具，其运行界面如图 9-2 所示。它可以显示 PE 文件头信息摘要、收集有关正在运行的进程信息、执行基本的反汇编，可以检测出大多数编译语言、病毒和加壳的壳。

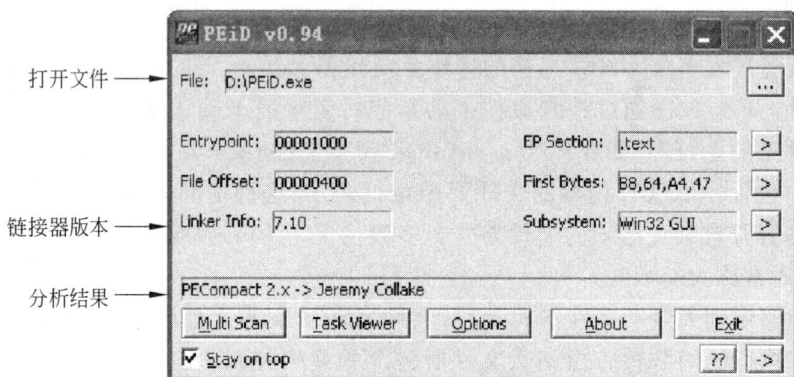

图 9-2　PEiD 工具的运行界面

9.2.2　摘要工具

由于我们的目标是对二进制程序文件进行逆向工程，因此在对文件进行初步分类后，需要用更高级的工具来提取详细信息。

1. nm

将源文件编译成目标文件时，编译器必须嵌入一些全局（外部）符号的位置信息，以便链接器在组合目标文件以创建可执行文件时，能够解析对这些符号的引用。除非被告知要去除最终的可执行文件中的符号，否则，链接器通常会将目标文件中的符号带入最终的可执行文件中。根据 nm 手册的描述，这一实用工具的目的是"列举目标文件中的符号"。使用 nm 检查中间目标文件（扩展名为.o 的文件，而非可执行文件）时，默认输出结果是在这个文件中声明的任何函数和全局变量的名称。使用 nm 检查可执行文件中的符号，将会有更多信息显示出来。在链接过程中，符号被解析成虚拟地址。

2. ldd

创建可执行文件时，必须解析该文件引用的任何库函数的地址。链接器通过静态链接和动态链接两种方法解析对库函数的调用。链接器的命令行参数决定具体使用哪一种方法。一个可执行文件可能为静态链接、动态链接或者二者兼而有之。为了确保动态链接库的正常运行，动态链接二进制文件必须依赖它需要的库文件，以及需要这些文件中的哪些特定资源。ldd（list dynamic dependencies）是一个简单实用工具，可用来列举任何可执行文件所需的动态库。Linux 和 BSD 系统均提供 ldd 工具,在 Windows 系统中,可以使用 Visual Studio 工具套件中的实用工具 dumpbin 列举某文件所依赖的库,形式为 dumpbin /dependents 文件名。

3. objdump

objdump 是 GNU binutils 工具套件的组成部分,在 Linux、BSD 和 Windows(通过 Cygwin)系统都可以找到。与专用 ldd 不同,显示与目标文件有关的各种信息是 objdump 的主要功能。objdump 提供了大量命令行选项(超过 30 个),以提取目标文件中的包括程序文件每节的摘要信息、程序内存分布、调试信息、符号信息以及反汇编代码清单等各种信息。objdump 依靠二进制文件描述符 libbfd(二进制工具的一个组件)来访问目标文件,因此,它能够解析 libbfd 支持的文件格式(ELF、PE 等)。另外,一个名为 readelf 的实用工具也可以解析 ELF 文件。readelf 的大多数功能与 objdump 相同,它们之间的区别在于 readelf 并不依赖 libbfd。

4. dumpbin

dumpbin 是微软 Visual Studio 工具套件中的一个命令行实用工具。与 objdump 一样,dumpbin 可以显示大量与 Windows PE 文件有关的信息。dumpbin 的其他选项可从 PE 二进制文件的各个部分提取信息,包括符号、导入的函数名、导出的函数名和反汇编代码等。

9.2.3 反汇编器

如前所述,有很多工具都可以生成二进制目标文件的反汇编代码。PE、ELF 文件分别使用 dumpbin、objdump 进行反汇编。但是它们中的任何一个都无法处理任意格式的二进制文件。一旦遇到一些不采用常用文件格式的二进制文件,就需要一些能够从用户指定的偏移量开始反汇编过程的工具。有两个用户 x86 指令集的流式反汇编器:ndisasm 和 diStorm,其中 ndisasm 是 Netwide Assembler(NASM)中的一个工具。

IDA Pro 是 DataRescue 开发的一款专业级的反汇编工具,IDA(the Interactive DisAssembler)的全名就是交互式反汇编器,是一款可编程、可扩展、基于 Windows 平台的支持多处理器的反汇编程序,其运行界面如图 9-3 所示。IDA 功能比较强大,它能够对可执行文件进行反汇编,并详细分析出可执行文件各个模块的功能以及模块间的复杂调用关系,还可以准确分析出函数的调用规范、函数参数和临时变量等信息。这些功能都为逆向和反汇编分析人员提供了丰富的可用信息。本文后续的反汇编实例都是基于 IDA Pro 进行的。

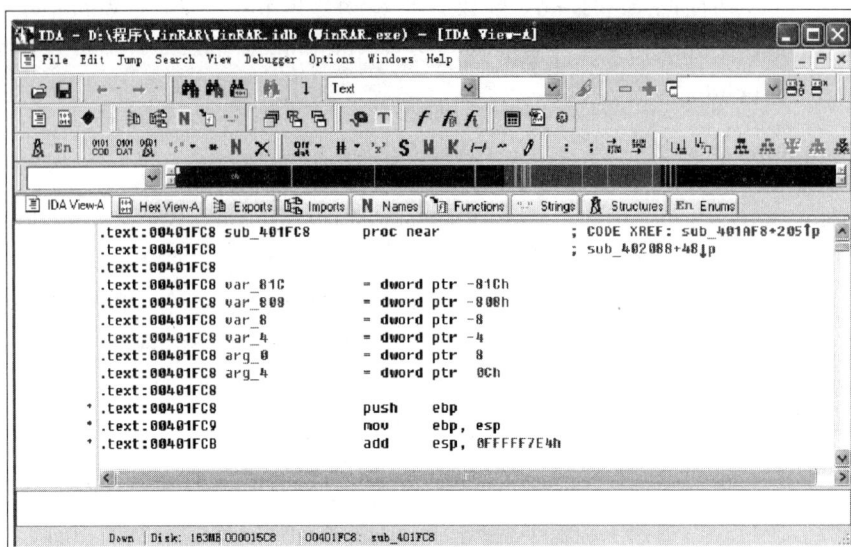

图 9-3　IDA Pro 运行主界面

9.3　反汇编程序中函数的理解

9.3.1　概述

　　程序都是由不同功能的函数（子程序）组成的，因此分析函数的汇编特征是很重要的。函数是过程设计语言与面向对象设计语言的主要结构单元，一个函数由函数名、入口参数、返回值、函数体组成，因此，反汇编代码通常从识别函数以及传递给它们的参数入手。

　　在大多数情况下，编译器都使用 CALL 和 RET 指令来调用函数和在函数执行完成后返回到调用位置。CALL 指令将紧接在它之后的指令地址压入堆栈的顶部，而 RET 指令则将该地址弹出来，并把控制传递给它。CALL 指令给出的地址就是被调用函数的起始地址，RET 指令结束函数的执行。来看下面这个例子：

```
void myfunction(int a, int b)
{
    int c=a+b;
}
int main()
{
    int a,b;
    myfunction(a,b);
    return 0;
}
```

经 IDA 反汇编后的 main 函数代码：

```
.text:00401020;=========S U B R O U T I N E=========================
.text:00401020;Attributes: bp-based frame
.text:00401020 myfunction     proc near          ;CODE XREF: .text:00401005↑j
.text:00401020                                   ;j_myfunction↑j
.text:00401020 var_44         =byte ptr -44h
.text:00401020 var_4          =dword ptr -4
.text:00401020 arg_0          =dword ptr  8
.text:00401020 arg_4          =dword ptr  0Ch
.text:00401020                push    ebp
.text:00401021                mov     ebp, esp
.text:00401023                sub     esp, 44h
.text:00401026                push    ebx
.text:00401027                push    esi
.text:00401028                push    edi
.text:00401029                lea     edi, [ebp+var_44]
.text:0040102C                mov     ecx, 11h
.text:00401031                mov     eax, 0CCCCCCCCh
.text:00401036                rep stosd
.text:00401038                mov     eax, [ebp+arg_0]
.text:0040103B                add     eax, [ebp+arg_4]
.text:0040103E                mov     [ebp+var_4], eax
.text:00401041                pop     edi
.text:00401042                pop     esi
.text:00401043                pop     ebx
.text:00401044                mov     esp, ebp
.text:00401046                pop     ebp
.text:00401047                retn
.text:00401047 myfunction     endp


.text:0040D9F0;=========S U B R O U T I N E=========================
.text:0040D9F0;Attributes: bp-based frame
.text:0040D9F0 main           proc near          ;CODE XREF: _main↑j
.text:0040D9F0 var_48         =byte ptr -48h
.text:0040D9F0 var_8          =dword ptr -8
.text:0040D9F0 var_4          =dword ptr -4
.text:0040D9F0                push    ebp
.text:0040D9F1                mov     ebp, esp
.text:0040D9F3                sub     esp, 48h
.text:0040D9F6                push    ebx
.text:0040D9F7                push    esi
.text:0040D9F8                push    edi
.text:0040D9F9                lea     edi, [ebp+var_48]
```

```
.text:0040D9FC          mov      ecx, 12h
.text:0040DA01          mov      eax, 0CCCCCCCCh
.text:0040DA06          rep stosd
.text:0040DA08          mov      eax, [ebp+var_8]
.text:0040DA0B          push     eax
.text:0040DA0C          mov      ecx, [ebp+var_4]
.text:0040DA0F          push     ecx
.text:0040DA10          call     myfunction
.text:0040DA15          add      esp, 8
.text:0040DA18          xor      eax, eax
.text:0040DA1A          pop      edi
.text:0040DA1B          pop      esi
.text:0040DA1C          pop      ebx
.text:0040DA1D          add      esp, 48h
.text:0040DA20          cmp      ebp, esp
.text:0040DA22          call     _chkesp
.text:0040DA27          mov      esp, ebp
.text:0040DA29          pop      ebp
.text:0040DA2A          retn
.text:0040DA2A main     endp
```

由上面例子可以看出，对于大部分的函数，只需要根据 CALL 和 RET 指令就可以识别出函数的代码段，从而可以很容易地把函数调用和其他跳转指令区别开来。

9.3.2　函数调用约定

函数调用时不仅要知道被调用函数的原型，而且还要知道被调用函数的参数传递的方法。函数调用约定指定调用方放置函数所需参数的具体位置。调用约定可能要求将参数放置在特定寄存器、程序栈或者寄存器和栈中。

同样重要的是，如果通过寄存器进行参数传递，需要表明在哪个寄存器中存放哪个参数；如果通过堆栈进行参数传递，需要定义参数在堆栈中存放的顺序，还必须约定一旦被调用函数完成其操作，由谁负责从栈中删除这些参数。一些调用约定规定，由调用方负责删除它放置在栈中的参数，而另一些调用约定则要求被调用函数负责删除栈中的参数。

函数调用时，调用者依次把相关参数压入堆栈，然后执行调用函数。被调用函数执行过程中，不断从堆栈中取得数据进行计算。函数调用结束以后，由调用者或者由被调用函数把传递的参数弹出堆栈，使堆栈恢复至调用前的状态。

在参数传递过程中，以下几点必须在程序中明确说明。

（1）当函数有一个以上的参数时，按照哪种顺序把参数压入堆栈。

（2）函数调用完成后，由谁来把堆栈恢复至调用前的状态。

（3）函数的返回值保存在什么地方。

在高级语言中，函数调用约定已经明确回答了上面所提出的问题。常见的函数调用约定有以下几种。

1. stdcall 调用约定

在函数声明中使用了修饰符_stdcall,如 void _stdcall demo_stdcall(int w, int x, int y)。

在函数调用时,按从右到左的顺序将函数参数压入堆栈中;在函数执行结束后,应由被调用函数执行堆栈的清除操作(删除栈中的函数参数)。stdcall 调用约定在 Windows 系统中是非常常见的,因为 Windows 系统函数和 API 都使用这种规范。

函数使用 RET 指令清栈,这时 RET 指令带有一个操作数,该操作数指明在 EIP 跳回调用函数之前需要释放的堆栈空间的字节数。如 demo_stdcall 函数需要 3 个整数参数,在栈中共占用 12 个字节(在 32 位体系结构上为 3 * sizeof(int))的空间。demo_stdcall 可能会使用 ret 12 指令,从栈顶提取返回地址,并给栈指针加上 12,以消除函数参数,从而返回到调用方。

这就是说,RET 指令中操作数的值已经决定了被调用函数的参数个数。操作数除以 4 的商就是参数个数。函数名自动加前导的下划线,后面紧跟一个"@"符号,其后紧跟着参数的尺寸。

stdcall 调用约定声明的语法为:

```
int _stdcall func(int para1, int para2)
```

以上述这个函数为例,翻译成汇编语言将变成:

```
push para2              ;第二个参数入栈
push para1              ;第一个参数入栈
call func               ;调用参数,注意此时自动把 EIP 入栈,这里的
                        ;EIP 为调用 func 函数语句的下一条指令地址值
```

函数 func 的反汇编代码分析如下:

```
push ebp                ;保存 ebp 寄存器,该寄存器将用来保存堆栈
                        ;栈顶指针,可以在函数退出时恢复
mov ebp,esp             ;保存堆栈指针
mov eax,[ebp+8]         ;堆栈中 ebp 指向位置之前依次保存有 EBP,
                        ;EIP,para2, para1,EBP+8 指向 para1
add eax,[ebp+0C]        ;堆栈中 EBP+0x0C 处保存了 para2
...                     ;函数功能实现(略去)
mov esp,ebp             ;恢复 esp
pop ebp
ret 8                   ;调用函数进行内部平栈,释放掉两个变量
                        ;而在编译时,这个函数的名字被翻译成 _func@8
```

2. cdecl 调用约定

cdecl 调用约定又称为 C 调用约定,是 C 语言默认的调用约定。调用方按从右到左的顺序将函数参数压入栈中,在被调用的函数完成其操作时,调用方(而不是被调用方)

负责从栈中清除参数。

　　与 stdcall 约定相比，参数压栈顺序是一样的，不同的是被调用函数本身不清理堆栈，而由调用函数负责清理堆栈。

　　从右到左将参数压入栈的一个结果是，如果函数被调用，最左边的（第一个）参数将始终位于栈顶。这样无论该函数需要多少个参数，都可轻易找到第一个参数。因此，cdecl 调用约定非常适用于那些参数数量可变的函数（如 printf）。

　　要求调用方从栈中删除参数，意味着：指令在由被调用的函数返回后，会立即对程序栈指针进行调整。如果函数能够接受数量可变的参数，则调用方非常适用于进行这种调整，因为它清楚地知道向被调用函数传递了多少个参数，因而能够轻松做出正确的调整。而被调用函数无法提前知道自己会收到多少个参数，因而很难对栈做出必要的调整。

　　cdecl 调用约定声明的语法为：

```
void demo_cdecl(int a, int b, int c, in d);        //不加修饰的 cdecl 调用约定
void _cdecl demo_cdecl(int a, int b, int c, in d); //明确指出 C 调用约定
```

　　cdecl 调用约定自动在函数名前加前导的下划线，因此函数名在符号表中被记录为 _demo_cdecl。

　　默认情况下，demo_cdecl 函数将使用 cdecl 调用约定，并按从右到左的顺序将 4 个参数压入堆栈，同时要求调用方清除栈中的参数。编译器可能会为这个函数的调用生成以下代码。

```
;demo_cdecl(1,2,3,4);            //call demo_cdecl
push 4                           ;push parameter d
push 3                           ;push parameter c
push 2                           ;push parameter b
push 1                           ;push parameter a
call demo_cdecl                  ;call the function
add esp, 16                      ;adjust esp to its former value
```

　　从"push 4"开始的 4 个 push 操作使程序栈指针 esp 发生 16 个字节（在 32 位体系结构上为 4 * sizeof(int)）的变化，从 demo_cdecl 返回后，它们在"add esp, 16"处被撤销。如果 demo_cdecl 被调用 50 次，那么，每次调用之后，都会发生类似的调整。

　　识别 cdecl 调用约定非常简单，如果一个函数获得一个或多个参数，并且以一个简单的不带任何操作数的 RET 指令结尾，那么这个函数就很可能是采用 cdecl 调用约定。

3. pascal（记为 PASCAL）调用约定

　　按参数的声明顺序从左往右向堆栈传送参数。它要求被调用函数负责清除堆栈。Basic 和 Fortran 语言的编译器也是遵从这种参数传递方式。由于其与 stdcall 规范极其相似，只是在参数传递的顺序刚好相反，这里就不多做介绍。

4. fastcall 调用约定

　　顾名思义，fastcall 是一种比较高效的调用约定。fastcall 约定是 stdcall 约定的一个

变体,它向 CPU 寄存器(而非程序栈)最多传递两个参数。Microsoft Visual C/C++ 和 GNU gcc/g++(3.4 及更低版本)编译器能够识别函数声明中的 fastcall 修饰符。如果指定使用 fastcall 约定,则传递给函数的前两个参数将分别通过 ecx 和 edx 传递,剩余的其他参数则类似于 stdcall 约定的方式通过从右向左的顺序压栈,在函数其调用方时,被调用函数清理堆栈。如下面的声明中使用的 fastcall 修饰符:

```
void fastcall demo_fastcall(int a, int b, int c, int d);
```

为调用 demo_fastcall,编译器可能会生成以下代码:

```
;demo_fastcall(1,2,3,4);           //program calls demo_fastcall
push 4                             ;move parameter d to second position on stack
push 3                             ;move parameter c to top position on stack
mov edx, 2                         ;move parameter b to edx
mov ecx, 1                         ;move parameter a to ecx
call demo_fastcall                 ;call the function
```

注意,调用 demo_fastcall 返回后,并不需要调整栈,因为 demo_fastcall 负责在返回到调用方时从栈中清除参数 c 和 d。由于有两个参数被传递到寄存器中,被调用的函数仅仅需要从栈中清除 8 个字节,即使该函数拥有 4 个参数,理解这一点很重要。

遵循 fastcall 规范的函数在名称上添加了一个前缀字符"@",这是编译器自动加上去的。

5. thiscall 调用约定

C++ 类中的非静态成员函数与标准函数不同,它们需要使用 this 指针,该指针指向用于调用函数的对象。用于调用函数的对象的地址必须由调用方提供,因此,它在调用非静态成员函数时作为参数提供。C++ 语言标准并未规定应如何向非静态成员函数传递 this 指针,因此不同编译器使用不同的技巧来传递 this 指针,这点也就不足为奇了。

thiscall 是唯一一个不能明确指明的函数修饰,因为 thiscall 不是关键字。它是 C++ 类成员函数默认的调用约定。由于成员函数调用还有一个 this 指针,因此必须特殊处理,函数满足 thiscall 规范就意味着:

(1) 参数从右向左入栈。

(2) 如果参数个数确定,this 指针通过 ecx 传递给被调用者;如果参数个数不确定,this 指针在所有参数压栈后被压入堆栈。

(3) 对参数个数不确定的情况,由调用函数清理堆栈,否则由被调用函数清理堆栈。

可见,当参数个数确定时,它类似于 stdcall,而不确定时则类似 cdecl。一种快速识别这种调用约定的技巧是:使用这种调用约定的函数指令流将在 ecx 寄存器中写入一个有效指针,并往堆栈中压入参数,但不使用 edx 寄存器。原因是每个 C++ 的类方法都必须接收一个类指针(就是 this 指针),并可能较频繁地使用该指针。编译器则使用这种高效的技巧来传递和存储这个特殊的参数。

几种常见的函数调用约定如表 9-1 所示。

表 9-1　函数调用约定

约定类型	stdcall	cdecl	pascal	fastcall	thiscall
约定命名	名字前加下划线	名字前加下划线	名字大写	名字前加下划线	
参数传递顺序	从右到左	从右到左	从左到右		从右到左
平衡堆栈	调用函数	被调用函数	被调用函数	被调用函数	若参数个数不定,则调用函数;否则被调用函数

9.3.3　函数参数

在反汇编中进行函数理解时,需要确定函数的参数个数,弄清楚参数的类型与用途。正如前面提到的一样,参数可以通过堆栈等来传递,隐含参数也可以通过全局变量进行传递。

在这里需要了解堆栈的一些知识。堆栈是一个"先进后出"的区域,只有一个出口即当前栈顶。无论是哪种高级语言编写的函数,在其执行过程中堆栈的操作规则总是一致的。

1. 堆栈形式传参

对于以堆栈方式传递参数的函数其参数个数及类型的确定相对比较简单。由上一节可知,函数用堆栈传递参数时,平栈方式有两种即函数内部（调用者）平栈和外部（被调用者）平栈。在确定参数的个数时,可以根据存放在堆栈中的字节数与从堆栈中弹出的字节数是否相等来判定。如果两者不相等,那么在函数执行完成后,堆栈将处于不平衡状态,从而使程序崩溃。

判定以堆栈方式传参的函数 func 参数个数的方法主要有以下几种。

(1) 对于内部平栈的函数,先在函数内部找到平栈指令,如"retn 8",计算出参数的个数记为 count(等于操作数除以 4 的商),再从调用此函数的指令"CALL func"向上找 count 个形如"PUSH + 操作数"的指令,每个操作数里存放的就是各个参数的值或指针地址。看下面的代码:

```
;Sub_416010
push ebp
mov ebp ,esp
……
retn 0C                          ;内部平栈,有 3 个参数
```

调用函数的部分代码（函数参数的传送按从右向左的顺序）:

```
……
push 5                           ;参数 3
push edx                         ;参数 2
```

```
push ebx                              ;参数 1
call sub_416010                       ;被调用函数
……
```

（2）对于外部平栈的函数，从调用此函数的指令"CALL func"向下找最近的形如"add esp,操作数"的平栈指令，如果此处的平栈只是针对这个函数，那么可以根据操作数的值计算出参数个数 count，再从指令"CALL func"向上找 count 个形如"PUSH ＋ 操作数"的指令，每个操作数里存放的就是各个参数的值。看下面的调用函数的代码：

```
……
push edx                              ;参数 2
push eax                              ;参数 1
call sub_4425B0                       ;被调用函数
add esp, 8                            ;被调用函数外部平栈,有两个参数
……
```

（3）如果不去分析函数的平栈方式，可以先定位到调用函数的代码段，找到函数 func 的调用指令"CALL func"，然后向上找到最近的函数调用指令"CALL＋ 操作数"，并找出两个 CALL 命令字之间的所有带 PUSH 命令字的指令，它们所传入的操作数里存放的就是函数的参数，它们个数的总和就是函数的参数数目。

看下面的反汇编代码：

```
push 18h
call sub_442570
mov ecx, [edi+0Ch]
push edi                              ;函数 4159C0 的第二个参数
push ecx                              ;函数 4159C0 的第一个参数
mov ecx, eax                          ;函数 4159C0 的 this 指针 ecx
call sub_4159C0                       ;函数 4159C0 内部平栈
……
```

在上面这段代码中，可以看到主函数调用了两个子函数 sub_442570 和 sub_4159C0，它们两个指令间有两个 push 命令字，根据上面的方法就可以判断出函数 sub_4159C0 有两个参数。

值得注意的是，对于外部平栈的一些函数，其清除堆栈的操作可能会在时间上存在延迟，或者是把多个函数的清除堆栈的操作放在一起进行。这两种情况下对函数参数的分析就相对比较困难。看下面的例子（每个被调用函数都是外部平栈的）：

```
mov ecx, [esi+20h]
push edi                              ;函数 sub_4CBAD0 的第三个参数
sub eax, ebx
push eax                              ;函数 sub_4CBAD0 的第二个参数
sub ecx, ebp
push ecx                              ;函数 sub_4CBAD0 的第一个参数
call sub_4CBAD0                       ;3 个参数
```

```
lea ecx, [esp+78h+var_24]
push 0                              ;函数 sub_416140 的第二个参数
push ecx                            ;函数 sub_416140 的第一个参数
call sub_416140                     ;两个参数
mov edi, eax
call sub_416100                     ;无参数
mov ecx, eax
add esp, 14h
……
```

从这段代码中可以看出，主程序调用了 3 个外部平栈的函数，它们是在最后一个函数执行完成后统一平栈的，究竟这 3 个函数有几个参数，各参数的值是多少则不能直观地从代码中看出，这种情况下只有去仔细分析代码，通过前后验证等方法才能得出参数的相关信息。

2. 以堆栈和寄存器混合方式传参

尽管在实际分析代码中函数以堆栈方式传递的居多，但是也有一些函数以堆栈和寄存器相结合的方式传递参数。由于寄存器数目有限，一般很少有函数的参数只以寄存器方式传递，因此这种情况不做讨论。而对以堆栈和寄存器方式传参的函数也就只有 fastcall 规范一种，fastcall 之所以被称为高效的开发规范，是因为它通过 CPU 内部寄存器传递参数，在寄存器使用完以后再使用堆栈，因此它能够提供较高的执行效率。

对于不同类型的编译器，fastcall 规范对传递参数的优先级又不尽相同，这就为还原此类函数带来了困难。通过分析下面示例代码对此类函数的参数传递方式进行讨论。

```
int _fastcall function(char a, int b, int * c, int d)
{
    return a+b+c[0]+d;
}
void main()
{
    int num=3;
    printf("%x\n",function('1',2,&num,4));
}
```

该示例程序的编译代码经过反汇编，得到的汇编代码清单如下：

```
.text:00401070 main           proc near                  ;CODE XREF: _main↑j
.text:00401070 var_44         =byte ptr -44h
.text:00401070 var_4          =dword ptr -4
.text:00401070                push    ebp
.text:00401071                mov     ebp, esp
.text:00401073                sub     esp, 44h
.text:00401076                push    ebx
.text:00401077                push    esi
```

```
.text:00401078          push    edi
.text:00401079          lea     edi, [ebp+var_44]
.text:0040107C          mov     ecx, 11h
.text:00401081          mov     eax, 0CCCCCCCCh
.text:00401086          rep stosd
.text:00401088          mov     [ebp+var_4], 3
.text:0040108F          push    4
.text:00401091          lea     eax, [ebp+var_4]
.text:00401094          push    eax
.text:00401095          mov     edx, 2
.text:0040109A          mov     cl, 31h
.text:0040109C          call    j_function
.text:004010A1          push    eax
.text:004010A2          push    offset asc_42001C;"%x\n"
.text:004010A7          call    printf
.text:004010AC          add     esp, 8
.text:004010AF          pop     edi
.text:004010B0          pop     esi
.text:004010B1          pop     ebx
.text:004010B2          add     esp, 44h
.text:004010B5          cmp     ebp, esp
.text:004010B7          call    _chkesp
.text:004010BC          mov     esp, ebp
.text:004010BE          pop     ebp
.text:004010BF          retn
.text:004010BF          main endp
```

从上面的汇编代码清单可以看出,基于_fastcall规范的函数 function 第一个参数和第二个参数分别用 cl 和 edx 寄存器来传送,第三个参数和第四个参数则用堆栈传送,遵循从右到左的顺序。

```
.text:00401020 function      proc near              ;CODE XREF: j_function↑j
.text:00401020 var_48        =byte ptr -48h
.text:00401020 var_8         =dword ptr -8
.text:00401020 var_4         =byte ptr -4
.text:00401020 arg_0         =dword ptr  8
.text:00401020 arg_4         =dword ptr  0Ch
.text:00401020               push    ebp
.text:00401021               mov     ebp, esp
.text:00401023               sub     esp, 48h
.text:00401026               push    ebx
.text:00401027               push    esi
.text:00401028               push    edi
.text:00401029               push    ecx
.text:0040102A               lea     edi, [ebp+var_48]
```

```
.text:0040102D                mov      ecx, 12h
.text:00401032                mov      eax, 0CCCCCCCCh
.text:00401037                rep stosd
.text:00401039                pop      ecx
.text:0040103A                mov      [ebp+var_8], edx
.text:0040103D                mov      [ebp+var_4], cl
.text:00401040                movsx    eax, [ebp+var_4]
.text:00401044                add      eax, [ebp+var_8]
.text:00401047                mov      ecx, [ebp+arg_0]
.text:0040104A                add      eax, [ecx]
.text:0040104C                add      eax, [ebp+arg_4]
.text:0040104F                pop      edi
.text:00401050                pop      esi
.text:00401051                pop      ebx
.text:00401052                mov      esp, ebp
.text:00401054                pop      ebp
.text:00401055                retn     8
.text:00401055 function       endp
```

9.3.4 函数的局部变量

局部变量是一个函数内部定义的变量,只有在函数内才能使用,使用局部变量的好处是使程序模块化封装变得可能。从汇编角度来看,局部变量就是在堆栈中进行分配,函数执行完毕后释放这些堆栈,或者直接把局部变量放到寄存器中。由于寄存器比较简单,这里只讨论利用堆栈存放局部变量。利用堆栈存放局部变量的执行过程如图 9-4 所示。

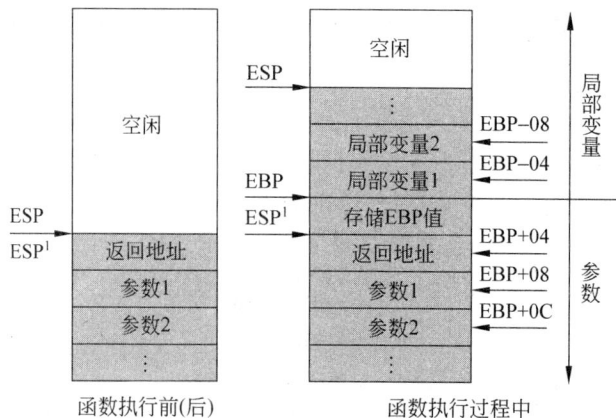

图 9-4 堆栈中局部变量分配机制

在函数执行前,程序先保护现场,函数的各个参数和返回地址先后都压入堆栈。函数执行时,先打开堆栈页面,保存 EBP 寄存器的值,并将它设置成与 ESP 寄存器相等。

然后根据函数中所有局部变量所需空间大小,在位于栈顶的上方(也就是低端地址)划分出一段空闲堆栈区,用来存储局部变量。函数在执行过程中,可以对这段空间进行读写操作。在函数执行完成后,空闲堆栈区被释放,函数从堆栈中恢复 EBP 的值,同时关闭堆栈页面,局部变量也随之消失。

从上面反汇编 function 函数的代码中也不难看出函数的局部变量的情况。由图 9-4 可以看出,局部变量一般在堆栈中 EBP 地址上方存放,反汇编代码中经常会用形如 "[EBP-xxx]"来表示它是一个局部变量,因此对于它,是比较容易识别的。在函数的代码段中,也可以很容易地找到函数为局部变量分配空间的特征代码。几种情况可以归纳成表 9-2。

表 9-2　局部变量空间分配和释放的方式

功　能	实　现　方　式	功　能	实　现　方　式
空间分配	SUB ESP,XXX	空间释放	ADD ESP,XXX
	ADD ESP,-XXX		SUB ESP,-XXX
			MOV ESP,EBP

9.3.5　函数的返回值

在高级语言当中,函数的返回值通常是由 return 操作符返回的一个值。而在反汇编代码中,函数通常把返回值存入 EAX 寄存器之中。如果函数的处理超出了 EAX 的容量,那么返回值的高 32 位会存入 EDX 寄存器中。而对于浮点型返回值,大多是通过协处理器堆栈来存放的。如果返回值是一个包含几百个甚至上千字节的结构体或对象,则多是把这个结构体或对象的地址值以引用的方式传给寄存器。函数返回值的存储机制如表 9-3 所示。

表 9-3　函数返回值的存储机制

返回值长度(字节)	返回值存储方式
1	AL、AX、EAX 寄存器
2	AX、EAX 寄存器
4	EAX 寄存器
8	EDX:EAX 寄存器
浮点型	协处理器堆栈或 EAX 寄存器
双精度型	协处理器堆栈或 EDX:EAX 寄存器
结构体、对象	引用方式的隐含参数

9.3.6　函数原型的还原

通过对组成函数的每个元素进行了深入的研究,最终就是要彻底理解函数的功能,并用高级语言还原出函数的功能代码。在还原的过程中,从还原函数的参数、返回值、局部变量等这些关键要素入手，分析清楚每个要素的细节。现在，从下面这段函数代码入手来分析如何实现对函数的还原。

这个例子中，要还原汇编代码中的 func2 函数，首先看 main 函数的反汇编代码。

```
.text:004010A0 main              proc near                    ;CODE XREF: _main↑j
.text:004010A0 var_4C            =byte ptr -4Ch
.text:004010A0 var_C             =dword ptr -0Ch
.text:004010A0 var_8             =dword ptr -8
.text:004010A0 var_4             =dword ptr -4
.text:004010A0                   push    ebp
.text:004010A1                   mov     ebp, esp
.text:004010A3                   sub     esp, 4Ch
.text:004010A6                   push    ebx
.text:004010A7                   push    esi
.text:004010A8                   push    edi
.text:004010A9                   lea     edi, [ebp+var_4C]
.text:004010AC                   mov     ecx, 13h
.text:004010B1                   mov     eax, 0CCCCCCCCh
.text:004010B6                   rep stosd
.text:004010B8                   mov     [ebp+var_4], 23h
.text:004010BF                   mov     [ebp+var_8], 31h
.text:004010C6                   mov     eax, [ebp+var_8]
.text:004010C9                   push    eax
.text:004010CA                   mov     ecx, [ebp+var_4]
.text:004010CD                   push    ecx
.text:004010CE                   call    j_func2
.text:004010D3                   add     esp, 8
.text:004010D6                   mov     [ebp+var_C], eax
.text:004010D9                   pop     edi
.text:004010DA                   pop     esi
.text:004010DB                   pop     ebx
.text:004010DC                   add     esp, 4Ch
.text:004010DF                   cmp     ebp, esp
.text:004010E1                   call    _chkesp
.text:004010E6                   mov     esp, ebp
.text:004010E8                   pop     ebp
.text:004010E9                   retn
.text:004010E9 main              endp
```

（其中 004010C6～004010CE 为 fun2 函数调用）

从上面主函数的分析得出，函数 func2 有两个 int 型参量，返回值为 int 型，由函数的外部平栈可以判定此函数遵循_cdecl 规范，从而可以还原出的声明：

```
int _cdecl func2(int a, int b);
```

再看被调用函数 func2 的代码：

```
.text:00401020 func2      proc near              ;CODE XREF: j_func2↑j
.text:00401020 var_78     =byte ptr -78h
.text:00401020 DstBuf     =byte ptr -38h
.text:00401020 Val        =dword ptr -4
.text:00401020 arg_0      =dword ptr  8
.text:00401020 arg_4      =dword ptr  0Ch
.text:00401020            push    ebp
.text:00401021            mov     ebp, esp
.text:00401023            sub     esp, 78h
.text:00401026            push    ebx
.text:00401027            push    esi
.text:00401028            push    edi
.text:00401029            lea     edi, [ebp+var_78]
.text:0040102C            mov     ecx, 1Eh
.text:00401031            mov     eax, 0CCCCCCCCh
.text:00401036            rep stosd
.text:00401038            mov     eax, [ebp+arg_0]
.text:0040103B            add     eax, [ebp+arg_4]
.text:0040103E            mov     [ebp+Val], eax
.text:00401041            push    10h
.text:00401043            lea     ecx, [ebp+DstBuf]
.text:00401046            push    ecx                ;DstBuf
.text:00401047            mov     edx, [ebp+Val]
.text:0040104A            push    edx                ;Val
.text:0040104B            call    _ltoa
.text:00401050            add     esp, 0Ch
.text:00401053            lea     eax, [ebp+DstBuf]
.text:00401056            push    eax
.text:00401057            mov     ecx, [ebp+Val]
.text:0040105A            push    ecx
.text:0040105B            push    offset aXS ; "%x==%s =="
.text:00401060            call    printf
.text:00401065            add     esp, 0Ch
.text:00401068            mov     eax, [ebp+Val]
.text:0040106B            pop     edi
.text:0040106C            pop     esi
.text:0040106D            pop     ebx
.text:0040106E            add     esp, 78h
.text:00401071            cmp     ebp, esp
.text:00401073            call    __chkesp
.text:00401078            mov     esp, ebp
.text:0040107A            pop     ebp
.text:0040107B            retn
.text:0040107B func2      endp
```

⇒ ① temp=a+b

⇒ ② ltoa(temp, str,loh)

⇒ ③ printf("%x ==%s==",temp, str);

⇒ ④ return temp;

根据上面的分析，并把 ①、②、③、④步的代码拼装到一起，就还原出了函数 func2：

```
int __cdecl func2(int a, int b)
{
    int temp;                       //第一个 int 型局部变量
    char str[0x34];                 //第二个字符串型局部变量，长度为 0x34 个字节
    temp=a+b;
    ltoa(temp,str,16);              //a+b 的和被转换成一个字符串，并把字串放入 str 数组中
    printf("%x==%s==",temp, str);// 输出
    return temp;                    //返回 a+b 的和
}
```

函数是组成程序的主要元素，对它的代码特征分析和理解将有助于提高学习者对函数的识别能力，加快整个逆向工程的效率。

9.4　反汇编程序中数据结构的理解

数据结构是指内存中根据某一程序的需要而存在的一种特定的数据组织形式。在内存中识别出某些数据结构是比较困难的，因为学习者不知道形成这种数据结构的原因。下面的章节讨论最常见的数据结构以及它们在汇编语言中的实现方式。

虽然基本数据类型通常能够与 CPU 寄存器或指令操作数的大小很自然地适应，但是，要访问复合数据类型（如数组和结构体）所包含的各数据项，则需要更加复杂的指令序列。

9.4.1　数组

针对内存布局而言，数组是最简单的复合数据结构。传统意义的数组是指包含同一数据类型的连续元素的连续内存块。用数组中元素的数量乘以每个元素的大小，即可直接计算出数组的大小。使用 C 语句，数组"int array_demo[100];"所占用的最小字节的计算方法为：

```
int bytes=100 * sizeof(int);
```

各数组元素通过索引值进行访问，这个索引值可能是变量或常量，如下面这些数组引用所示。

```
array_deomo[20]=15;             //①fixed index into the array
for(int i=0;i<100;i++)
array_demo[i]=i;                //②
```

在上面的例子中，假如 sizeof(int)为 4 个字节，那么①处的第一个数组访问，访问的是数组中第 80 字节位置的整数值；而②处的第二个数组访问，则访问的是数组中偏移量为 0、4、8、…、396 字节位置的连续整数值。在编译时，第一个数组访问的偏移量可通过 20 * 4 计算出来。多数情况下，第二个数组访问的偏移量必须在运行时计算，因为循环计数器 i 的值在编译时并不固定。因此，每经历一次循环，都必须计算 i * 4 的结果，以确定具体的偏移量。最终，访问数组元素的方式，不仅取决于所使用的索引类型，而且取决于

数组在程序的内存空间中的位置。

1. 全局分配的数组

如果一个数组在程序的全局数据区内分配,编译器在编译时可获知该数组的地址。由于基址固定,编译器可以计算出使用固定索引访问的任何数组元素的固定地址。以下面这个简单的程序为例,它同时使用固定偏移量和可变偏移量访问一个全局数组。

```
int global_array[3];
int main(){
    int idx=2;
    global_array[0]=10;
    global_array[1]=20;
    global_array[2]=30;
    global_array[idx]=40;
}
```

这个程序的反汇编代码清单为:

.text:00401010 main	proc near	; CODE XREF: _main↑j	
.text:00401010 var_44	=byte ptr-44h		int main(){
.text:00401010 var_4	=dword ptr-4		注:main 作为被
.text:00401010	push	ebp	调用函数的常规
.text:00401011	mov	ebp, esp	初始化工作。
.text:00401013	sub	esp, 44h	
.text:00401016	push	ebx	
.text:00401017	push	esi	
.text:00401018	push	edi	
.text:00401019	lea	edi, [ebp+var_44]	
.text:0040101C	mov	ecx, 11h	
.text:00401021	mov	eax, 0CCCCCCCCh	
.text:00401026	rep stosd		
.text:00401028	mov	[ebp+var_4], 2	int idx=2;
.text:0040102F	①mov	global_array, 0Ah	global_array[0] =10;
.text:00401039	②mov	dword_4257B8, 14h	global_array[1] =20;
.text:00401043	③mov	dword_4257BC, 1Eh	global_array[2] =30;
.text:0040104D	mov	eax, [ebp+var_4]	global_array [idx]=40;
.text:00401050	④mov	global_array[eax * 4], 28h	
.text:0040105B	xor	eax, eax	
.text:0040105D	pop	edi	
.text:0040105E	pop	esi	
.text:0040105F	pop	ebx	return 0;
.text:00401060	mov	esp, ebp	}
.text:00401062	pop	ebp	注:main 函数返
.text:00401063	retn		回系统前的清理
.text:00401063 main	endp		工作。

尽管这个程序只有一个全局变量，但①、②和③处的反汇编行似乎表明，它使用了3个全局变量。④处对偏移量的计算(idx * 4)是暗示全局数组 global_array 存在的唯一线索，不过，数组的名称与①处的全局变量的名称相同。

全局数组由从 global_array 开始的 12 个字节组成。在编译过程中，编译器使用了固定索引(0、1、2)来计算数组中对应元素的具体地址(004257B4、004257B8 和 004257BC)，它们使用①、②和③处的全局变量来引用。

在这个例子中，有两点需要注意。第一，使用常量索引访问全局数组时，在对应的反汇编代码清单中，对应的数组元素将以全局变量的形式出现。换句话说，反汇编代码清单基本上不提供任何数组存在的证据。第二，使用可变索引值将带领我们来到数组的开头，因为在计算要访问的数组元素的具体地址时，需要用数组的基址加上相应的偏移量，这时基址即呈现出来(如④处所示)。④处的计算提供了另外一条有关数组的关键信息。通过观察与数组索引相乘的那个数(这里为4)，我们知道了数组中各元素的大小(不是类型)。

2. 栈分配的数组

如果数组是作为栈变量分配的，那么访问数组会有何不同呢？凭直觉，我们认为这肯定会有所不同，因为编译器在编译时无法获得绝对地址，而且即使是使用常量索引的访问也必须在运行时进行某种计算。但实际上，编译器几乎以完全相同的方式处理栈分配的数组和全局分配的数组。

以下面这个使用一个小型栈分配的数组的程序为例。

```
int main(){
    int stack_array[3];
    int idx=2;
    stack_array[0]=10;
    stack_array[1]=20;
    stack_array[2]=30;
    stack_array[idx]=40;
    return 0;
}
```

在编译时，stack_array 的地址未知，因此编译器无法像在前面的全局数组例子中一样，预先计算出 stack_array[1] 的地址。通过分析这个函数的反汇编代码清单，我们了解到编译器如何访问栈分配的数组。

```
.text:00401010 main      proc near   ; CODE XREF: _main↑j
.text:00401010 var_50            =byte ptr-50h
.text:00401010 var_10            =dword ptr-10h
.text:00401010 var_C             =dword ptr-0Ch
.text:00401010 var_8             =dword ptr-8
.text:00401010 var_4             =dword ptr-4
.text:00401010            push     ebp
.text:00401011            mov      ebp, esp
.text:00401013            sub      esp, 50h
```

⇨ int main(){

注:main 作为被调用函数的常规初始化工作。

```
.text:00401016          push    ebx
.text:00401017          push    esi
.text:00401018          push    edi
.text:00401019          lea     edi, [ebp+var_50]
.text:0040101C          mov     ecx, 14h
.text:00401021          mov     eax, 0CCCCCCCCh
.text:00401026          rep     stosd

.text:00401028          mov     [ebp+var_10], 2
.text:0040102F        ① mov     [ebp+var_C], 0Ah
.text:00401036        ② mov     [ebp+var_8], 14h
.text:0040103D        ③ mov     [ebp+var_4], 1Eh
.text:00401044          mov     eax, [ebp+var_10]
.text:00401047        ④ mov     [ebp+eax*4+var_C], 28h

.text:0040104F          xor     eax, eax
.text:00401051          pop     edi
.text:00401052          pop     esi
.text:00401053          pop     ebx
.text:00401054          mov     esp, ebp
.text:00401056          pop     ebp
.text:00401057          retn
.text:00401057          main    endp
```

```c
int idx=2;
stack_array[0]
=10;
stack_array[1]
=20;
```
⇨
```c
stack_array[2]
=30;
stack_array
[idx]=40;
```

⇨
```c
return 0;
}
```

注:main 函数返回系统前的清理工作。

和全局数组例子一样,这个函数似乎也使用了 3 个变量(var_C、var_8 和 var_4),而不是一个包含 3 个整数的数组。根据①、②和③处使用的常量得知,函数似乎引用的是局部变量,但实际上它引用的是 stack_array 数组的 3 个元素,该数组的第一个元素位于var_C(内存地址最低的局部变量)所在的位置。

为理解编译器如何引用数组中的其他元素,首先看编译器如何引用 stack_array[1],它在数组中的 4 字节位置,或者在 var_C 之后的 4 字节位置。在栈帧里,编译器选择分配ebp-8 处的 stack_array。编译器知道,stack_array[1] 的地址为 ebp-0Ch＋4(可简化为ebp-8)。最终,与全局分配的数组类似,使用常量索引值会隐藏有栈分配的数组存在这一事实。唯有④处的数组访问表明,var_C 是数组中的第一个元素,而不是一个简单的整数变量。此外,④处的反汇编清单也有助于我们得出结论:数组中各元素的大小为 4 字节。

3. 堆分配的数组

堆分配的数组是使用一个动态内存分配函数(如 C 中 malloc 或 C++ 中的 new)分配的。从编译器的角度讲,处理堆分配的数组的主要区别在于,它必须根据内存分配函数返回的地址值,生成对数组的所有引用。为方便比较,以下面这个函数为例,它在程序堆中分配了一个小型数组。

```c
int main()
{
    int * heap_array=(int * )malloc(3 * sizeof(int));
    int idx=2;
```

```
        heap_array[0]=10;
        heap_array[1]=20;
        heap_array[2]=30;
        heap_array[idx]=40;
        return 0;
    }
```

其汇编代码如下：

汇编代码	对应C代码

`.text:00401010 main   proc near  ; CODE XREF: _main↑j`
`.text:00401010 var_48  =byte ptr-48h`
`.text:00401010 var_8   =dword ptr-8`
`.text:00401010 var_4   =dword ptr-4`
`.text:00401010      push   ebp`
`.text:00401011      mov    ebp, esp`
`.text:00401013      sub    esp, 48h`
`.text:00401016      push   ebx`
`.text:00401017      push   esi`
`.text:00401018      push   edi`
`.text:00401019      lea    edi, [ebp+var_48]`
`.text:0040101C      mov    ecx, 12h`
`.text:00401021      mov    eax, 0CCCCCCCCh`
`.text:00401026      rep stosd`
	int main(){
	
	注：main 作为被调用函数的常规初始化工作。

`.text:00401028   ⑤push   0Ch`
`.text:0040102A      call   malloc`
`.text:0040102F      add    esp, 4`
`.text:00401032   ⑥mov    [ebp+var_4], eax`
	int * heap_array = (int *) malloc (3*sizeof(int));

`.text:0040103C      mov    eax, [ebp+var_4]`
`.text:0040103F   ①mov    dword ptr [eax], 0Ah`
`.text:00401045      mov    ecx, [ebp+var_4]`
`.text:00401048   ②mov    dword ptr [ecx+4], 14h`
`.text:0040104F      mov    edx, [ebp+var_4]`
`.text:00401052   ③mov    dword ptr [edx+8], 1Eh`
`.text:00401059      mov    eax, [ebp+var_8]`
`.text:0040105C      mov    ecx, [ebp+var_4]`
`.text:0040105F   ④mov    dword ptr [ecx+eax*4], 28h`
	int idx=2;
	heap_array[0]=10;
	heap_array[1]=20;
	heap_array[2]=30;
	heap_array[idx]=40;

`.text:00401066      xor    eax, eax`
`.text:00401068      pop    edi`
`.text:00401069      pop    esi`
`.text:0040106A      pop    ebx`
`.text:0040106B      add    esp, 48h`
`.text:0040106E      cmp    ebp, esp`
`.text:00401070      call   __chkesp`
`.text:00401075      mov    esp, ebp`
`.text:00401077      pop    ebp`
`.text:00401078      retn`
`.text:00401078      main   endp`
	return 0;
	}
	
	注：main 函数返回系统前的清理工作。

通过研究上面的反汇编代码清单可以发现,它与前面全局数组和栈数组代码段的异同。

从⑥处可以看出,malloc 申请的堆内存(即申请的动态内存数组),其起始地址由 EAX 寄存器返回,并保存在内存单元[ebp+var_4]中。每次访问数组时,首先必须读取内存单元[ebp+var_4],以获得数组的基址,然后再在它上面加上一个偏移值,计算出数组中对应元素的地址。引用 heap_array[0]、heap_array[1]和 heap_array[2]需要的偏移量分别为 0、4 和 8 字节,如①、②和③处所示。引用 heap_array[idx](④处)的操作与前面的例子最为相似,它在数组中的偏移量通过将数组索引与数组元素大小相乘计算得出。

堆分配的数组有一个非常有用的特点。如果能够确定数组的总大小和每个元素的大小,就可以轻松计算出该数组所包含的元素的数量。对堆分配的数组而言,传递给 malloc 内存分配函数的参数(0Ch 在⑤处传递给了 malloc)即表示申请的数组的字节总数,用这个数除以元素大小(本例为 4 字节,如①、②和③处的偏移量所示),即可得到数组中元素的个数。前面例子分配了一个包含 3 个元素的数组。

关于数组的使用,只有当变量被用作数组的索引时,才最容易确定数组的存在。要访问数组中的元素,首先需要用索引乘以数组元素的大小,计算出相应元素的偏移量,然后将得到的偏移量与数组的基址相加,得到数组元素的访问地址。

9.4.2　结构体

结构体是异类数据集合,可将数据类型各不相同的项组合到一个复合数据类型中。结构体的一个显著特点在于结构休中的数据字段是通过名称访问,而不是像数组那样通过索引访问,但是字段名称被编译器转换成了数字偏移量。因此,在反汇编代码清单中,访问结构体数据字段的方式看起来与使用常量索引访问数组元素的方式极其相似。

如果编译器遇到一个结构体定义,它会计算出结构体字段所占用字节的累加值,以确定结构体中每个字段的偏移量。结构体所需的最小空间,由结构体中的字段所需的空间综合决定。但是,绝不能认为编译器会利用所需的最小空间来分配结构体。默认情况下,编译器会设法将结构体字段与内存地址对齐,从而最有效地读取和写入这些字段。例如,4 字节的整数字段将与能够被 4 整除的偏移量对齐,而 8 字节的双字则与能够被 8 整除的偏移量对齐。根据结构体的构成,满足对齐要求可能需要插入填补字节,从而使结构体的实际大小大于字段大小的总和。

例如,下面的结构体:

```
struct ch8_struct{      //Size        Minimum offset      Default offset
    int field1;         //4               0                   0
    short field2;       //2               4                   4
    char field3;        //1               6                   6
    int field4;         //4               7                   8
    double field5       //8               11                  16
};                      //Minimum total size:19      Default size:24
```

该结构体的默认偏移量和最终的结构体大小位于 Default offset 一列中。

通过使用编译器选项来要求特定的成员对齐，可将结构体压缩到最小空间。Micorsoft Visual C/C++ 和 GNU gcc/g++ 都将 pack 杂注视为控制结构体字段对齐的一种方法。同时 GNU 编译器还使用 packed 属性来控制结构体对齐（在每个结构体的基础上）。要求结构体字段进行一字节对齐，编译器会将结构体压缩到最小空间。就上例中的结构体而言，这样做将得到 Minimum offset 一列中的偏移量和结构体大小。值得注意的是，如果以这种方式对齐数据，会使一些 CPU 的性能更加优良；但是，如果有些边界上的数据并未对齐，CPU 可能会产生异常。

和数组一样，结构体成员的访问，是通过将结构体的基址加上将要访问的成员的偏移量来实现的。然后，虽然数组元素的偏移量可在运行时由提供的索引值计算出来（因为每个数组元素的大小相同），但结构体成员的偏移量必须预先计算出来，作为固定偏移量出现在编译代码中，因而看起来与使用常量索引的数组引用几乎完全相同。

1. 全局分配的结构体

和全局分配的数组一样，编译器在编译时可获知全局分配的结构体的地址。这使得编译器能够在编译时计算出结构体中每个成员的地址，而不必在运行时进行任何计算。以下面这个访问全局分配的结构体的程序为例：

```
struct ch8_struct global_struct;
int main(){
    global_struct.field1=10;
    global_struct.field2=20;
    global_struct.field3=30;
    global_struct.field4=40;
    global_struct.field5=50.0;
}
```

如果使用默认的结构体对齐选项编译这个程序，在反编译时，可能会得到下面的代码清单：

```
.text:00401010 main     proc near    ; CODE XREF: _main↑j
.text:00401010 var_40           =byte ptr-40h
.text:00401010          push    ebp
.text:00401011          mov     ebp, esp
.text:00401013          sub     esp, 40h
.text:00401016          push    ebx
.text:00401017          push    esi
.text:00401018          push    edi
.text:00401019          lea     edi, [ebp+var_40]
.text:0040101C          mov     ecx, 10h
.text:00401021          mov     eax, 0CCCCCCCCh
.text:00401026          rep stosd
```

⇒ int main(){

注：main 作为被调用函数的常规初始化工作。

```
.text:00401028        mov      global_struct, 0Ah
.text:00401032        mov      word_42696C, 14h
.text:0040103B        mov      byte_42696E, 1Eh
.text:00401042        mov      dword_426970, 28h
.text:0040104C        mov      dword_426978, 0
.text:00401056        mov      dword_42697C, 40490000h

.text:00401060        xor      eax, eax
.text:00401062        pop      edi
.text:00401063        pop      esi
.text:00401064        pop      ebx
.text:00401065        mov      esp, ebp
.text:00401067        pop      ebp
.text:00401068        retn
.text:00401068 main   endp
```

> global_struct.field1=10;
> global_struct.field2=20;
> global_struct.field3=30;
> global_struct.field4=40;
> global_struct.field5=50.0;

> return 0;
> }
> 注:main 函数返回系统前的清理工作。

其数据段的定义片段如下:

```
.data:00426968 global_struct     dd 0        ;DATA XREF: main+18↑w
.data:0042696C word_42696C       dw 0        ;DATA XREF: main+22↑w
.data:0042696E byte_42696E       db 0        ;DATA XREF: main+2B↑w
.data:0042696F                   align 10h
.data:00426970 dword_426970      dd 0        ;DATA XREF: main+32↑w
.data:00426974                   align 8
.data:00426978 dword_426978      dd 0        ;DATA XREF: main+3C↑w
.data:0042697C dword_42697C      dd 0        ;DATA XREF: main+46↑w
```

可以看到,在这个反汇编代码清单中,访问结构体成员不需要任何算术计算,如果没有源代码,就根本无法断定这个程序使用了结构体。因为编译器在编译时已经计算出所有的偏移量,这个程序似乎引用的是 5 个全局变量,而不是一个结构体中的 5 个字段。因此,与前面例子中使用常量索引值得全局分配的数组非常类似。

2. 栈分配的结构体

和栈分配的数组一样,仅仅根据栈布局,同样很难识别出栈分配的结构体。对前面的程序进行修改,使其使用一个栈分配的结构体,并在 main 中进行声明,其代码如下:

```
int main(){
    struct ch8_struct stack_struct;
    stack_struct.field1=10;
    stack_struct.field2=20;
    stack_struct.field3=30;
    stack_struct.field4=40;
```

```
        stack_struct.field5=50.0;
        return 0;
    }
```

其反汇编代码清单如下。

```
.text:00401010 main    proc near  ; CODE XREF: _main↑j
.text:00401010 var_58    =byte ptr-58h
.text:00401010 var_18    =dword ptr-18h
.text:00401010 var_14    =word ptr-14h
.text:00401010 var_12    =byte ptr-12h
.text:00401010 var_10    =dword ptr-10h
.text:00401010 var_8     =dword ptr-8
.text:00401010 var_4     =dword ptr-4
.text:00401010          push    ebp
.text:00401011          mov     ebp, esp
.text:00401013          sub     esp, 58h
.text:00401016          push    ebx
.text:00401017          push    esi
.text:00401018          push    edi
.text:00401019          lea     edi, [ebp+var_58]
.text:0040101C          mov     ecx, 16h
.text:00401021          mov     eax, 0CCCCCCCCh
.text:00401026          rep stosd
.text:00401028          mov     [ebp+var_18], 0Ah
.text:0040102F          mov     [ebp+var_14], 14h
.text:00401035          mov     [ebp+var_12], 1Eh
.text:00401039          mov     [ebp+var_10], 28h
.text:00401040          mov     [ebp+var_8], 0
.text:00401047          mov     [ebp+var_4], 40490000h
.text:0040104E          xor     eax, eax
.text:00401050          pop     edi
.text:00401051          pop     esi
.text:00401052          pop     ebx
.text:00401053          mov     esp, ebp
.text:00401055          pop     ebp
.text:00401056          retn
.text:00401056 main    endp
```

⇒ int main(){

注:main 作为被调用函数的常规初始化工作。

global_struct.field1=10;
global_struct.field2=20;
⇒ global_struct.field3=30;
global_struct.field4=40;
global_struct.field5= 50.0;

⇒ return 0;
}

注:main 函数返回系统前的清理工作。

　　从上面的汇编代码可以看出,访问结构体中的字段不需要进行任何算术计算,因为在编译时,编译器能够确定每个字段的相对偏移量。在这种情况下,同样会被误导,认为程序使用的是 5 个变量,而不是一个碰巧包含 5 个字段的变量。实际上,var_18 应该是一个大小为 24 字节的结构体的第一个变量,其他变量应进行某种格式化,以反映它们是结构体中的字段这一事实。

3. 堆分配的结构体

事实上,关于结构体的大小及其字段的布局,堆分配的结构体体现了更多信息。如果一个结构体在程序堆中分配,那么,在访问其中的字段时,编译器别无选择,只有生成代码来计算每个字段在结构体中的正确偏移量。这是结构体的地址在编译时未知所导致的后果。对于全局分配的结构体,编译器能计算出一个固定的起始地址。对于栈分配的结构体,编译器能够计算出结构体起始位置与相关栈帧的帧指针之间的固定关系。如果一个结构体在堆中分配,那么,对编译器来说,引用该结构体的唯一线索,就是指向该结构体的起始地址的指针。

再次修改上面的例子,使其使用堆分配的结构体,其代码如下:

```c
int main(){
    struct ch8_struct * heap_struct=(struct ch8_struct * )malloc(sizeof(struct
    ch8_struct));
    heap_struct->field1=10;
    heap_struct->field2=20;
    heap_struct->field3=30;
    heap_struct->field4=40;
    heap_struct->field5=50.0;
    return 0;
}
```

其反汇编代码清单如下:

```
.text:00401010 main       proc near ; CODE XREF: _main↑j
.text:00401010 var_44     =byte ptr - 44h
.text:00401010 var_4      =dword ptr - 4
.text:00401010            push     ebp
.text:00401011            mov      ebp, esp
.text:00401013            sub      esp, 44h                    ⟹  int main() {
.text:00401016            push     ebx
.text:00401017            push     esi
.text:00401018            push     edi                            注:main 作 为 被
.text:00401019            lea      edi, [ebp+var_44]              调用函数的常规
.text:0040101C            mov      ecx, 11h                        初始化工作。
.text:00401021            mov      eax, 0CCCCCCCCh
.text:00401026            rep stosd                              struct  ch8 _
.text:00401028        ⑥   push     18h                           struct * heap_
.text:0040102A            call     malloc                        struct=(struct
.text:0040102F            add      esp, 4                         ch8 _ struct * )
.text:00401032            mov      [ebp+var_4], eax            ⟹  malloc (sizeof
                                                                   ( struct  ch8 _
                                                                   struct))
```

```
.text:00401035        mov       eax, [ebp+var_4]
.text:00401038      ① mov       dword ptr [eax], 0Ah
.text:0040103E        mov       ecx, [ebp+var_4]
.text:00401041      ② mov       word ptr [ecx+4], 14h
.text:00401047        mov       edx, [ebp+var_4]
.text:0040104A      ③ mov       byte ptr [edx+6], 1Eh
.text:0040104E        mov       eax, [ebp+var_4]
.text:00401051      ④ mov       dword ptr [eax+8], 28h
.text:00401058        mov       ecx, [ebp+var_4]
.text:0040105B        mov       dword ptr [ecx+10h], 0
.text:00401062      ⑤ mov       dword ptr [ecx+14h], 40490000h
.text:00401069        xor       eax, eax
.text:0040106B        pop       edi
.text:0040106C        pop       esi
.text:0040106D        pop       ebx
.text:0040106E        add       esp, 44h
.text:00401071        cmp       ebp, esp
.text:00401073        call      __chkesp
.text:00401078        mov       esp, ebp
.text:0040107A        pop       ebp
.text:0040107B        retn
.text:0040107B main  endp
```

右侧注释：
⇒ heap_struct->field1=10;
heap_struct->field2=20;
heap_struct->field3=30;
heap_struct->field4=40;
heap_struct->field5=50.0;

⇒ return 0;
}

注:main 函数返回系统前的清理工作。

在这个例子中,与全局和栈分配的结构体示例不同,能够辨别出结构体的实际大小和布局。根据⑥处的 malloc 所需的内存数量,可以推断出:结构体的大小为 24 字节。结构体包含以下字段:

一个 4 字节字段,偏移量为 0(见①处);

一个 2 字节字段,偏移量为 4(见②处);

一个 1 字节字段,偏移量为 6(见③处);

一个 4 字节字段,偏移量为 8(见④处);

一个 8 字节字段,偏移量为 16(见⑤处)。

不管在编译过程中是否进行对齐操作,找到在程序堆中分配和操作的结构体,是确定数据类型的大小和布局的最简单方法。

9.5　反汇编程序中分支语句的理解

在高级语言中使用 if…else 或 switch…case 语句来构成程序的判断流程,不仅条理清楚,且维护性好。而其汇编代码则复杂得多,会看到 cmp 等指令后面跟着各种跳转指令 jz、jnz 等。识别关键跳转是软件加密的一个重要技能,许多软件用一个或多个跳转来实现注册功能。

9.5.1　if 分支语句

if…else 语句编译成汇编代码后，整数用 cmp 指令比较，而浮点值用 fcom、fcomp 等指令比较。语句 if…else 编译后，其汇编代码形式一般为：

```
cmp<条件>
jle<下一个分支>
```

实际上，有的时候编译器用 test 或 or 之类的较短的逻辑指令来替换 cmp 指令。一般形式为"test eax,eax"，如 eax 为 0，则其逻辑运算结果为零，就设置 ZF 为 1，否则置 ZF 为 0。

为了说明 if-else 结构，举一个 C 语言例子，源代码如下：

```c
int main()
{
    int c;
    scanf("%d",&c);
    if(c>=90)
        printf("c>=90");
    else if(c>=60 && c<90)
        printf("c>=60 && c<90");
    else
        printf("c<60");
    return 0;
}
```

其汇编代码如下：

```
.text:00401010 main    proc near   ; CODE XREF: _main↑j
.text:00401010 var_44      =byte ptr-44h
.text:00401010 var_4       =dword ptr-4
.text:00401010         push    ebp
.text:00401011         mov     ebp, esp
.text:00401013         sub     esp, 44h
.text:00401016         push    ebx
.text:00401017         push    esi
.text:00401018         push    edi
.text:00401019         lea     edi, [ebp+var_44]
.text:0040101C         mov     ecx, 11h
.text:00401021         mov     eax, 0CCCCCCCCh
.text:00401026         rep stosd
.text:00401028         lea     eax, [ebp+var_4]
.text:0040102B         push    eax
.text:0040102C         push    offset aD ;"%d"
.text:00401031         call    scanf
.text:00401036         add     esp, 8
```

注:main 作为被调用函数的常规初始化工作。

⇨ scanf("%d",&c)

```
.text:00401039            cmp      [ebp+var_4], 5Ah
.text:0040103D            jl       short loc_40104E           ⇒   if(c>=90)
.text:0040103F            push     offset aC90 ;"c>=90"              printf("c>=
.text:00401044            call     printf                            90");
.text:00401049            add      esp, 4
.text:0040104C            jmp      short loc_401076
.text:0040104E loc_40104E:   ; CODE XREF: main+2D↑j
.text:0040104E            cmp      [ebp+var_4], 3Ch
.text:00401052            jl       short loc_401069
.text:00401054            cmp      [ebp+var_4], 5Ah           ⇒   else if (c>=60
.text:00401058            jge      short loc_401069                 && c<90)
.text:0040105A            push     offset aC60C90                   printf("c>=
                                   ; "c>=60 && c<90"                 60 && c<90")
.text:0040105F            call     printf
.text:00401064            add      esp, 4
.text:00401067            jmp      short loc_401076
.text:00401069 loc_401069:   ; CODE XREF: main+42↑j
.text:00401069               ; main+48↑j
.text:00401069            push     offset aC60 ;"c<60"        ⇒   else
.text:0040106E            call     printf                          printf("c<
.text:00401073            add      esp, 4                           60");
.text:00401076 loc_401076:   ; CODE XREF: main+3C↑j
.text:00401076               ; main+57↑j
.text:00401076            xor      eax, eax
.text:00401078            pop      edi
.text:00401079            pop      esi                        注：main 函数返
.text:0040107A            pop      ebx                        回系统前的清理
.text:0040107B            add      esp, 44h                   工作。
.text:0040107E            cmp      ebp, esp
.text:00401080            call     __chkesp
.text:00401085            mov      esp, ebp
.text:00401087            pop      ebp
.text:00401088            retn
.text:00401088 main       endp
```

9.5.2　switch 分支语句

　　switch 语句是多分支选择语句。switch 语句编译后，实质就是多个 if…else 语句的嵌套组合。编译器会将 switch 编译成一组由不同关系运算符组成的语句。

　　通常 switch 有多个判断，而且还不用判断大于小于，因此反汇编中基本都是 je/jz，分别跳转到每个对应的 case 处。最后一个跳转是无条件跳转，直接跳转到 default 处。

　　为了说明 switch 分支结构，举一个 C 语言例子，源代码如下：

```
int main()
```

```
{
    int c;
    scanf("%d",&c);
    switch(c)
    {
    case 0:
        printf("c==0");
    case 1:
        printf("c==1");
        break;
    default:
        printf("(c!=0)&&(c!=1)");
    }
    return 0;
}
```

其汇编代码如下：

```
.text:00401010 main    proc near  ;CODE XREF: _main↑j
.text:00401010 var_48      =byte ptr-48h
.text:00401010 var_8       =dword ptr-8
.text:00401010 var_4       =dword ptr-4
.text:00401010         push    ebp                         ⇨ int main()
.text:00401011         mov     ebp, esp                       {
.text:00401013         sub     esp, 48h
.text:00401016         push    ebx
.text:00401017         push    esi                         注:main 作为被调
.text:00401018         push    edi                         用函数的常规初始
.text:00401019         lea     edi, [ebp+var_48]           化工作。
.text:0040101C         mov     ecx, 12h
.text:00401021         mov     eax, 0CCCCCCCCh
.text:00401026         rep stosd
.text:00401028         lea     eax, [ebp+var_4]            ⇨ scanf("%d",&c)
.text:0040102B         push    eax
.text:0040102C         push    offset aD ;"%d"
.text:00401031         call    scanf
.text:00401036         add     esp, 8
.text:00401039         mov     ecx, [ebp+var_4]
.text:0040103C         mov     [ebp+var_8], ecx            ⇨ case 0:
.text:0040103F         cmp     [ebp+var_8], 0
.text:00401043         jz      short loc_40104D
.text:00401045         cmp     [ebp+var_8], 1
.text:00401049         jz      short loc_40105A            ⇨ case 1:
.text:0040104B         jmp     short loc_401069            ⇨ break
```

```
.text:0040104D loc_40104D:    ; CODE XREF: main+33↑j
.text:0040104D           push    offset aC0 ; "c==0"
.text:00401052           call    printf
.text:00401057           add     esp, 4
```
⇨ printf("c==0");

```
.text:0040105A loc_40105A:    ; CODE XREF: main+39↑j
.text:0040105A           push    offset aC1 ; "c==1"
.text:0040105F           call    printf
.text:00401064           add     esp, 4
.text:00401067           jmp     short loc_401076
```
⇨ printf("c==1");

```
.text:00401069 loc_401069:    ; CODE XREF: main+3B↑j
.text:00401069           push    offset aC0C1
                                 ; "(c!=0) && (c!=1)"
.text:0040106E           call    printf
.text:00401073           add     esp, 4
```
⇨ printf("(c!=0)
&& (c!=1)")

```
.text:00401076 loc_401076:    ; CODE XREF: main+57↑j
.text:00401076           xor     eax, eax
.text:00401078           pop     edi
.text:00401079           pop     esi
.text:0040107A           pop     ebx
.text:0040107B           add     esp, 48h
.text:0040107E           cmp     ebp, esp
.text:00401080           call    _chkesp
.text:00401085           mov     esp, ebp
.text:00401087           pop     ebp
.text:00401088           retn
.text:00401088 main      endp
```
注：main 函数返回系统前的清理工作。

9.6　反汇编程序中循环语句的理解

在高级语言中，比较常用的有 for 和 while 两种循环语句。对于这两种循环的识别是比较简单的，但对它们的区别则比较复杂。大多数时候，并不需要来区别它们，只要能识别出这段代码是个循环语句，它在循环中做些什么事情即可。

9.6.1　for 循环语句

在汇编代码中，一般是用 ecx 寄存器来做循环的计数器，用 cmp 命令来检测循环是否结束。

下面通过一个简单的 C 循环，分析其汇编代码。

```
int main()
```

```
{
    int num,sum,i;
    scanf("%d",&num);
    sum=0;
    for(i=0;i<num;i++)
        sum+=i;
    printf("sum=%d\n",sum);
    return 0;
}
```

汇编代码如下：

```
.text:00401010 main    proc near    ;CODE XREF: _main↑j
.text:00401010 var_4C       =byte ptr-4Ch
.text:00401010 var_C        =dword ptr-0Ch
.text:00401010 var_8        =dword ptr-8
.text:00401010 var_4        =dword ptr-4
.text:00401010         push    ebp
.text:00401011         mov     ebp, esp
.text:00401013         sub     esp, 4Ch
.text:00401016         push    ebx
.text:00401017         push    esi
.text:00401018         push    edi
.text:00401019         lea     edi, [ebp+var_4C]
.text:0040101C         mov     ecx, 13h
.text:00401021         mov     eax, 0CCCCCCCCh
.text:00401026         rep     stosd
.text:00401028         lea     eax, [ebp+var_4]
.text:0040102B         push    eax
.text:0040102C         push    offset aD   ;"%d"
.text:00401031         call    scanf
.text:00401036         add     esp, 8
.text:00401039         mov     [ebp+var_8], 0
.text:00401040         mov     [ebp+var_C], 0
.text:00401047         jmp     short loc_401052
.text:00401049 loc_401049: ;CODE XREF: main+53↑j
.text:00401049         mov     ecx, [ebp+var_C]
.text:0040104C         add     ecx, 1
.text:0040104F         mov     [ebp+var_C], ecx
.text:00401052 loc_401052: ;CODE XREF: main+37↑j
.text:00401052         mov     edx, [ebp+var_C]
.text:00401055         cmp     edx, [ebp+var_4]
.text:00401058         jge     short loc_401065
.text:0040105A         mov     eax, [ebp+var_8]
.text:0040105D         add     eax, [ebp+var_C]
.text:00401060         mov     [ebp+var_8], eax
.text:00401063         jmp     short loc_401049
```

⇒ int main()
　{

注:main 作为被调用函数的常规初始化工作。

⇒ scanf("%d",&num)

⇒ sum=0;
　i=0

⇒ i++

⇒ if(i<num)
　sum+=i;

```
.text:00401065 loc_401065:    ;CODE XREF: main+48↑j
.text:00401065              mov     ecx, [ebp+var_8]
.text:00401068              push    ecx
.text:00401069              push    offset aSumD
                                    ;"sum=%d\n"
.text:0040106E              call    printf
.text:00401073              add     esp, 8
.text:00401076              xor     eax, eax
.text:00401078              pop     edi
.text:00401079              pop     esi
.text:0040107A              pop     ebx
.text:0040107B              add     esp, 4Ch
.text:0040107E              cmp     ebp, esp
.text:00401080              call    _chkesp
.text:00401085              mov     esp, ebp
.text:00401087              pop     ebp
.text:00401088              retn
.text:00401088 main         endp
```

⇨ printf("sum=%d\n", sum);

注:main 函数返回系统前的清理工作。

从上面这个例子可以看出，for 循环主要用这么几条指令来实现：mov 指令进行初始化，jmp 跳过循环变量改变代码或跳回到循环改变代码进行下一次循环，cmp 指令实现条件判断，jge 实现根据条件跳转。因此，for 循环的大致结构为：

```
    mov <循环变量>,<初始值>              ;给循环变量赋初值
    jmp B                              ;跳转到第一次循环处
A: (改变循环变量)                       ;修改循环变量
    ...
B: cmp <循环变量>,<限制变量>            ;检查循环条件
    jge 跳出循环
    (循环体)
    ...
    JMP A                             ;跳回去修改循环变量,实现循环
```

9.6.2　while/do…while 循环语句

while 和 do…while 循环就是一个简单的条件跳转，主要包括比较和跳转两条指令，其主要差别在于执行循环体的先后。

1. while 循环结构对应的汇编格式

```
    mov <循环变量>,<初始值>              ;给循环变量赋初值
A: cmp <循环变量>,<限制变量>            ;检查循环条件
    jbe/je/jz B                       ;若不满足条件,则退出循环
    (循环体)                           ;否则,执行循环体
    ...
```

```
        jmp A                                    ;跳转到 while 处,实现循环
B: (循环结束)
```

2. do…while 循环结构对应的汇编格式

```
    mov <循环变量>,<初始值>                       ;给循环变量赋初值
A: (循环体)
    …
    cmp <循环变量>,<限制变量>                      ;检查循环条件
    jge/jl/jz A                                 ;满足条件,则跳转执行循环体
    (循环结束)                                    ;否则退出循环
```

do…while 循环的实例如下所示。

```
int main()
{
    int num,sum,i;
    scanf("%d",&num);
    sum=0;
    i=0;
    do{
        sum+=i++;
    }while(i<num);
    printf("sum=%d\n",sum);
    return 0;
}
```

其汇编代码如下:

```
.text:00401010 main    proc near   ;CODE XREF: _main↑j
.text:00401010 var_4C    =byte ptr-4Ch
.text:00401010 var_C     =dword ptr-0Ch
.text:00401010 var_8     =dword ptr-8
.text:00401010 var_4     =dword ptr-4
.text:00401010          push    ebp
.text:00401011          mov     ebp, esp
.text:00401013          sub     esp, 4Ch                    ⇨ int main()
.text:00401016          push    ebx                            {
.text:00401017          push    esi
.text:00401018          push    edi
.text:00401019          lea     edi, [ebp+var_4C]
.text:0040101C          mov     ecx, 13h                    注:main 作为被调
.text:00401021          mov     eax, 0CCCCCCCCh             用函数的常规初始
.text:00401026          rep     stosd                       化工作。
```

```
.text:00401028          lea     eax, [ebp+var_4]
.text:0040102B          push    eax
.text:0040102C          push    offset aD  ;"%d"           ⇨   scanf("%d",&num)
.text:00401031          call    scanf
.text:00401036          add     esp, 8
```

```
.text:00401039          mov     [ebp+var_8], 0            ⇨   sum=0;
.text:00401040          mov     [ebp+var_C], 0               i=0
.text:00401047 loc_401047:  ; CODE XREF: main+4F↓j
.text:00401047          mov     ecx, [ebp+var_8]
.text:0040104A          add     ecx, [ebp+var_C]
.text:0040104D          mov     [ebp+var_8], ecx         ⇨   do{
.text:00401050          mov     edx, [ebp+var_C]              sum+=i++;
.text:00401053          add     edx, 1                       }
.text:00401056          mov     [ebp+var_C], edx
```

```
.text:00401059          mov     eax, [ebp+var_C]
.text:0040105C          cmp     eax, [ebp+var_4]         ⇨   while(i <num);
.text:0040105F          jl      short loc_401047
```

```
.text:00401061          mov     ecx, [ebp+var_8]
.text:00401064          push    ecx
.text:00401065          push    offset aSumD             ⇨   printf("sum=%d
                                ; "sum=%d\n"                 \n", sum);
.text:0040106A          call    printf
.text:0040106F          add     esp, 8
```

```
.text:00401072          xor     eax, eax
.text:00401074          pop     edi
.text:00401075          pop     esi
.text:00401076          pop     ebx
.text:00401077          add     esp, 4Ch                 ⇨     return 0;
.text:0040107A          cmp     ebp, esp                     }
.text:0040107C          call    _chkesp                      注：main 函数返
.text:00401081          mov     esp, ebp                     回系统前的清理
.text:00401083          pop     ebp                          工作。
.text:00401084          retn
.text:00401084 main     endp
```

9.7 综 合 实 例

分析如下反汇编程序,理解并尽力还原出该反汇编程序对应的 C 源程序。

```
.text:00401020 ;===============S U B R O U T I N E==================
.text:00401020 ; Attributes: bp-based frame
.text:00401020 assert          proc near           ;CODE XREF: j_assert↑j
.text:00401020 var_48          =byte ptr-48h
.text:00401020 var_8           =dword ptr-8
.text:00401020 var_4           =dword ptr-4
.text:00401020 arg_0           =dword ptr  8
.text:00401020                 push    ebp
.text:00401021                 mov     ebp, esp
.text:00401023                 sub     esp, 48h
.text:00401026                 push    ebx
.text:00401027                 push    esi
.text:00401028                 push    edi
.text:00401029                 lea     edi, [ebp+var_48]
.text:0040102C                 mov     ecx, 12h
.text:00401031                 mov     eax, 0CCCCCCCCh
.text:00401036                 rep stosd
.text:00401038                 mov     [ebp+var_4], 1
.text:0040103F                 mov     [ebp+var_8], 2
.text:00401046                 jmp     short loc_401051
.text:00401048 ;------------------------------------------
.text:00401048 loc_401048:                      ;CODE XREF: assert:loc_401070↓j
.text:00401048                 mov     eax, [ebp+var_8]
.text:0040104B                 add     eax, 1
.text:0040104E                 mov     [ebp+var_8], eax
.text:00401051 loc_401051:                      ;CODE XREF: assert+26↑j
.text:00401051                 mov     ecx, [ebp+arg_0]
.text:00401054                 sub     ecx, 1
.text:00401057                 cmp     [ebp+var_8], ecx
.text:0040105A                 jge     short loc_401072
.text:0040105C                 mov     eax, [ebp+arg_0]
.text:0040105F                 cdq
.text:00401060                 idiv    [ebp+var_8]
.text:00401063                 test    edx, edx
.text:00401065                 jnz     short loc_401070
.text:00401067                 mov     [ebp+var_4], 0
.text:0040106E                 jmp     short loc_401072
```

```
.text:00401070 ;---------------------------------------------
.text:00401070 loc_401070:                          ;CODE XREF: assert+45↑j
.text:00401070                 jmp        short loc_401048
.text:00401072 ;---------------------------------------------
.text:00401072 loc_401072:                          ;CODE XREF: assert+3A↑j
.text:00401072                                      ;assert+4E↑j
.text:00401072                 mov        eax, [ebp+var_4]
.text:00401075                 pop        edi
.text:00401076                 pop        esi
.text:00401077                 pop        ebx
.text:00401078                 mov        esp, ebp
.text:0040107A                 pop        ebp
.text:0040107B                 retn
.text:0040107B assert          endp
.text:0040107B ;---------------------------------------------
.text:0040107C                 db 44h dup(0CCh)
.text:004010C0 ;===============S U B R O U T I N E=================
.text:004010C0 ; Attributes: bp-based frame
.text:004010C0 main            proc near            ;CODE XREF: _main↑j
.text:004010C0 var_4C          =byte ptr-4Ch
.text:004010C0 var_C           =dword ptr-0Ch
.text:004010C0 var_8           =dword ptr-8
.text:004010C0 var_4           =dword ptr-4
.text:004010C0                 push       ebp
.text:004010C1                 mov        ebp, esp
.text:004010C3                 sub        esp, 4Ch
.text:004010C6                 push       ebx
.text:004010C7                 push       esi
.text:004010C8                 push       edi
.text:004010C9                 lea        edi, [ebp+var_4C]
.text:004010CC                 mov        ecx, 13h
.text:004010D1                 mov        eax, 0CCCCCCCCh
.text:004010D6                 rep stosd
.text:004010D8                 push       offset aEnterTheNumber
.text:                                             ;"enter the number:\n"
.text:004010DD                 call       printf
.text:004010E2                 add        esp, 4
.text:004010E5                 lea        eax, [ebp+var_4]
.text:004010E8                 push       eax
.text:004010E9                 push       offset aD  ;"%d"
.text:004010EE                 call       scanf
.text:004010F3                 add        esp, 8
.text:004010F6                 cmp        [ebp+var_4], 4
```

```
.text:004010FA                jl      short loc_401109
.text:004010FC                push    offset a422  ;"4=2+2\n"
.text:00401101                call    printf
.text:00401106                add     esp, 4
.text:00401109 loc_401109:                         ;CODE XREF: main+3A↑j
.text:00401109                mov     [ebp+var_8], 6
.text:00401110                jmp     short loc_40111B
.text:00401112 ;---------------------------------------------
.text:00401112 loc_401112:                         ;CODE XREF: main+DD↑j
.text:00401112                mov     ecx, [ebp+var_8]
.text:00401115                add     ecx, 2
.text:00401118                mov     [ebp+var_8], ecx
.text:0040111B loc_40111B:                         ;CODE XREF: main+50↑j
.text:0040111B                mov     edx, [ebp+var_8]
.text:0040111E                cmp     edx, [ebp+var_4]
.text:00401121                jg      short loc_4011A2
.text:00401123                mov     eax, [ebp+var_8]
.text:00401126                push    eax
.text:00401127                push    offset aD  ;"%d"
.text:0040112C                call    printf
.text:00401131                add     esp, 8
.text:00401134                mov     [ebp+var_C], 3
.text:0040113D                jmp     short loc_401146
.text:0040113D ;---------------------------------------------
.text:0040113D loc_40113D:                         ;CODE XREF: main:loc_40118E↓j
.text:0040113D                mov     ecx, [ebp+var_C]
.text:00401140                add     ecx, 2
.text:00401143                mov     [ebp+var_C], ecx
.text:00401146 loc_401146:                         ;CODE XREF: main+7B↑j
.text:00401146                mov     eax, [ebp+var_8]
.text:00401149                cdq
.text:0040114A                sub     eax, edx
.text:0040114C                sar     eax, 1
.text:0040114E                cmp     [ebp+var_C], eax
.text:00401151                jg      short loc_401190
.text:00401153                mov     edx, [ebp+var_C]
.text:00401156                push    edx
.text:00401157                call    assert
.text:0040115C                add     esp, 4
.text:0040115F                test    eax, eax
.text:00401161                jz      short loc_40118E
```

```
.text:00401163              mov      eax, [ebp+var_8]
.text:00401166              sub      eax, [ebp+var_C]
.text:00401169              push     eax
.text:0040116A              call     assert
.text:0040116F              add      esp, 4
.text:00401172              test     eax, eax
.text:00401174              jz       short loc_40118E
text:00401176               mov      ecx, [ebp+var_8]
.text:00401179              sub      ecx, [ebp+var_C]
.text:0040117C              push     ecx
.text:0040117D              mov      edx, [ebp+var_C]
.text:00401180              push     edx
.text:00401181              push     offset aDD        ; "=%d+%d"
.text:00401186              call     printf
.text:0040118B              add      esp, 0Ch
.text:0040118E loc_40118E:                   ;CODE XREF: main+A1↑j
.text:0040118E                                ;main+B4↑j
.text:0040118E              jmp      short loc_40113D
.text:00401190 ;------------------------------------------------
.text:00401190 loc_401190:                   ;CODE XREF: main+91↑j
.text:00401190              push     offset asc_42801C ; "\n"
.text:00401195              call     printf
.text:0040119A              add      esp, 4
.text:0040119D              jmp      loc_401112
.text:004011A2 ;------------------------------------------------
.text:004011A2 loc_4011A2:                   ;CODE XREF: main+61↑j
.text:004011A2              xor      eax, eax
.text:004011A4              pop      edi
.text:004011A5              pop      esi
.text:004011A6              pop      ebx
.text:004011A7              add      esp, 4Ch
.text:004011AA              cmp      ebp, esp
.text:004011AC              call     _chkesp
.text:004011B1              mov      esp, ebp
.text:004011B3              pop      ebp
.text:004011B4              retn
.text:004011B4 main         endp
```

通过分析上述反汇编代码，可以看出，整个汇编程序由 main 和 assert 两个子程序组成，且 main 子程序两次调用（call）assert 子程序。

下面先分析 main 子程序的代码。

```
.text:004010C0 main      proc near     ;CODE XREF: _main↑j
.text:004010C0 var_4C            =byte ptr-4Ch
.text:004010C0 var_C             =dword ptr-0Ch
.text:004010C0 var_8             =dword ptr-8
.text:004010C0 var_4             =dword ptr-4
.text:004010C0          push    ebp
.text:004010C1          mov     ebp, esp
.text:004010C3          sub     esp, 4Ch
.text:004010C6          push    ebx
.text:004010C7          push    esi
.text:004010C8          push    edi
.text:004010C9          lea     edi, [ebp+var_4C]
.text:004010CC          mov     ecx, 13h
.text:004010D1          mov     eax, 0CCCCCCCCh
.text:004010D6          rep stosd
.text:004010D8          push    offset aEnterTheNumber
                        ;"enter the number:\n"
.text:004010DD          call    printf
.text:004010E2          add     esp, 4
.text:004010E5          lea     eax, [ebp+var_4]
.text:004010E8          push    eax
.text:004010E9          push    offset aD        ; "%d"
.text:004010EE          call    scanf
.text:004010F3          add     esp, 8
.text:004010F6          cmp     [ebp+var_4], 4
.text:004010FA          jl      short loc_401109
.text:004010FC          push    offset a422 ; "4=2+2\n"
.text:00401101          call    printf
.text:00401106          add     esp, 4
.text:00401109 loc_401109: ;CODE XREF: main+3A↑j
.text:00401109          mov     [ebp+var_8], 6
.text:00401110          jmp     short loc_40111B
.text:00401112 loc_401112: ;CODE XREF: main+DD↑j
.text:00401112          mov     ecx, [ebp+var_8]
.text:00401115          add     ecx, 2
.text:00401118          mov     [ebp+var_8], ecx
.text:0040111B loc_40111B: ;CODE XREF: main+50↑j
.text:0040111B          mov     edx, [ebp+var_8]
.text:0040111E          cmp     edx, [ebp+var_4]
.text:00401121          jg      short loc_4011A2
.text:00401123          mov     eax, [ebp+var_8]
.text:00401126          push    eax
.text:00401127          push    offset aD        ;"%d"
.text:0040112C          call    printf
.text:00401131          add     esp, 8
.text:00401134          mov     [ebp+var_C], 3
.text:0040113B          jmp     short loc_401146
```

由子程序名 main 可知此段代码为 main 函数,此段代码的功能为 main 作为被调用函数所进行的常规化工作。

分别记 var_4/var_8/var_C 为变量 va/vb/vc。

此段代码对应的 C 代码为:

```
main()
{
```

此段对应的代码为:

```
printf(enter the number:\n);
```

由 call 得知调用 scanf,由前面两个 push 知有两个参数,其对应的代码为:

```
scanf("%d",&va);
```

由 cmp…jl…jmp…可知此段程序为分支语句,对应的 C 代码为:

```
if(va>=4)
   printf("4=2+2\n");
vb=6;
```

此段是赋值操作,其对应的 C 代码为:

```
vb+=2;
```

由 cmp…jg…jmp…知此段代码为分支语句,由 push…push…call printf 可知为 printf 函数调用,其对应 C 代码为:

```
if(vb<=va)
   printf("%d",vb);
vc=3;
```

```
.text:0040113D loc_40113D: ;CODE XREF: main:loc_40118E↓j
.text:0040113D            mov      ecx, [ebp+var_C]
.text:00401140           add      ecx, 2
.text:00401143           mov      [ebp+var_C], ecx
.text:00401146 loc_401146: ;CODE XREF: main+7B↑j
.text:00401146           mov      eax, [ebp+var_8]
.text:00401149           cdq
.text:0040114A           sub      eax, edx
.text:0040114C           sar      eax, 1
.text:0040114E           cmp      [ebp+var_C], eax
.text:00040115 1         jg       short loc_401190
.text:00040115 3         mov      edx, [ebp+var_C]
.text:00040115 6         push     edx
.text:00040115 7         call     assert
.text:0040115C           add      esp, 4
.text:0040115F           test     eax, eax
.text:00040116 1         jz       short loc_40118E
.text:00040116 3         mov      eax, [ebp+var_8]
.text:00040116 6         sub      eax, [ebp+var_C]
.text:00040116 9         push     eax
.text:0040116A           call     assert
.text:0040116F           add      esp, 4
.text:00040117 2         test     eax, eax
.text:00040117 4         jz       short loc_40118E
text:00401176            mov      ecx, [ebp+var_8]
.text:00040117 9         sub      ecx, [ebp+var_C]
.text:0040117C           push     ecx
.text:0040117D           mov      edx, [ebp+var_C]
.text:00401180           push     edx
.text:00401181           push     offset aDD       ;"=%d+%d"
.text:00401186           call     printf
.text:0040118B           add      esp, 0Ch
.text:0040118E loc_40118E: ;CODE XREF: main+A1↑j
.text:0040118E           ;main+B4↑j
.text:0040118E           jmp      short loc_40113D
.text:00401190 ;----------------------------
.text:00401190 loc_401190: ;CODE XREF: main+91↑j
.text:00401190           push     offset asc_42801C ; "\n"
.text:00401195           call     printf
.text:0040119A           add      esp, 4
.text:0040119D           jmp      loc_401112
```

此段是赋值操作,其对应的C代码为:
vc+=2;

由cdq…sar…可知是除法运算;
由cmp…jg…可知是分支语句;
由push…call…可知是函数调用;
由test…jz可知是分支语句;
由test eax, eax及.text:00401072处的 mov eax,[ebp+var_4]指令知道assert通过eax进行返回值的传递。
据此分析,此段代码对应的C程序为:
```
vb=vb/2;
if(vc<=vb)
  if(assert(vc)){
    if(assert(vb-vc))
      printf("=%d+%d",vc,vb-vc);
  }
```

由代码结构
```
loc_401112:...
    ...
  loc_40113D:...
    ...
  jmp short loc_40113D
  ...
jmp loc_401112
```
可知此代码为嵌套循环。

```
.text:004011A2 ;------------------------------
.text:004011A2 loc_4011A2: ;CODE XREF: main+61↑j
.text:004011A2              xor      eax, eax
.text:004011A4              pop      edi
.text:004011A5              pop      esi
.text:004011A6              pop      ebx
.text:004011A7              add      esp, 4Ch
.text:004011AA              cmp      ebp, esp
.text:004011AC              call     __chkesp
.text:004011B1              mov      esp, ebp
.text:004011B3              pop      ebp
.text:004011B4              retn
.text:004011B4 main         endp
```

由 pop…add. esp, 4ch… retn 及 main endp 可知此段代码为 main 函数的返回；

由 xor eax, eax 可知 main 的返回值为 0；

据此，其对应的 C 代码为：

return 0;

}

接下来分析 assert 子程序的代码。

```
.text:00401020 ;=========S U B R O U T I N E=========
.text:00401020 ; Attributes: bp-based frame
.text:00401020 assert     proc near     ; CODE XREF: j_assert↑j
.text:00401020 var_48        =byte ptr-48h
.text:00401020 var_8         =dword ptr-8
.text:00401020 var_4         =dword ptr-4
.text:00401020 arg_0         =dword ptr  8
.text:00401020              push     ebp
.text:00401021              mov      ebp, esp
.text:00401023              sub      esp, 48h
.text:00401026              push     ebx
.text:00401027              push     esi
.text:00401028              push     edi
.text:00401029              lea      edi, [ebp+var_48]
.text:0040102C              mov      ecx, 12h
.text:00401031              mov      eax, 0CCCCCCCCh
.text:00401036              rep stosd
.text:00401038              mov      [ebp+var_4], 1
.text:0040103F              mov      [ebp+var_8], 2
.text:00401046              jmp      short loc_401051
.text:00401048 ;------------------------------
.text:00401048 loc_401048: ;CODE XREF: assert:loc_401070↑j
.text:00401048              mov      eax, [ebp+var_8]
.text:0040104B              add      eax, 1
.text:0040104E              mov      [ebp+var_8], eax
.text:00401051 loc_401051: ;CODE XREF: assert+26↑j
.text:00401051              mov      ecx, [ebp+arg_0]
.text:00401054              sub      ecx, 1
```

由 assert proc near 可知此段代码为 assert 函数；

根据前面的知识可知此段代码的功能为 assert 作为被 main 调用所进行的常规化工作。

分别记 arg_0/var_4/var_8 为变量arg0/vaa/vbb。

此段代码对应的 C 代码为：

assert()

{

由代码结构
loc_401048:
    …
    jmp short loc_401048

可知此段代码为循环。

由此，此段代码对应的 C 代码如下：

vaa=1;

vbb=2;

```
.text:00401057              cmp       [ebp+var_8], ecx
.text:0040105A              jge       short loc_401072
.text:0040105C              mov       eax, [ebp+arg_0]
.text:0040105F              cdq
.text:00401060              idiv      [ebp+var_8]
.text:00401063              test      edx, edx
.text:00401065              jnz       short loc_401070
.text:00401067              mov       [ebp+var_4], 0
.text:0040106E              jmp       short loc_401072
.text:00401070 ;---------------------------
.text:00401070 loc_401070: ;CODE XREF: assert+45↑j
.text:00401070              jmp       short loc_401048
.text:00401072              ;assert+4E↑j
.text:00401072              mov       eax, [ebp+var_4]
.text:00401075              pop       edi
.text:00401076              pop       esi
.text:00401077              pop       ebx
.text:00401078              mov       esp, ebp
.text:0040107A              pop       ebp
.text:0040107B              retn
.text:0040107B assert       endp
```

```
for (;vbb< (arg0-
1);vbb+=1)
{
    if(arg0 %vbb==
0){
        vaa=0;
        break;
    }
}
```

由pop···retn及assert endp可知此段代码为assert函数的返回；

由mov eax,[ebp+var_4]可知 assert的返回值为vaa；因此其对应C代码为：
```
    return vaa;
}
```

接下来，根据上面分析出的局部 C 代码，粗略构建整个反汇编代码的 C 源代码架构。

```
main()
{
    printf(enter the number:\n);
    scanf("%d",&va);
    if(va>=4)
        printf("4=2+2\n");
    vb=6;
    jmp short loc_40111B
loc_401112 :
    vb+=2;
loc_40111B :
    if(vb<=va)
        printf("%d",vb);
    vc=3;
    jmp short loc_401146
    loc_40113D :
        vc+=2;
    loc_401146 :
        vb=vb/2;
        if(vc<=vb)
```

将前面构建出的main局部C代码整合，得到左边部分的源代码。

从左边的源代码及前面的分析可以知道，此代码中包含一个嵌套循环。loc_401112 及 jmp loc_401112 构成了外层循环；loc_40113D 及 jmp short loc_401113D 构成了内存循环。

从左边的代码可以看到，里面一共用到 va、vb 和 vc 3 个整型变量，因此需要定义 int va,vb,vc；

由最后的 return 0 可知 main 函数有 int 类型的返回值。

```
        if(assert(vc)){
            if(assert(vb-vc)){
                printf("=%d+%d",vc, vb-vc);
            }
        }
    jmp short loc_401113D
    printf("\n");
jmp loc_401112
    return 0;
}
assert()
{
    vaa=1;
    vbb=2;
    for(;vbb< (arg0-1);vbb+=1)
    {
        if(arg0 %vbb==0)
        {
            vaa=0;
            break;
        }
    }
    return vaa;
}
```

　　将前面构建出的局部 assert C 代码整合，得到左边部分的源代码。

　　从左边的代码可以看到，里面一共用到 vaa、vbb 和 arg0 3 个整型变量，由于 arg0 为函数调用参数，因此需要定义 int vaa,vbb；

　　由最后的 return vaa 可知 assert 函数有 int 类型的返回值。

经过上面的分析及整合，得到反汇编代码的最终 C 源代码。

```
int assert(int arg0)
{
    int vaa,vbb;
    vaa=1;
    vbb=2;
    for(;vbb< (arg0-1);vbb+=1)
    {
        if(arg0 %vbb==0)
        {
            vaa=0;
            break;
        }
    }
    return vaa;
}
int main()
{
    int va,vb,vc;
```

```
printf(enter the number:\n);
scanf("%d",&va);
if(va>=4)
    printf("4=2+2\n");
vb=6;
for(;vb<=va;vb+=2)
{
    printf("%d",vb);
    for(;vc<=vb;vc+=2)
    {
        if(assert(vc))
        {
            if(assert(vb-vc))
                printf("=%d+%d",vc, vb-vc);
        }
    }
    printf("\n");
}
return 0;
}
```

单元测试 9

一、选择题

1. （　　）是指从可运行的程序系统出发，运用解密、反汇编、系统分析、程序理解等多种计算机技术，对软件的结构、流程、算法、代码等进行逆向拆解和分析，推导出软件产品的源代码、设计原理、结构、算法、处理过程、运行方法及相关文档等。

　　A. 软件工程　　　　　　　　　　B. 软件逆向工程

　　C. 软件再生工程　　　　　　　　D. 以上说法都不正确

2. （　　）指令给出的地址就是被调用函数的起始地址。

　　A. CMP　　　　　B. CALL　　　　　C. RET　　　　　D. MOV

3. 在函数调用的参数传递过程中，（　　）不必在程序中明确说明。

　　A. 当函数有一个以上的参数时，按照哪种顺序把参数压入堆栈

　　B. 函数调用完成后，由谁来把堆栈恢复至调用前的状态

　　C. 函数的返回值保存在什么地方

　　D. 被调用函数的函数名是什么

4. cdecl 约定中，在被调用的函数完成其操作时，（　　）负责清理堆栈。

　　A. 调用函数　　　　B. 被调用函数　　　C. 系统　　　　　　D. 汇编器

5. cdecl 调用约定又称为 C 调用约定，是 C 语言默认的调用约定。调用方按（　　　）

的顺序将函数参数压入栈中。

    A. 从左到右   B. 从右到左

    C. 从中间到两边   D. 从两边到中间

二、填空题

1. 函数调用时不仅要知道被调用函数的原型,而且还要知道被调用函数的参数传递的方法。_____指定调用方放置函数所需参数的具体位置。

2. 在高级语言中,函数的返回值通常是由 return 操作符返回的一个值。而在反汇编代码中,函数通常把返回值存入_____寄存器之中。如果函数的处理超出了_____的容量,那么返回值的高 32 位会存入_____寄存器中。而对于浮点型返回值,大多是通过_____来存放的。

3. if…else 语句编译成汇编代码后,整数用_____指令比较,而浮点值用_____、_____等指令比较。

4. 通常 switch 有多个判断,而且还不用判断大于小于,因此反汇编中基本都是_____,分别跳转到每个对应的 case 处。最后一个跳转是_____,直接跳转到 default 处。

5. 在汇编代码中,一般是用_____寄存器来做循环的计数器,用_____命令来检测循环是否结束。

6. while 和 do…while 循环就是一个简单的条件跳转,主要包括_____和_____两条指令,其主要差别在于执行循环体的先后。

7. 在大多数情况下,编译器都使用_____和_____指令来调用函数和在函数执行完成后返回到调用位置。

8. _____指令给出的地址就是被调用函数的起始地址,_____指令结束函数的执行。

9. 函数用堆栈传递参数时,平栈方式有两种即函数_____平栈和_____平栈。在确定_____时,可以根据存放在堆栈中的字节数与从堆栈中弹出的字节数是否相等来判定。

10. 在函数执行前,程序先_____,函数的各个参数和返回地址先后都压入堆栈。

11. 函数执行时,先打开堆栈页面,保存 EBP 寄存器的值,并将它设置成与_____寄存器相等。然后根据函数中所有局部变量所需空间大小,在位于栈顶的上方划分出一段空闲堆栈区,用来存储局部变量。函数在执行过程中,可以对这段空间进行读写操作。在函数执行完成后,空闲堆栈区被释放,函数从堆栈中恢复_____的值,同时关闭堆栈页面,局部变量也随之消失。

三、简答题

1. 什么是逆向工程?什么是反汇编?常用反汇编工具有哪些?

2. 常用函数调用约定有哪些？

3. 如何还原出反汇编程序中的函数原型？

4. 如何理解反汇编程序中数组和结构体？

5. 如何理解反汇编程序中的分支语句？

6. 如何理解反汇编程序中的循环语句？

附录 A

单元测试参考答案

单元测试 1

一、选择题

1. D 2. B 3. C 4. D 5. D 6. C 7. A 8. A 9. D 10. D

二、填空题

1. 微型计算机(Microcomputer)
2. 运算器、控制器、存储器、输入设备、输出设备
3. 程序计数器(PC)、指令寄存器(IR)、指令译码器(ID)、时序控制电路、微操作控制电路
4. 主存储器、辅存储器
5. 数据总线、地址总线、控制总线
6. 执行部件(EU)、总线接口部件(BIU)
7. 数据寄存器
8. 地址指针寄存器
9. 指令指针寄存器 IP
10. 标志寄存器
11. 系统软件、应用软件
12. 系统软件
13. 应用软件
14. 计算机软件、硬件技术
15. 总线接口、高速缓存、指令预取、指令译码、控制部件、算术逻辑运算、浮点运算、分段、分页
16. 总线接口部件、代码预取部件、指令译码部件、执行部件、存储器管理部件、控制部件
17. 通用寄存器组、段寄存器、指令指针及标志寄存器、系统地址寄存器、控制寄存器、调试寄存器、测试寄存器

18. 1MB、00000H～FFFFFH

19. 字长

20. 逻辑地址、物理地址

三、判断题

1. 错　2. 错　3. 错　4. 对　5. 对　6. 错　7. 对　8. 错　9. 错　10. 对

四、简答题

1～8 略

9. (1)30050H　(2)30100H　(3)31100H　(4)25010H　(5)300A0H　(6)30110H
(7)30150H　(8)301F0H

单元测试 2

一、选择题

1. A　2. B　3. C　4. D　5. B　6. A　7. D　8. A　9. D　10. C

二、填空题

1. 计算机语言或程序设计语言

2. 机器语言、汇编语言、高级语言、4GL

3. 机器语言

4. 汇编语言

5. 编译方式、解释方式

6. Java

7. C 语言，Ada，C 和 Modula-2，COBOL，FORTRAN，Lisp，Prolog

8. 顺序结构、选择结构、循环结构

9. 顺序结构

10. 选择结构

11. 循环结构

12. 当型循环结构、直到型循环结构

13. 自顶向下

14. 逐步求精

15. 模块化

16. 面向对象程序设计

17. 清晰第一、效率第二

18. 程序设计

19. 分析所求解的问题、抽象数学模型、选择合适算法、编写程序、调试通过

20. 自顶向下、逐步求精、模块化、限制使用 goto 语句

三、判断题

1. 错　2. 对　3. 错　4. 对　5. 错　6. 错　7. 错　8. 对　9. 对　10. 对

四、简答题

略。

单元测试 3

一、选择题

1. A　2. C　3. C　4. B　5. B　6. A　7. D　8. B　9. B　10. C
11. D　12. A　13. B　14. C　15. A　16. A　17. D　18. A　19. C　20. C

二、填空题

1. 指令

2. 操作码、操作数

3. 操作数本身、操作数地址。

4. 数据传送指令、算术运算指令、逻辑运算指令、串操作指令、处理器控制指令、控制转移指令。

5. 寄存器操作数、存储器操作数

6. 寄存器或存储单元地址

7. 立即寻址

8. 寄存器寻址

9. DS

10. SS

11. 偏移量(偏移地址)

12. 源操作数、目的操作数、目的操作数

13. 立即寻址

14. 减 2、加 2

15. BX、AX、(DX,AX)

16. BX、AL

17. (DX,AX)

18. XCHG　AX,BX

19. 将寄存器 AL 中数据的符号位扩展到 AH 中、将寄存器 AX 中数据的符号位扩展到 DX 中、不确定。

20. 1FFFH、0000H

三、判断题

1. 错　2. 对　3. 错　4. 错　5. 对　6. 对　7. 对　8. 对　9. 错　10. 对

四、程序分析题

1. AX 的内容是 0FFFFH、ZF＝0

2. AX 的内容是 6156H,CF＝1

3. AX 的内容是 0001H、CF＝0

4. AX、BX 的内容是 0,0EDCCH,CF＝1

5. （1）该程序段的功能是将 AX 的内容循环左移 8 位以后,与 BX 的内容相加。
　（2）AX 的内容是 3478H

6. （1）该程序段的功能是将 AH 的内容高 4 位与低 4 位互换
　（2）指令序列执行后 AH 的内容是 23H

7. 将 DX、AX 中的 32 位数左移 4 位

8. AX 的内容是 0B08DH

五、简答题

略。

单元测试 4

一、选择题

1. A　2. A　3. D　4. B　5. A　6. C　7. B　8. D　9. D　10. D
11. B　12. C　13. A　14. C　15. B　16. C　17. B　18. D　19. A　20. B

二、填空题

1. 标号

2. 变量

3. 段属性,偏移属性,类型属性

4. 字节数,BYTE(字节),WORD(字),DWORD(双字)

5. DB

6. NEAR,FAR

7. 指示性语句/伪指令

8. 一段程序

9. 立即数,地址表达式

10. SEGMENT,ENDS

11. END

12. 段地址,字节数

13. 一,多

14. $

15. ASSUME,ASSUME 段寄存器名：段名

16. EQU,=,CONT EQU 10,CONT=10

17. 14、2、1、0、1、0、1、0、2、1、0、1、0、1、0、28

18. NEAR,FAR

19. 相同,相同,不相同

20. 0000H～0FFFH

三、判断题

1. 对　2. 错　3. 错　4. 对　5. 错　6. 错　7. 错　8. 对　9. 对　10. 错

四、程序分析题

1. 将 DATA1 组成中的第三个数送到 BUFF 数据缓冲区存放。

2. (1) (AX)=2210H　(BX)=3210H

(2) (DATA1)=2210H　(DATA1+2)=3210H

3. (DX)=10,(AX)=10

4. (BX)=200H,(SI)=1234H,(DI)=5678H,(DS)=1000H,(ES)=2000H

5. (AX)=−1/0FFFFH,(BX)=2000H,(DS：2000H)=−1/0FFFFH

6. (1) NUM3 的偏移地址 300

(2) 为 ARRAY 分配了 690 个字节单元。

7. (DATA)=3456H,(DATA2+1)=0030H,(BX)=200H,(SI)=204H。

8. (AX)=5678H,(BX)=100H,(CX)=1234H

9. (AX)=100CH,(BX)=1000H,(CX)=5678H

(DX)=1234H,(SI)=1000H,(SI+2)=35H

10. (AX)=0FF00H,(BX)=0FFFFH,(DX)=0002H

五、简答题

略。

单元测试 5

一、选择题

1. C　2. B　3. A　4. B　5. A　6. B　7. D　8. C　9. B　10. B

11. A　12. B　13. C　14. B　15. C　16. D　17. D　18. C　19. C　20. C

二、填空题

1. JZ　LAB1、JNZ　LAB1
2. JO　LAB1、JNO　LAB1
3. JA/JNBE LAB1
4. 先后次序、条件转移指令
5. 无条件转移指令、条件转移指令
6. 编号值×2＋入口地址表首地址
7. 数据段、与指令相同的代码段
8. (CX)＝0、(CX)＝0 或 ZF＝0 、(CX)＝0 或 ZF＝1
9. 循环初始化、循环体、循环控制
10. (CX)≠0、(CX)≠0 且 ZF＝1、(CX)≠0 且 ZF＝0
11. AL、AX、SI
12. 0、加 1
13. 循环次数、减 1
14. DEC CX、JNZ LOP
15. 过程
16. NEAR、FAR
17. 子程序嵌套调用、子程序递归调用
18. 堆栈
19. 大于
20. 寄存器、变量、堆栈

三、判断题

1. 对　 2. 对　 3. 错　 4. 对　 5. 对　 6. 错　 7. 错　 8. 对　 9. 错　 10. 对

四、程序分析题

1. (1) 该程序完成的功能是分别统计从 ARRAY 开始的单元存放的奇数、偶数的个数。

(2) 程序执行后，DA1 和 DA2 单元的内容分别是 05H 和 02H。

2. (1) 该程序完成的功能是分别统计从 ARRAY 开始的单元存放的正数、负数的个数。

(2) 程序执行后，DA1 和 DA2 单元的内容分别是 6(06H) 和 4(04H)。

3. (1) 该程序完成的功能是实现两个数相加，并判断是否有溢出。

(2) DA3 和 DA4 单元的内容分别是 0FH 和 0。

4. (1) 该程序完成的功能是寻找 3 个数中的最大值。

(2) 程序执行后，RESULT 单元的内容是 90H。

5. (1) 统计数组 ARRAY 中 60~69 之间的个数。(2) 3

6. 将内存中从 BUFF 开始的 100 个字节存储单元内容清 0。

7. 自 BUFF 开始的 10 个存储单元的内容为均 0AH。

8. 该程序完成的功能是求 1～10 的平方和。

9. 该程序完成的功能是统计 AX 寄存器内容二进制"1"的个数。

10. 该程序完成的功能是将 AX 的内容左移 4 位,将 BX 的内容右移 4 位。

五、简答题

略。

六、程序设计题

略。

单元测试 6

一、选择题

1. A　　2. C　　3. C　　4. B　　5. B　　6. A　　7. D　　8. D　　9. C　　10. C

二、填空题

1. 文件、内存

2. 直接访问硬件、使用 DOS 功能调用、使用 BIOS 功能调用

3. n=5～1FH,n=20～3FH

4. 设备管理、文件管理、进程管理

5. 操作系统、.exe 文件

6. 装入程序、终止当前进程

7. 绝对读盘,INT 26H

8. Ctrl+Break 键

9. AH=0、打印机初始化

10. DL≠0FFH、不检查 Ctrl+Break

三、判断题

1. 错　　2. 错　　3. 错　　4. 错　　5. 对　　6. 错　　7. 对　　8. 对　　9. 错　　10. 对

四、简答题

略。

五、程序设计题

略。

单元测试 7

一、选择题

1. A　2. A　3. C　4. C　5. D　6. A　7. B　8. D　9. A　10. B
11. C

二、填空题

1. 代码、存储空间、运行速度。
2. 内存空间、直接控制硬件、内部结构
3. 嵌入、调用
4. BX、DI、SI、BP 和 SP，弹出
5. 存储器、寄存器
6. "."、成员名称
7. 汇编语言源文件(.asm)、目标文件(.obj)、执行文件(.exe)
8. 调用汇编子程序、大存储、小存储
9. 成员函数、清除堆栈
10. CALL NEAR PTR_函数名
11. CDECL、_STDCALL、_FASTCALL
12. AX 或 DX：AX、保存
13. 下划线
14. ｛EXTERN_函数名：函数类型｝、｛EXTERN_变量名：变量类型｝
15. PUSH BP、POP BP、SP
16. .GLOBAL

三、判断题

1. 错　2. 错　3. 错　4. 错　5. 对　6. 错　7. 对　8. 对　9. 错　10. 对

四、简答题

1. 答：

```
_STDCALL 调用约定代码片段
;调用函数
…
PUSH    PARAM3
PUSH    PARAM2
PUSH    PARAM1
CALL    SUBPROC
…
```

;被调用函数

```
PUSH    BP
MOV     BP, SP
...
MOV     SP, BP
POP     BP
RET     12
```

(清除堆栈)

2. 答：

_CDECL 调用约定代码片段

;调用函数

```
...
PUSH    PARAM3
PUSH    PARAM2
PUSH    PARAM1
CALL    SUBPROC
ADD     SP, 12
```

(清除堆栈)

```
...
```

;被调用函数

```
PUSH    BP
MOV     BP, SP
...
MOV     SP, BP
POP     BP
RET
```

3. 答：

（1）用值：C/C++ 调用程序传送变量的一个副本在堆栈中。被调用的汇编模块可以修改传送的值，但不能访问调用程序原来的值。如果有一个以上的参数，C/C++ 从最右边的参数开始使它们进栈。

（2）用近引用：调用程序传送数据项值的偏移地址。被调用的汇编模块假设和调用程序共享同一个数据段。

（3）用远引用：调用程序传送段与偏移地址（段在前，然后是偏移地址）。被调用的汇编模块假设使用与调用程序不同的数据段。被调用的程序可以使用 LDS 或 LES 指令来初始化段地址。

4. 略。

五、程序设计题

略。

单元测试 8

一、选择题

1. C 2. B 3. A 4. C 5. D 6. A 7. B 8. D 9. A 10. B 11. C
12. D

二、填空题

1. 闪烁、反相、前景色
2. 扫描码
3. 通码、断码
4. 功能键、控制键、双态键、特殊请求键
5. 键盘中断处理程序
6. 双态键、控制键、功能键
7. 15
8. 文件管理、目录组织
9. 客户记录、库存供应、姓名地址表
10. INT 21H、INT 13H
11. 3CH 或 3DH
12. 文件指针、起始位置

三、判断题

1. 错 2. 错 3. 错 4. 错 5. 对 6. 错 7. 对 8. 对 9. 错 10. 对

四、简答题

略。

五、程序设计题

1. 参考程序段

```
GET_KEY:    MOV      AH, 1 INT 21H
            CMP      AL , 'Y'
            JE       YES
            CMP      AL, 'N'
            JE       NO
            JNE      GET_KEY
```

2. 参考程序段

```
WAIT_HERE: MOV      AH, 7
```

```
        INT      21H
        CMP      AL, 0DH
        JNE      WAIT_HERE
```

3. 参考程序段

```
        CODE     SEGMENT
        ASSUME   CS:CODE
        MOV      AH,7
        INT      21H
        CMP      AL,0
        JE       GET_CHAR
        JMP      ERROR
GET_CHAR: MOV    AH,7
        INT      21H
        CMP      AL,3BH              ;F1
        JE       OPTION1
        CMP      AL,3CH              ;F2
        JE       OPTION2
        MOV      AH,4CH
        INT      21H
        CODE     ENDS
        END
```

4. 参考程序

```
        DATA     SEGMENT
        SMAX     DB 21
        SACT     DB ?
        STRI     DB 21 DUP(?)
        DATA     ENDS
        CODE     SEGMENT
        ASSUME   CS:CODE,DS:DATA
START:  MOV      AX,DATA
        MOV      DS,AX
        LEA      DX, STRI
        MOV      AH,0AH
        INT      21H
        MOV      AH,4CH
        INT      21H
        CODE     ENDS
        END      START
```

5. 参考程序

```
        CODE     SEGMENT
        ASSUME   CS:CODE
```

```
START:      MOV       CH,5
            MOV       CL,7
            MOV       AH,1
            INT       10H
            MOV       DH,5
            MOV       DL,6
            MOV       BH,0
            MOV       AH,2
            INT       10H
            MOV       AH,4CH
            INT       21H
            CODE      ENDS
            END       START
```

6. 参考程序

```
            CLEAR     SEGMENT
            ASSUME    CS:CLEAR
            MOV       AH,6
            MOV       AL,0
            MOV       BH,7
            MOV       CH,0
            MOV       CL,0
            MOV       DH,24
            MOV       DL,79
            INT       10H
            MOV       DX,2
            MOV       AH,2
            INT       10H
            MOV       AH,4CH
            INT       21H
            CLEAR     ENDS
            END
```

7. 参考程序

```
            CLEAR     SEGMENT
            ASSUME    CS:CLEAR
            MOV       AH,7
            MOV       AL,0
            MOV       BH,70H
            MOV       CH,0
            MOV       CL,0
            MOV       DH,24
            MOV       DL,39
            INT       10H
```

```
        MOV       DX,2
        MOV       AH,2
        INT       10H
        MOV       AH,4CH
        INT       21H
        CLEAR     ENDS
        END
```

8. 参考程序

```
        DATA      SEGMENT
        FNAME     DB 'C:\MASM\FILE1.DAT',0
        FNAME1    DB 'C:\MASM\FILE2.DAT',0
        DTA       DB 80H DUP(0)
        DTA1      DB 80H DUP(0)
        DATA      ENDS
        CODE      SEGMENT
        ASSUME    CS:CODE,DS:DATA
START:  MOV       AX,DATA
        MOV       DS,AX
        MOV       ES,AX
        MOV       DX,OFFSET FNAME
        MOV       AL,0
        MOV       AH,3DH
        INT       21H
        MOV       SI,AX
        MOV       BX,SI
        MOV       DX,OFFSET DTA1
        MOV       CX,10H
        MOV       AH,3FH
        INT       21H
        MOV       DI,AX
        MOV       AH,3EH
        INT       21H
        MOV       DX,OFFSET FNAME1
        MOV       CX,0
        MOV       AH,3CH
        INT       21H
        MOV       SI,AX
        MOV       DX,OFFSET DTA1
        MOV       CX,DI
        MOV       BX,SI
        MOV       AH,40H
        INT       21H
        MOV       BX,SI
```

```
MOV      AH, 3EH
INT      21H
MOV      AH, 4CH
INT      21H
CODE     ENDS
END      START
```

单元测试 9

一、选择题

1. B　2. B　3. D　4. A　5. B

二、填空题

1. 函数调用约定
2. EAX、EAX、EDX、协处理器堆栈
3. CMP、FCOM、FCOMP
4. JE/JZ、无条件跳转
5. ECX、CMP
6. 比较、跳转
7. CALL、RET
8. CALL、RET
9. 内部、外部、参数个数
10. 保护现场
11. ESP、EBP

三、简答题

略。

附录 B

80x86 指令集

指 令 格 式	类　　型	功　　能	操　作　数
MOV dst,src 传送	W/B	dst←(src)	REG←REG/MEM/DATA/SEG MEM←REG/DATA/SEG/AC SEG←REG/MEM AC←MEM
PUSH src 压入	W	SP←(SP)−2 (SP)←(src)	src=REG/MEM/SEG
POP dst 弹出	W	dst←((SP)) SP←(SP)+2	dst=REG/MEM/SEG
XCHG oprl,opr2 交换	W/B	(oprl)←→(opr2)	REG—REG/MEM/SEG
IN AC,port 端口输入	W/B	AC←(port)	端口号 port=DATA/DX
OUT port,AC 端口输出	W/B	port←(AC)	端口号 port=DATA/DX
ZLAT 字符转换	B	AL←([BX+AL])	
LEA REG,src 传送偏移	W	REG←src 的偏移	src=MEM
LDS REG,src 逻辑地址	W	REG←src 的偏移 DS←src 的段基址	src=MEM
LES REG,src 逻辑地址	W	REG←src 的偏移 ES←src 的段基址	src=MEM
LAHF 保存标志	B	AH←ALAGS 低字节	
SAHF 恢复标志	B	FLAGSD 低字节←AH	
PUSHF 压入标志	W	SP←(SP)−2 (SP)+1|(SP)←FALGS	
POPF 弹出标志	W	SP←(SP)−2 (SP)+1|(SP)←FALGS	

续表

指令格式	类　型	功　能	操　作　数
ADD dst,src 加法	W/B	dst←(dst)+(src)	
ADC dst,src 进位加法	W/B	dst←(dst)+(src)+CF	REG—REG/MEME/DATA MEM—REG/DATA AC—DATA
INC dst 加1	W/B	dst←(dst)+1	dst=REG/MEM
SUB dst,src 减法	W/B	dst←(dst)−(src)	REG—RGE/MEM/DATA MEM—REG/DATA AC—DATA
SBB dst,src 借位减法	W/B	dst←(dst)−(src)−CF	REG—REG/MEM/DATA MEM—REG/DATA AC—DATA
DEC dst 减1	W/B	dst←(dst)−1	dst=REG/MEM
CMP dst,src 比较	W/B	(dst)−(src)	REG—REG/MEM/DATA MEM—REG/DATA AC—DATA
NEG dst 取负	W/B	dst←0−(src)	dst=REG/MEM
MUL src 无符号乘法	B/W	AX←(AL)*(src)/DX|AX←(AX)*(src)	src=BYTE/REG/MEM /src=WORD/REG/MEM
IMUL src 有符号乘法	B/W	AX←(AL)*(src)/DX|AX←(AX)*(src)	src=BYTE/REG/MEM /src=WORD/REG/MEM
DIV src 有符号除法	B/W	AH 余|AL 商←(AX)/(src) DX 余|AL 商←(AX)/(src)	src=BYTE/REG/MEM /src=WORD/REG/MEM
IDIV src 有符除法	B/W	AH 余|AL 商←(AX)/(src) DX 余|AL 商←(AX)/(src)	src=BYTE/REG/MEM /src=WORD/REG/MEM
DAA 加法的压缩 BCD 调整	B	AL←(AL)中的和经过调整	
DAS 减法的压缩 BCD 调整	B	AL←(AL)中的和经过调整	
AAA 加法的非压缩 BCD 调整	B	AL←(AL)中的和经过调整 AL←(AH)+调整产生的进位	
AAM 乘法的非压缩 BCD 调整	B	AL←(AH)中的积经过调整	

续表

指 令 格 式	类 型	功 能	操 作 数
AAD 除法的非压缩 BCD调整	B	AL←10 * (AH)+(AL) AH←0	
AND dst, src 逻辑与	W/B	dst←(dst)∧(src)	REG—REG/MEM/DATA MEM—REG/DATA AC—DATA
OR dst, src 逻辑或	W/B	dst←(dst)∨(src)	REG—REG/MEM/DATA MEM—REG/DATA AC—DATA
XOR dst,src 逻辑异或	W/B	dst←(dst)⊕(src)	REG—REG/MEM/DATA MEM—REG/DATA AC—DATA
NOT dst 逻辑非	W/B	dst←~(dst)	dst=REG/MEM
TEST dst, src 测试		(dst)∧(src)	REG—REG/MEM/DATA MEM—REG/DATA AC—DATA
SHL dst,cn SAL dst,cn 左移	W/B	把(dst)左移,移动位数由 cn 指出,最低位补 0	dst=REG/MEM cn=1/CL
SHR dst,cn 逻辑右移	W/B	把(dst)右移,移动位数由 cn 指出,最高位补 0	dst=REG/MEM cn=1/CL
SAR dst,cn 算术右移	W/B	把(dst)右移,移动位数由 cn 指出,最高位维持不变	dst=REG/MEM cn=1/CL
ROL dst,cn 循环左移	W/B	把(dst)右移,移动位数由 cn 指出,最低位由最高位填补	dst=REG/MEM cn=1/CL
ROR dst,cn 循环右移	W/B	把(dst)右移,移动位数由 cn 指出,最高位由最低位填补	dst=REG/MEM cn=1/CL
RCL dst,cn 带进位循环左移	W/B	把(dst)右移,移动位数由 cn 指出,最低位用 CF 填补,最高 位移入 CF	dst=REG/MEM cn=1/CL
RCR dst,cn 带位位循右移	W/B	把(dst)右移,移动位数由 cn 指出,最高位用 CF 填补,最低 位移入 CF	dst=REG/MEM cn=1/CL
MOVSB MOVSW 串传送	B/W	ES:(di)←(DS(si)) si←(si)←±1 或 2 di←(di)←±1 或 2	操作数是隐含的:DS、SI、ES、 DI、方向 DF
STOSB STOSW 串存储	B/W	ES:(di)←(AC) di←(di)←±1 或 2	操作数是隐含的:AC、ES、DI、方 向 DF

指令格式	类型	功能	操作数
LODSB LODSW 串装入传送	B/W	AC←(DS(si)) si←(si)←±1 或 2 di←(di)←±1 或 2	操作数是隐含的：DS、SI、方向 DF
CMPSB CMPSW 串比较	B/W	(DS(si))−(ES(di)) si←(si)←±1 或 2 di←(di)←±1 或 2	操作数是隐含的：DS、SI、ES、DI、方向 DF
SCASB SCASW 串查找	B/W	(AC)−(ES:(di)) di←(di) ±1 或 2	操作数是隐含的：AC、ES、DI、方向 DF
REP strins 计算重复前缀		重复执行串指令 strins，直到 (CX)=0 为止 常与 MOVS 和 STOS 连用	
REPZ/REPE strins 计数 0 条件重复前缀		重复执行串指令，直到 (CX)=0 或 ZF=0 为止 常与 CMPS 和 SCAS 连用，寻找相等者	
REPNZ/REPNE strins 计算非 0 条件重复前缀		重复执行指令 strins，直到 (CX)=0 或 ZP=1 为止 常与 CMPS 和 SCAS 连用寻找不等者	
JMP SHORT lab JMP NEAR PTR lab JMP lab 段内直接转移		将控制转移到内标号 lab 处	lab 是本段内的标号，对于第一种形式要求 lab 处于范围[$ −126, $ +129]中
JMP FAR PTR lab 段内间接转移		将控制转移到某段内的标号 lab 处	lab 是某种内的标号，这里的某段可以是本段，也可以是其他段
JMP WORD PTR src 段内间接转移	W	将 src 的内容送入 IP	src＝MEM/REG
JMP DWORD PTR src 段间间接转移	DWORD	将 src 开始的第一个字送入 IP，第二个字送入 CS	src＝MEM
Jxxx lab 条件转移，此处 Jxxx 可以是 JE JZ JNE JNZ JG JNLE JGE JNL JL JNGE JLE JNG JA JNBE JAE JNB JB JNAE JBE JNA JC JNC JO JNO JS JNS		xxx 代表条件，如果条件满足，将控制转移到标号 lab 处，否则继续执行	lab 是本段内处于范围[$ −126, $ +129]中的标号

续表

指 令 格 式	类 型	功 能	操 作 数
JCXZ LAB CX 为 0 转移		如果(CX)=0,将控制转移到标号 lab 处,否则继续执行。 (CX)−1→CX	lab 是本段内处于范围[$−126,$+129]中的标号
LOOP lab 循环指令		如果(CX)≠0,转向 lab;否则执行下一条指令	lab 是本段内处于范围[$−126,$+129]中的标号
LOOPZ/LOOPE lab 等于循环指令		(CX)−1→CX 如果 ZF=1 且(CX)≠0,转向 lab;否则执行下一条指令	lab 是本段内处于范围[$−126,$+129]中的标号
LOOPZ/LOOPNE lab 不等于循环指令		(CX)−1→CX 如果 ZF=0 且(CX)≠0,转向 lab;否则执行下一条指令	lab 是本段内处于范围[$−126,$+129]中的标号
CALL NEAR PTR proc CALL proc 直接近调用	NEAR	保留返址:(SP)−2→SP (IP)→(SP) 控制转移:OFFSET proc→IP	proc 是本段内的过程名
CALL FAR PTR proc 直接远调用	FAR	保留返址:(SP)−4→SP (CS)→(SP) (IP)→(SP+2) 控制转移:OFFSET proc→IP SEG proc→CS	proc 可以是本段或他段中的过程名
CALL WORD PTR src 间接近转移	W	保留返址:(SP)−2→SP (IP)→SP 控制转移:(src)→IP	src=MEM/REG
CALL DWORDPTR src 间接远调用	DWORD	保留返址:(SP)−4→SP (CS)→SP (IP)→(SP+2) 控制转移:(src)→IP (src+2)→CS	src=MEM
RET RET n 过程返回	NEAR/FAR	近返回:((SP))→IP (SP)+2+n→SP 远返回:((SP))→IP (SP)+2→SP ((SP))→CS (SP)+2+n→SP	n=DATA,是正偶数,为空取0值。此指令所在过程的类型 NEAR/FAR,决定了本指令的类型
INTn 中断		保留:(SP)+6→SP	n=DATA
INT3 断点中断 (等价于 INT3)		(FLAGS)→(SP+4) (CS)→(SP+2)	

续表

指 令 格 式	类　型	功　能	操　作　数
INTO 溢出中断 （如果 OF＝1,等价 于 INT4）		(IP)→(SP) 转移：(0：n×4)→IP (0：n×4＋2)→CS	
IRET 从中断返回		((SP))→IP ((SP＋2))→(CS) ((SP)＋4)→IP (SP)＋4→SP	
CBW CWD 符号扩展	B/ W	(AL)符号扩展到 AH (AX)符号扩展到 DX	
CLC　清 CF		清 CF 为 0	
STC　清 CF		置 CF 为 1	
CMC　反转 CF		反转 CF	
CLD　清 DF		清 DF 为 0	
STD　置 DF		置 DF 为 1	
CLI　清 IF		清 IF 为 0	
STI　置 IF		置 IF 为 1	
NOP　空操作			
HLT　停机			
WAIT　等待			
ESC　换码			
LOCK　封锁			

附录 C

伪指令简表

伪 指 令 名	格　　式	解　　释
ASSUME	ASSUME segreg:段名[,…]	指明段寄存器的指向
COMMENT	COMMENT 定界符 正文 定界符	与;作用相同,指明注释,但要定界符
DB	[变量名]DB 操作数[,…] [变量名]DB 重复次数 DUP(操作数,…)	定义字节变量
DD	[变量名]DD 操作数[,…]	定义双字节变量
DQ	[变量名]DQ 操作数[,…]	定义 8 字节变量
DT	[变量名]DT 操作数[,…]	定义 10 字节变量
DW	[变量名]DW 操作数[,…]	定义字变量
END	END[过程|标号]	标明源文件结束,标号给出启动地址
EQU	符号 EQU 表达式|字符串|寄存器名	用符号取代后面的操作数
=	符号＝汇编表达式	用符号取代后面的汇编表达式的值
EVEN	EVEN	使位置计数器取偶数
EXTRN	EXTRN 名字：类型[,…]	指出本模块使用的外部符号
GROUP	组名 GROUP 段名[,…]	使几个段构成一个段组
INCLUDE	INCLUDE 宏库名	纳入宏库文件
LABEL	名字 LABEL 类型	指明名字的类型
NAME	NAME 模块名	为模块起名
ORG	ORG 地址表达式	修改位置计数器的值
PROC ENDP	过程名 PROC NEAR|FAR … 过程名 ENDP	定义过程
PUBLIC	PUBLIC 符号[,…]	指明本模块中定义的符号
RADIX	RADIX 数值表达式	改变当前基数
RECORD	记录名 RECORD 字段说明[,…]	在字或字节内定义位串

续表

伪指令名	格　　式	解　　释
SEGMENT ENDS	段名 SEGMENT 对方属性 合并属性'类名' … 段名 ENDS	定义段
STRUC ENDS	结构名 STRUC … 结构名 ENDS	定义结构

Ifxx
　ELSE
　ENDIF
	If xx 变元
	…
	[ELSE]
	…
	ENDIF
		定义条件块

IF	IF 汇编表达式	若汇编表达式非零,为真
IFE	IFE 汇编表达式	若汇编表达式为零,为真
IF1	IF1	第一趟扫描时为真
IF2	IF2	第二趟打描时为真
IFDEF	IFDEF 名字	若名字有定义,为真
IFNDEF	IFNDFE 名字	若名字无定义,为真
IFB	IFB(形参名)	若对应实参空,为真
IFNB	IFNB(形参名)	若对应实参空,为真
IFIDN	IFIDN(形参1),(形参2)或(正文串)	若二者相同,为真
IFDIF	IFDIF(形参1),(形参2)或(正文串)	若二者相同,为真
MACRO ENDM	宏名 MACRO(形参,…) … ENDM	定义宏指令
PURGE	PURGE 宏名	删除指定的宏定义
LOCAL	LOCAL 标号名[,…]	用在宏定义中指明局部标号变元
REPT ENDM	REPT 数值表达式 … ENDM	给定重复次数的重复块
IRP 　ENDM	IRP 哑元,(实元,…) … ENDM	重复块,依次用实元取代哑元
IRPC ENDM	IRP 哑元,正文串 …. ENDM	重复块,依次用正文串中的字符取代哑元
EXITM	EXITM	用于宏定义中,退出宏展开

伪 指 令 名	格　　式	解　　释
%OUT	%OUT 正文	汇编时显示正文
. LALL	. LALL	在列表文件中列出全部宏展开
. SALL	. SALL	在列表文件中抑制所有宏展开
. XALL	. XALL	只列产生目标代码的宏展开
. LIST	. LIST	继续在列表文件中列举源程序行
. XLIST	. XLIST	停止在列表文件中列举源程序行
PAGE	PAGE	控制列表文件的格式
SUBTTL	SUBTTL 正文	指定写在列表文件每页的第 2 行上的子标题
TITLE	TITLE 正文	指定写在列表文件每页的第 1 行上的标题

附录 D

DEBUG 命令表

说明：表中地址有段值、偏移值、偏移地址三种形式。仅有偏移地址时，如果不指明，则段值均为 DS 中的内容。

名称	命 令 格 式	功 能 说 明
A	A［地址］	汇编的源程序在指定地址中，仅有偏移地址时，段值在 CS 中
C	C 地址 1L 长度地址 2	比较地址 1 与地址 2 开始的"长度"的字节内容，如果发现不相等，则显示出地址与内容
D	D 地址 L 长度或 D［地址　末址］	显示指定始址及范围的内容，按字节显示十六进制及字符数。如无参数，则按 DS：0 开始显示 128 字节内容，可连续使用 D 接着显示
E	E 地址［数据表］	将数据表中十六进制字节或字符串写入该地址开始的字节中。如无数据表，则先显示该字节的内容，然后等待输入一个字节的内容
F	F 地址 L 长度数据或 F 始址末址数据表	将数据表中字节数或字符串填入地址所指范围中，如果数据不够长，则重复使用；如果数据过长，则截断
G	G［＝始址］［地址…］	从指定始址带断点执行程序。若无始址，则从 CS：IP 开始执行；若无断点，则连续执行。可写 10 个断点［地址］。仅偏移地址时，段值在 CS 中
H	H 数 1 数 2	显示出这两个十六进制数的和与差
I	I 端口号	读出并显示该端口内容
J	L［地址［驱动器］扇形号扇区数］	从指定设备指定扇区号装入"扇区数"个扇区信息到指定内存中。如果只有偏移地址，则默认 CS 的段值；如果无驱动号（0 为 A 盘，1 为 B 盘），则为默认盘；如果只有地址或无地址，则将 CS：80H 参数区处的文件装入内存指定地址或 CS：100H 处。该文件可用 N 命令指定
M	M 地址 1L 长度地址 2 或 M 地址 1 地址 2 地址 3	将地址 1"长度"的内容传送到地址 2 中。或将开始地址 1 至末地址 2 的内容传送到地址为始址的内存中
O	O 端口号值	将指定值输出到指定端口中

续表

名称	命 令 格 式	功 能 说 明
P	P[＝地址][数]	从指定地址开始追踪执行"数"条语句,每条语句显示一次现场内容(主要是寄存器内容及下一次要执行的语句),但子程序相当于一条语句,连续执行返回才显示。仅偏移地址时,段值在CS中;地址省略,从CS:IP指示的地址开始"数"省略时,只执行一条语句
Q	Q	退出DEBUG系统
R	R[寄存器名]	不带参数时,显示所有寄存器内容的参数。若要对所指寄存器写入,先显示该寄存器内容,然后再作修改。如果只按Enter键,则原值不变。标志寄存器可以整个写入,用"F"作FLAGS的名字,也可以单个标志写入。以下为所用标志的名字及其值的符号(不能写0或1,只能用此符号): 标志位名字 OF DE IF SF ZF AF PF CF 设置(置1)符号 OV DN EI NG ZR AC PE CY 消除(置0)符号 NV UP DI PL NZ NA PO NC
S	S地址L长度数据表 或 S地址1地址2数据表	在指定地址范围检索数据表中的数据。将找到的数据地址全部显示出来,否则显示找不到的信息。数据表中的数据可以是十六进制字节数或字符串。必须全部相等才算找到。地址2为末址
T	T(＝地址[数])	从指定地址开始追踪执行"数"条语句,每执行语句显示一次现场内容(主要是寄存器内容及下一次要执行的语句),地址省略时则从CS:IP指示的地址开始,无"数"则执行一条语句
U	U[地址]或 U[地址1 地址2]或 U[地址L长度]	反汇编,即把内存字节内容按指令解释用源程序显示出来。无地址时从CS:IP指示的地址开始;仅有偏移地址时,默认CS中的段值。无地址范围时,一次显示32个字节内容。可以连续使用U(不用给地址)连续输出,且不破坏原IP的内容
W	W地址[驱动器号]扇区号 扇区数 或 W[地址]	将指定地址内容写入到指定扇区中,无驱动器号(1为A盘,2为B盘等)时则为默认的驱动器。地址只有偏移值时,用CS中的段值。如果无参数或只有地址参数,则按N定义的文件存盘。最好在用W前(中间不要有别的操作)使用N定义该文件
N	N[驱动器名:][路径名]文件名[扩展名]	建立文件控制块,以供L与W命令使用,所指定文件的说明存放在CS:80H参数区(程序前缀区)PSP中

附录 E

ASCII 码表

表 D-1　ASCII 码的编码方案

低位 \ 高位	0000	0001	0010	0011	0100	0101	0110	0111
0000	NUL	DEL	SP	0	@	P	`	p
0001	SOH	DC1	!	1	A	Q	a	q
0010	STX	DC2	"	2	B	R	b	r
0011	ETX	DC3	♯	3	C	S	c	s
0100	EOT	DC4	$	4	D	T	d	t
0101	ENQ	NAK	%	5	E	U	e	u
0110	ACK	SYN	&.	6	F	V	f	v
0111	BEL	ETB	'	7	G	W	g	w
1000	BS	CAN	(	8	H	X	h	x
1001	HT	EM	)	9	I	Y	i	y
1010	LF	SUB	*	:	J	Z	j	z
1011	VT	ESC	+	;	K	[	k	{
1100	FF	FS		<	L	\	l	|
1101	CR	GS	—	=	M	]	m	}
1110	SO	RS	.	>	N	^	n	~
1111	SI	US	/	?	O	_	o	Del

　　在用中断 16H 的 0 号功能时，当按下任意一个键或组合键时，寄存器 AH 和 AL 分别保存着该按键的扫描码和 ASCII 码。

表 D-2　字母和空格按键的编码表

按　键	单　键		Shift		Ctrl		Alt	
	扫描码	ASCII 码	扫描码	ASCII 码	扫描码	ASCII 码	扫描码	ASCII 码
a and A	1E	61	1E	41	1E	1	1E	0
b and B	30	62	30	42	30	2	30	0
c and C	2E	63	2E	43	2E	3	2E	0
d and D	20	64	20	44	20	4	20	0
e and E	12	65	12	45	12	5	12	0

续表

按　键	单　键		Shift		Ctrl		Alt	
	扫描码	ASCII 码	扫描码	ASCII 码	扫描码	ASCII 码	扫描码	ASCII 码
f and F	21	66	21	46	21	6	21	0
g and G	22	67	22	47	22	7	22	0
h and H	23	68	23	48	23	8	23	0
i and I	17	69	17	49	17	9	17	0
j an1 J	24	6A	24	4A	24	0A	24	0
k and K	25	6B	25	4B	25	0B	25	0
l and L	26	6C	26	4C	26	0C	26	0
m and M	32	6D	32	4D	32	0D	32	0
n and N	31	6E	31	4E	31	0E	31	0
o and O	18	6F	18	4F	18	0F	18	0
p and P	19	70	19	50	19	10	19	0
q and Q	10	71	10	51	10	11	10	0
r and R	13	72	13	52	13	12	13	0
s and S	1F	73	1F	53	1F	13	1F	0
t and T	14	74	14	54	14	14	14	0
u and U	16	75	16	55	16	15	16	0
v and V	2F	76	2F	56	2F	16	2F	0
w and W	11	77	11	57	11	17	11	0
x and X	2D	78	2D	58	2D	18	2D	0
y and Y	15	79	15	59	15	19	15	0
z and Z	2C	7A	2C	5A	2C	1A	2C	0
SpaceBar	39	20	39	20	39	20	39	20

附录 F

DOS 系统功能调用表(INT 21H)

功能号(AH)	功 能 描 述	入 口 参 数	出 口 参 数
00H	程序终止(同 INT 20H)	CS=程序段前缀 PSP	—
01H	键盘输入并回显单字符	—	AL=读入字符的 ASCII
02H	单字符显示输出	DL=输出字符	—
03H	COM1 输入	—	AL=输入字符
04H	COM1 输出	DL=输出字符	—
05H	打印单字符	DL=输出字符	—
06H	直接控制台 I/O	DL=FF(输入) DL=字符(输出)	AL=输入字符
07H	键盘输入无回显	—	AL=输入字符
08H	键盘输入无回显,处理 Ctrl+Break 或 Ctrl+C	—	AL=输入字符
09H	显示字符串	DS:DX=待输出串起始逻辑地址,字符串以'$'结束	—
0AH	字符串输入到缓冲区	DS:DX=输入缓冲区逻辑地址,首字节为最大允许按键数	缓冲区次字节为实际输入字符数(串长),然后是输入串
0BH	检查键盘状态	—	AL=1,有按键 AL=FF,键盘缓冲区已空
0CH	清除键盘缓冲区并执行 AL,指定的功能	AL=子功能号(1,6,7,8,0A)	
0DH	磁盘复位	—	清除文件缓冲区
0EH	指定当前默认的磁盘驱动器	DL=驱动器号,(0=A,1=B,…)	AL=系统中驱动器数
25H	设置中断向量	DS:DX=中断向量,AL=中断号	—
26H	建立程序段前缀 PSP	DX=新 PSP 段地址	—

续表

功能号（AH）	功能描述	入口参数	出口参数
2AH	取系统日期	—	CX＝年（1980～2100） DH/DL＝月/日
2BH	置系统日期	CX＝年（1980～2099） DH/DL＝月/日	AL＝00H，成功 AL＝FFH，日期无效
2CH	取系统时间	—	CH/CL＝时/分 DH/DL＝秒/百分秒
2DH	置系统时间	CH/CL＝时/分 DH/DL＝秒/百分秒	AL＝00H，成功 AL＝FFH，时间无效
2EH	设置磁盘检验标志	—	AL＝00H，关闭检验 AL＝FFH，打开检验
2FH	取 DTA 地址	—	ES：BX＝DTA 逻辑地址
30H	取 DOS 版本号	—	AH＝发行号 AL＝版号
31H	结束并驻留	AL＝返回码，DX＝驻留区长度	—
32H	取驱动器参数块	DL＝驱动器号	AL＝FFH 驱动器无效 DS：BX＝驱动器参数块地址
33H	Ctrl－Break 检测	AL＝00H 取标志状态	DL＝00H 关闭检测 DL＝01H 开放检测
35H	取中断向量	AL＝中断号	ES：BX＝中断向量
36H	取空闲磁盘空间	DL＝驱动器号 0＝默认，1＝A,2＝B	AX＝每簇扇区数 BX＝剩余簇数 CX＝每扇区字节数 DX＝总簇数
39H	建立子目录（MD）	DS：DX＝子目录串首地址	AX＝错误码
3AH	删除子目录（RD）	DS：DX＝子目录串首地址	AX＝错误码
3BH	改变当前目录（CD）	DS：DX＝子目录串首地址	AX＝错误码
3CH	建立文件	DS：DX＝子目录串首地址 CX＝文件属性	成功：AX＝文件代号 失败：AX＝错误码
3DH	打开文件	DS：DX＝子目录说明串首地址 AL＝打开方式	成功：AX＝文件代号 失败：AX＝错误码
3EH	关闭文件	BX＝文件代号	失败：AX＝错误码
3FH	读文件或设备	DS：DX＝数据缓冲区地址 BX＝文件代号	成功：AX＝实际读入的字节数 失败：AX＝错误码
40H	写文件或设备	BX＝文件代号 CX＝待写入的字节数	成功：AX＝实际读入字节数 失败：AX＝错误码

功能号（AH）	功 能 描 述	入 口 参 数	出 口 参 数
41H	删除文件	DS:DX=缓冲区首地址	成功：AX=00 失败：AX=错误码
42H	移动文件指针	BX=文件代号 CX:DX=移动量 AL=移动方式	成功：DX:AX=新指针位置 失败：AX=错误码
43H	置/取文件属性	DS:DX=缓冲区首地址 AL=0,取文件属性 AL=1,置文件属性 CX=文件属性	成功：CX=文件属性 失败：AX=错误码
47H	取当前目录路径名	DL=驱动器号 DS:SI=缓冲区首地址	填充缓冲区 失败：AX=错误码
4CH	带返回码结束	AL=结束码	—
4EH	查找第一个匹配文件	DS:DX=说明符号串首地址 CX=文件属性	失败：AX=错误码
4FH	查找下一个匹配文件	DS:DX=说明符号串首地址 CX=文件属性	失败：AX=错误码
56H	文件改名	DS:DX=原文件名符号串首地址 ES:DI=新文件名符号串首地址	失败：AX=错误码
57H	置/取文件时期和时间	BX=文件代号 AL=0,读 AL=1,设置时期和时间	DX:CX=日期和时间

附录 G

BIOS 中断

显示服务（INT 10H）	
00H	设置显示器模式
01H	设置光标形状
02H	设置光标位置
03H	读取光标信息
04H	读取光笔位置
05H	设置显示页
06H、07H	初始化或滚屏
08H	读光标处的字符及其属性
09H	在光标处按指定属性显示字符
0AH	在当前光标处显示字符

直接磁盘服务（INT 13H）	
00H—磁盘系统复位	0EH—读扇区缓冲区
01H—读取磁盘系统状态	0FH—写扇区缓冲区
02H—读扇区	10H—读取驱动器状态
03H—写扇区	11H—校准驱动器
04H—检验扇区	12H—控制器 RAM 诊断
05H—格式化磁道	13H—控制器驱动诊断
06H—格式化坏磁道	14H—控制器内部诊断
07H—格式化驱动器	15H—读取磁盘类型
08H—读取驱动器参数	16H—读取磁盘变化状态
09H—初始化硬盘参数	17H—设置磁盘类型
0AH—读长扇区	18H—设置格式化媒体类型
0BH—写长扇区	19H—磁头保护

续表

串行口服务（INT 14H）	
00H—初始化通信口	03H—读取通信口状态
01H—向通信口输出字符	04H—扩充初始化通信口
02H—从通信口读入字符	

杂项系统服务（INT 15H）	
00H—开盒式磁带机马达	85H—系统请求（SysReq）键
01H—关盒式磁带机马达	86H—延迟
02H—读盒式磁带机	87H—移动扩展内存块
03H—写盒式磁带机	88H—读取扩展内存大小
0FH—格式化 ESDI 驱动器定期中断	89H—进入保护模式
21H—读/写自检（POST）错误记录	90H—设备等待
4FH—键盘截听	91H—设备加电自检
80H—设备打开	C0H—读取系统环境
81H—设备关闭	C1H—读取扩展 BIOS 数据区地址
82H—进程终止	C2H—鼠标图形
83H—事件等待	C3H—设置 WatcHdog 超时
84H—读游戏杆	C4H—可编程选项选择

键盘服务（INT 16H）	
00H、10H—从键盘读入字符	03H—设置重复率
01H、11H—读取键盘状态	04H—设置键盘点击
02H，12H—读取键盘标志	05H—字符及其扫描码进栈

并行口服务（INT 17H）	
00H—向打印机输出字符	
01H—初始化打印机端口	
02H—读取打印机状态	

时钟服务（INT 1AH）	
00H—读取时钟"滴答"计数	06H—设置闹钟
01H—设置时钟"滴答"计数	07H—闹钟复位
02H—读取时间	0AH—读取天数计数
03H—设置时间	0BH—设置天数计数
04H—读取日期	80H—设置声音源信息
05H—设置日期	

直接系统服务	
INT 00H—"0"作除数	INT 0CH—通信口（COM1：）
INT 01H—单步中断	INT 0EH—磁盘驱动器输入/输出
INT 02H—非屏蔽中断（NMI）	INT 11H—读取设备配置
INT 03H—断点中断	INT 12H—读取常规内存大小
INT 04H—算术溢出错误	INT 18H—ROM BASIC
INT 05H—打印屏幕和 BOUND 越界	INT 19H—重新启动系统
INT 06H—非法指令错误	INT 1BH—Ctrl＋Break 处理程序
INT 07H—处理器扩展无效	INT 1CH—用户时钟服务
INT 08H—时钟中断	INT 1DH—指向显示器参数表指针
INT 09H—键盘输入	INT 1EH—指向磁盘驱动器参数表指针
INT 0BH—通信口（COM2：）	INT 1FH—指向图形字符模式表指针

参 考 文 献

[1] 吴延海.微型计算机接口技术.重庆：重庆大学出版社,2001.

[2] 马群生,等.微计算机技术.北京：清华大学出版社,2006.

[3] 郭兰英,等.微机原理与接口技术.北京：清华大学出版社,2006.

[4] 卜艳萍.汇编语言程序设计教程.北京：清华大学出版社,2005.

[5] 杨季文,等.80x86 汇编语言程序设计教程.北京：清华大学出版社,2005.

[6] 陆鑫,等.微型机原理与应用.北京：电子工业出版社,1999.

[7] 贾宗福.新编大学计算机基础教程.北京：中国铁道出版社,2007.

[8] 荆淑霞.微机原理与汇编语言程序设计.北京：中国水利水电出版社,2005.

[9] 徐雅娜.微机原理、汇编语言与接口技术.北京：中国水利水电出版社,2006.

[10] 罗万均,等.汇编语言程序设计.西安：西安电子科技大学出版社,1998.

[11] 钱晓捷.汇编语言程序设计.北京：电子工业出版社,2000.

[12] 王正智.8086/8088 宏汇编语言程序设计教程.北京：电子工业出版社,2004.

[13] 丁辉.汇编语言程序设计.北京：电子工业出版社,2007.

[14] 王元珍.80x86 汇编语言程序设计.武昌：华中科技大学出版社,2005.

[15] 廖开际,等.80x86 汇编语言程序设计.广州：华南理工大学出版社,2001.

[16] 张君,等.80x86 汇编语言程序设计.大连：大连理工大学出版社,2000.

[17] 王爽.汇编语言.北京：清华大学出版社,2003.

[18] Perer Abel. IBM PC Assembly Language & Programming. Prentice Hall,人民邮电出版社,2002.

[19] 傅德胜.宏汇编语言程序设计及应用.南京：东南大学出版社,2002.

[20] Randall Hyde. The Art of Assembly Language. No Starch Press, 2005.

[21] 王勇.汇编语言程序设计自学教程.北京：中国水利水电出版社,1995.

[22] Richard Blum. Professional Assembly Language. Indianapolis, Indiana：Wiley Publishing, Inc,2005.

[23] 张晓峰.软件逆向工程相关技术研究与实现.成都：电子科技大学,2007.

[24] 王成.基于 Win32 的软件逆向工程的研究与应用.长春：吉林大学,2008.

[25] Chris Eagle 著.IDA Pro 权威指南.石华耀,等译.北京：人民邮电出版社,2010.